GAUSS

Carl Friedrich Gauss

Walter K. Bühler

GAUSS

Eine biographische Studie

Mit 10 Abbildungen

Springer-Verlag Berlin Heidelberg New York
London Paris Tokyo

WALTER K. BÜHLER
204 Barker St., Mt. Kisco, NY 10549, USA

Frontispiz: Gauß im Jahre 1803 (Portrait von J. C. A. Schwartz)

Titel der englischen Originalausgabe
W. K. Bühler: **Gauss. A Biographical Study**
© Springer-Verlag New York Inc. 1981

AMS Subject Classification (1980): 01A55, 01A70

ISBN 978-3-642-51444-9   ISBN 978-3-642-51443-2 (eBook)
DOI 10.1007/978-3-642-51443-2

CIP-Kurztitelaufnahme der Deutschen Bibliothek
Bühler, Walter K.:
Gauß / W. K. Bühler. –
Berlin ; Heidelberg ; New York ; London ; Paris ; Tokyo : Springer, 1986.

2144/3150-543210

Vorwort

Die vorliegende deutsche Ausgabe meiner Gaußbiographie unterscheidet sich
nur geringfügig von dem gleichzeitig erscheinenden korrigierten Nachdruck
der englischen Ausgabe. Für die deutsche Fassung wurden einzelne Passagen
abgeändert; dabei handelt es sich vorwiegend um historische Erläuterungen,
die in einer an deutschsprachige Leser gerichteten Ausgabe gestrafft werden
konnten. Mein Ziel ist jedoch dasselbe geblieben, nämlich dem historisch
interessierten Mathematiker und Naturwissenschaftler einen Zugang zum
Verständnis des Lebens und Werks Carl Friedrich Gauß' zu verschaffen.
Das Werk Gauß' ist umfangreich und behandelt ein sehr breites Spektrum
von Themen aus der reinen und angewandten Mathematik sowie aus den
Anwendungsgebieten, darunter der Astronomie, der Geodäsie und der Physik. Meine Auswahl ist subjektiv, und ich habe mich auf Fragen beschränkt,
die ich als exemplarisch ansehe. Der Zweck dieses Buchs ist dann erfüllt,
wenn es den Leser an die Originalarbeiten Gauß' heranführt. In diesem Zusammenhang sei erwähnt, daß fast alle wichtigen Werke Gauß' in deutschen
Übersetzungen vorliegen, soweit sie nicht schon ursprünglich auf Deutsch
verfaßt wurden. Eine Reihe ausführlicher in diesem Buch gegebener Zitate
zeigt, wie Gauß' Stil dem heutigen Leser noch unmittelbar zugänglich ist
und in seiner Direktheit nichts an Überzeugungskraft verloren hat.

An dieser Stelle bedanke ich mich bei verschiedenen kritischen Lesern
des ursprünglichen deutschen Manuskripts, insbesondere den Herren Peter
Kaufmann-Bühler, H. Opolka und M. Schröter, die mir mit zahlreichen detaillierten Kommentaren geholfen haben.

Die deutsche Fassung dieses Buchs ist dem Andenken an Herrn Walter
Doll gewidmet.

September 1986 Mt. Kisco, New York   *W. K. Bühler*

Inhaltsverzeichnis

Einführung 1

1. KAPITEL
Kindheit und Jugend, 1777–1795 5

1. ZWISCHENKAPITEL
Zur politischen und sozialen Situation 10

2. KAPITEL
Student in Göttingen, 1795–1798 14

2. ZWISCHENKAPITEL
Die Anlage von Gauß' Gesammelten Werken 17

3. KAPITEL
Das zahlentheoretische Werk 20

3. ZWISCHENKAPITEL
Der Einfluß von Gauß' zahlentheoretischem Werk 36

4. KAPITEL
Rückkehr nach Braunschweig, Promotion, Ceresbahn 39

5. KAPITEL
Die restlichen Braunschweiger Jahre. Heirat 48

4. ZWISCHENKAPITEL
Die politische Situation in Deutschland zwischen 1789 und 1848 54

6. KAPITEL
Familienleben. Der Umzug nach Göttingen 57

7. KAPITEL
Tod der Johanna Gauß, zweite Ehe und die ersten Jahre als
Professor in Göttingen 62

5. ZWISCHENKAPITEL
Sektion VII der *Disqu.Arithm.* 69

6. ZWISCHENKAPITEL
Gauß' Stil 76

8. KAPITEL
Das astronomische Werk. Elliptische Funktionen 80

VIII

7. ZWISCHENKAPITEL
Modulformen. Die hypergeometrische Funktion 88

9. KAPITEL
Landvermessung und Geometrie 92

10. KAPITEL
Vom Ruf nach Berlin bis zum Ende der zweiten Ehe 107

11. KAPITEL
Physik 118

8. ZWISCHENKAPITEL
Gauß' persönliche Interessen nach dem Tod der zweiten Frau 127

12. KAPITEL
Die Göttinger Sieben 131

9. ZWISCHENKAPITEL
Die Methode der kleinsten Quadrate 134

13. KAPITEL
Numerische Mathematik. Dioptrik 138

14. KAPITEL
Die Jahre zwischen 1838 und 1855 142

15. KAPITEL
Gauß' Tod 150

Nachwort (10. ZWISCHENKAPITEL) 152

ANHANG A
Die Gesammelten Werke 155

ANHANG B
Eine Übersicht über die Sekundärliteratur 158

ANHANG C
Index der Werke Gauß' 163

Anmerkungen 173

Literaturverzeichnis 185

Stichwort- und Namenverzeichnis 189

Einführung

1977 wurde die Zweihundertjahrfeier von Gauß' Geburt begangen, und 1980 markiert die 125. Wiederkehr seines Todestages. Dies bedeutet, daß die Persönlichkeit Gauß' von einer Umwelt geformt wurde, die sehr lange zurückliegt – dem 18. Jahrhundert und den ersten Jahrzehnten des 19. Jahrhunderts. Ein unmittelbarer Zugang zu diesem Teil unserer Vergangenheit ist nicht mehr möglich.

Es wird von Jahr zu Jahr schwieriger, eine Biographie Gauß' zu schreiben. Immer mehr Details müssen erklärt werden, vor allem, wenn der Autor sich an Leser wendet, deren Interesse nicht primär historisch ist. Es scheint, daß in einigen wenigen Jahren die letzten sichtbaren Spuren der Aufklärung und der Romantik verschwunden sein werden.

Das vorliegende Buch beschreibt das Leben des Mathematikers und Naturwissenschaftlers Carl Friedrich Gauß. Gauß lebte in einem Zeitalter außerordentlicher politischer und sozialer Umwälzungen – außerordentlich, selbst wenn man die Maßstäbe unserer heutigen Zeit anlegt. Gauß war zu Beginn der französischen Revolution zwölf Jahre alt, 29, als das scheinbar ewige tausendjährige Heilige Römische Reich aufgelöst wurde, 38, als Napoleon besiegt wurde, und über 70 im Jahr 1848, als Deutschland seine eigene liberale Revolution hatte. Zur selben Zeit fand die sogenannte erste industrielle Revolution statt mit umgreifenden Auswirkungen auf das Alltagsleben und auf die politische und soziale Ordnung. Offensichtlich hatte all dies auch seine explizite Bedeutung für Gauß. Bestimmte Auswirkungen liegen auf der Hand wie etwa die Möglichkeit wissenschaftlicher Großversuche oder die Verbesserung von Fernrohren und anderer optischer Instrumente, aber wir werden auch subtileren Effekten begegnen wie etwa den Folgeerscheinungen des Endes des traditionell absolutistischen Feudalstaates und des Aufkommens absolutistischer Regierungen „neuen Stils" in Deutschland oder der Erleichterung vieler Schwierigkeiten des Alltagslebens durch Industrieprodukte.

Diese Biographie richtet sich an Mathematiker und Naturwissenschaftler, nicht an Wissenschaftsgeschichtler oder Psychologen, die die Skalps großer Männer sammeln. Der Anspruch dieses Buchs ist bescheiden, denn es wird nicht versucht, hier das definitive *Leben C. F. Gauß'* darzustellen.

Gauß' wissenschaftliches Werk, insbesondere seine Beiträge zur Mathematik, ist noch heute von aktuellem wissenschaftlichem Interesse. Die Beschäftigung mit ihm vermittelt viele fruchtbare Anregungen. Gauß hatte tiefen Einblick in viele Probleme, die auch heute noch nicht voll verstanden sind. Wissenschaftliche Arbeiten von solchem Rang sind zeitlos. Das ist der wahre Grund, warum wir uns für einen Mann wie Gauß interessieren; es ist lohnend, aber auch eben möglich, seine Ideen und sein Leben zu verstehen. Das vorliegende Buch ist eine Art Reiseführer, der ein Gebiet erschließen will, das schwer zugänglich, aber voller ungewöhnlicher Attraktionen ist.

Wenn ein Reiseführer nützlich sein will, muß er auswählen. Wer ihn benützt, verliert nicht seine Unabhängigkeit, aber er sollte der Ortskenntnis und, was wichtiger ist, dem Geschmack seines Führers vertrauen können. Wann immer in dem vorliegenden Buch Entscheidungen zu fällen waren, sind sie zu Gunsten spezifischer Beispiele und Probleme, als Illustrationen von Gauß' Art, zu denken und zu forschen, getroffen worden. Dies schien die beste Methode, um Gauß in seinem Verhältnis zu seiner Zeit zu verstehen. Der Entscheidung, bestimmte Themenkreise zu behandeln oder zu vernachlässigen, haftet eine bestimmte Willkür an, und offensichtlich werden viele wichtige Themen aus Gauß' Werk stillschweigend übergangen. Entscheidend ist jedoch das Gesamtbild, mit allen Fehlern und Widersprüchen im Detail.

Gauß' Karriere, seine ungebrochene Entwicklung unter fast stets günstigen Umständen, war ungewöhnlich für die damaligen Verhältnisse in Deutschland. Das ist nicht nur von historischem Interesse, denn diese ungebrochene Entwicklung bestimmte Gauß' Leben und Werk, beeinflußte aber auch seine Einstellung zur Umwelt. Gauß „paßt" nicht in die intellektuelle Szenerie des Deutschlands des ausgehenden 18. und beginnenden 19. Jahrhunderts; dies ist wohl einer der Gründe dafür, daß die ältere Sekundärliteratur so wenig Verständnis für die nichtwissenschaftlichen Aspekte seines Lebens aufgebracht hat.

Die beiden wichtigsten und nützlichsten Veröffentlichungen in der Sekundärliteratur gehen auf Felix Klein zurück. Es handelt sich dabei um Kleins Zusammenfassung des mathematischen Werks Gauß' in seinen *Vorlesungen zur Entwicklung der Mathematik im 19. Jahrhundert* und um die verschiedenen Essays, die auf Kleins Veranlassung in den Bänden X und XI der Werke Gauß' abgedruckt sind. Diese Essays, die in einem der Anhänge dieses Buchs besprochen werden, stammen von bedeutenden Mathematikern und Naturwissenschaftlern und haben sehr zum intellektuellen Verständnis des Werks Gauß' beigetragen. Ursprünglich hatte der Plan bestanden, mit den Gesammelten Werken auch Gauß' wissenschaftliche Biographie zu veröffentlichen. Diese Biographie, sowie der geplante Sachindex, sind jedoch nicht zu Stande gekommen.

Das vorliegende Buch enthält sehr wenig, was dem Spezialisten nicht schon bekannt wäre. Fast alle benutzten Quellen sind veröffentlicht und allgemein zugänglich. Die *Gesammelten Werke* sind recht vollständig, und fast alle wesentlichen Teile der erhaltenen Korrespondenz Gauß' sind veröffentlicht worden. Die Anhänge zu diesem Buch enthalten zusätzliche Informationen zu den primären und sekundären Quellen.

Diese Biographie hätte nie geschrieben werden können ohne die umfangreiche Sekundärliteratur zu Gauß' Leben und Werk. Kleins Beiträge wurden bereits oben erwähnt; als eine weitere sehr wichtige Quelle sei G. W. Dunningtons *C.F.Gauss - Titan of Science* (1955) genannt. Dieses Buch enthält eine ungeheuere Masse an Material, das Ergebnis einer sich über 20 Jahre erstreckenden Sammlertätigkeit.

Es war schwierig zu entscheiden, in welchem Maß dieses Buch mit einem wissenschaftlichen Apparat versehen werden sollte. Die Fußnoten, die den Text begleiten, enthalten Belege und in bestimmten Fällen zusätzliche Informationen. Es ist offensichtlich, daß der Großteil des Texts aus Behauptungen besteht, die nicht direkt belegt werden, aber es wurde jedenfalls versucht, alle Aussagen, die nicht im Kanon der Überlieferung enthalten sind, mit Belegen und Literaturhinweisen zu untermauern.

1. Kapitel

Kindheit und Jugend, 1777–1795

Es sind nur einige wenige bezeichnende und interessante Tatsachen aus Gauß' Kindheit und Jugend erhalten. Wir müssen deshalb versuchen, Gauß aus der historischen und sozialen Situation seiner Zeit zu verstehen. Durch Gauß selber wurden eine Anzahl Kindheitsanekdoten, die er als alter Mann zu erzählen liebte, überliefert und von seinen Freunden und Schülern weitergegeben [1]. Diese Geschichten sind Bestandteil unsres traditionellen Gaußbilds, aber es ist weder möglich noch lohnend, Mythos und Wirklichkeit zu trennen.

Systematische Ahnenforschung hat einiges über die Herkunft von Gauß' Familie zu Tage gebracht. Ein Stammbaum reicht von Deutschland bis hinüber nach Nordamerika, wo viele der direkten Nachkommen Gauß' leben [2].

Johann Friedrich Carl Gauß wurde am 30. April 1777 geboren. Soweit bekannt ist, war er das einzige Kind aus der Ehe zwischen Gebhard Dietrich Gauß, geboren 1744, und seiner um ein Jahr älteren Gemahlin Dorothea Benze. Es gab einen einige Jahre älteren Stiefbruder aus einer früheren Ehe des Vaters [3]. Gauß' Vorfahren väterlicherseits waren ursprünglich Kleinbauern; um 1740 zog die Familie nach Braunschweig, der Hauptstadt des Herzogtums Braunschweig-Wolfenbüttel. Dieser Drang zur Stadt war damals nicht ungewöhnlich, denn die Stadt bot zumindest die schwache Hoffnung, aus dem Teufelskreis von Armut und faktischer Leibeigenschaft auszubrechen. Das war jedoch nicht einfach, zumal die aus dem Mittelalter stammenden Zünfte das wirtschaftliche Leben der Stadt beherrschten und die Integration der Neuankömmlinge behinderten. Darunter hatte auch Gauß' Vater zu leiden; es bedeutete, daß dieser seinen Lebensunterhalt in einer Reihe subalterner und unergiebiger Berufe verdienen mußte – als Gärtner, Schlachter, Kanalarbeiter und Buchhalter für ein Bestattungsunternehmen [4].

Nach dem Zuzug in die Stadt war der Erwerb eines Hauses die erste wichtige Aufgabe für die Familie. Hausbesitzer innerhalb der Stadtgrenzen konnten Bürger werden und die damit einhergehenden Vorrechte genießen [5].

Wenige Jahre nach dem Erwerb des Hauses brach die Welt, in die Carl Friedrich Gauß geboren wurde, zusammen. Braunschweig, wie die anderen deutschen Staaten, wurde von den Armeen der französischen Revolution überrannt. Niemand hatte dies voraussehen können, und die achtziger Jahre, die Periode, während der Gauß aufwuchs, ließen nichts von dem bevorstehenden Wechsel ahnen.

Gauß' Geburtshaus lag am Wendengraben. In späteren Stadtplänen ist das Haus unter der Adresse „Wilhelmstraße 30" zu finden [6]. Wenige Jahre nach der Geburt ihres Sohns zogen die Eltern um und verließen damit den Schauplatz einer der bekanntesten Geschichten aus der Kindheit Gauß'. Angeblich ist der spätere Mathematikerfürst im Alter von drei oder vier Jahren beim Spielen fast in einem Graben in der Nähe des elterlichen Hauses ertrunken.

Gauß' Eltern waren ungebildet. Der Vater, wie man aus den von ihm bekleideten Berufen sehen kann, konnte lesen und schreiben und beherrschte die Grundrechenarten. Die Mutter konnte wohl lesen, aber nicht schreiben.[1] Gauß hatte kein enges emotionales Verhältnis zu seinem Vater, und wir wissen, daß er seine mathematische Begabung als ein von der Mutter stammendes Erbteil ansah. Gauß' Mutter zog nach dem Tod ihres Mannes nach Göttingen, wo sie bis zu ihrem Tod im Jahre 1839 im Alter von 96 Jahren im Haus ihres Sohnes lebte. Dorothea Gauß entstammte einer Familie von Steinmetzen und war 1769 nach Braunschweig gezogen. Es scheint, daß Carl Friedrich Gauß' erste Frau zu dem Bekanntenkreis seiner Mutter gehörte. Man kann wohl auch annehmen, daß die Mutter die Hauptquelle für viele der Kindheitsgeschichten über ihren Sohn war und ihn über die Verwandtschaft und deren Schicksal auf dem laufenden hielt [7].

Mit Carl Friedrich Gauß' Schuleintritt im Jahr 1784 steht uns dann mehr faktisches Material zur Verfügung. Der Besuch einer Schule war damals für in einer Stadt wie Braunschweig aufwachsende Kinder nicht ungewöhnlich [8]. Gauß hatte jedoch in anderer Hinsicht ungewöhnliches Glück – sein Lehrer, Herr Büttner, war sachkundig und an dem offensichtlich besonders begabten Jungen persönlich interessiert. Im Nachhinein ist dies nicht überraschend, aber man muß sich vor Augen halten, daß der junge Gauß in ein Klassenzimmer mit mehr als 50 anderen Kindern verschiedensten Alters und Wissensstandes eingepfercht war. Gauß konnte bei Schulantritt angeblich bereits schreiben und rechnen – er hatte sich dies selbst beigebracht [9]. Rechnen konnte er schon im Alter von drei Jahren. Büttner war sosehr von seinem Schüler beeindruckt, daß er ihm ein besonderes Rechenbuch aus Hamburg besorgte, denn aus dem regulären Schulbuch konnte Gauß nichts mehr lernen. Ein besonders glücklicher Zufall war, daß Büttner damals einen mathematisch besonders interessierten Unterlehrer

---

[1] Siehe dazu auch den auf S. 65 zitierten Brief Gauß' an seine zukünftige zweite Frau. Offensichtlich konnte Dorothea Gauß im Jahr 1810 Handgeschriebenes nicht mehr lesen, aber das Folge ihrer Augenschwäche, die dann später zur Blindheit führte.

hatte, den späteren Professor der Mathematik an der Universität von Kasan in Rußland, Martin Bartels (1769–1836). Man kann sich die Freude und Überraschung der Eltern leicht ausmalen, aber es ist klar, daß sie nicht in der Lage waren, das Ausmaß und die Bedeutung der Begabung ihres Sohns zu ermessen. Die Perspektive der Eltern Gauß' war sehr beschränkt, und sie konnten sich gewiß nicht vorstellen, wohin eine eigentümliche Begabung fürs Rechnen noch führen könnte.

Carl Friedrich Gauß ließ die begrenzte Welt seiner Eltern hinter sich zurück, als er im Jahr 1788 mit Hilfe Büttners zur höheren Schule zugelassen wurde. Zum ersten Mal in seinem Leben kam Gauß in den Genuß einer regulären Unterweisung innerhalb einer überschaubaren Klasse. Das weitaus wichtigste Fach war Latein.

Die entscheidenden Impulse für Gauß' Ausbildung und spätere Laufbahn stammen also aus der Zeit vor 1790 gegeben, lange vor dem Zusammenbruch der alten politischen und sozialen Ordnung. Gauß war zwölf Jahre alt, als die französische Revolution ausbrach, und fast 30, als ihre Auswirkungen in Deutschland konkret spürbar wurden. Im Jahr 1806, dem Jahr des Umbruchs, war Gauß' persönliche soziale Entwicklung bereits abgeschlossen. Gauß' eigener Gesichtskreis war ursprünglich so eng wie der seiner Eltern. Die Zukunft bot nicht viel – vielleicht das Dasein eines Pfarrers oder Lehrers, wenn es hoch kam. Gauß' Halbbruder war von Beruf Weber.

Neben sehr soliden Lateinkenntnissen erwarb Gauß in der Schule auch die Kenntnis des Hochdeutschen, der Sprache der Lutherschen Bibelübersetzung. Im Elternhaus wurde Plattdeutsch gesprochen.

Als begabtes und vielversprechendes Landeskind wurde Carl Friedrich im Jahr 1791 seinem Fürsten, dem Herzog von Braunschweig-Wolfenbüttel, vorgestellt. Gauß machte offensichtlich einen guten Eindruck, und der Herzog bewilligte ihm ein jährliches Stipendium von zehn Talern. Solche Stipendien waren nichts Außergewöhnliches, insbesondere nicht in gutregierten Kleinstaaten. Man kann sie als Vorläufer der heutigen Studienbeihilfen betrachten; ohne ein solches Stipendium wären die sozialen Hürden selbst für ein Genie wie Gauß kaum übersteigbar gewesen. Unter direkter staatlicher Kontrolle stehende höhere Schulen waren damals besonders wichtige Quellen für zukünftige Verwaltungsbeamte und Offiziere.

Gauß' Entwicklung wurde durch die aktive Anteilnahme mehrerer einflußreicher Persönlichkeiten gefördert. Besonders wichtig war der Hofrat von Zimmermann, der gleichzeitig Professor am Collegium Carolinum, hoher Regierungsbeamter und persönliches Faktotum des Herzogs war – ein typisches Produkt seiner Zeit. Sein wohlwollender Einfluß machte sich bis ins Jahr 1806 geltend. Dies war das Jahr, in dem der Staat Braunschweig-Wolfenbüttel von Napoleon aufgelöst wurde; im nächsten Jahr zog dann Gauß als Direktor der dortigen Sternwarte nach Göttingen. Gauß war Zimmermann sehr dankbar und achtete ihn hoch. Seine Briefe an Olbers enthalten eine Reihe entsprechender Äußerungen. Olbers selber gehörte auch zu den Förderern Gauß'. Bereits 1802 schlug er der Regierung in Hannover vor, Gauß zum Direktor der Göttinger Sternwarte zu ernennen.

Aufgrund seiner guten Schulleistungen wurde Gauß im Jahr 1792 zum Collegium Carolinum zugelassen, einer damals gerade gegründeten Eliteschule. Als Reservoir für zukünftige hohe Verwaltungsbeamte und Offiziere genoß das Carolineum direkte staatliche Förderung; im Lehrplan nahmen die Naturwissenschaften einen verhältnismäßig breiten Raum ein. Viele der prominenteren Wissenschaftler und Schriftsteller des 18. und frühen 19. Jahrhunderts wurden auf ähnlichen Schulen ausgebildet[10].

Offensichtlich leistete das Elternhaus keinen nennenswerten Beitrag zu Gauß' intellektueller Entwicklung. Was Gauß wußte, verdankte er seinen Lehrern und seiner eigenen Begabung. Spätere Äußerungen in Gauß' Korrespondenz zeigen, daß er wohl nie ein enges Verhältnis zu seinen Eltern hatte. Er beschreibt seinen Vater als ehrlich, arbeitsam, engstirnig und reizbar. Es überrascht, daß Gauß die Ehe seiner Eltern als nicht glücklich bezeichnet.[2][11] Lernen und sein Wissen zu erweitern war eben wichtiger als alles andere für den jungen Gauß. Die Schule war für ihn der Mittelpunkt des Lebens.

Wenn man über Gauß' Schulleistungen nachdenkt, darf man nicht vergessen, daß seine Entwicklung nicht so gradlinig verlaufen wäre, wenn ihm Latein und Griechisch nicht so leicht gefallen wären. In der Wertschätzung seiner Lehrer war dies wichtiger als die Mathematik. Es gibt aus dieser Zeit genug Beispiele, die zeigen, wieviel Unglück die Unfähigkeit, sich anzupassen, hervorbringen kann. Es genügt, in diesem Zusammenhang die Namen Basedow, Wenzel und Arndt zu nennen[12].

Während seiner vier Jahre am Carolineum lernte Gauß mehrere junge Männer kennen, die zu lebenslangen Freunden wurden, darunter A. W. Eschenburg und K. Ide. Eschenburgs Vater ist der bekannte, von Wielandt hochgeschätzte Shakespeareübersetzer; als Professor am Carolineum war er einer der Lehrer Gauß'. Sein Sohn wurde hoher preußischer Staatsbeamter. Ide, wie Gauß Mathematiker und Astronom, starb jung in Rußland, wo er an einer der Universitäten lehrte. Meyerhoff, einen anderen Freund, kennen wir als sprachlichen Überarbeiter des Lateins der *Disquisitiones Arithmeticae*.

Die Bibliothek des Collegium Carolinum war ungewöhnlich gut, und man kann annehmen, daß sie die Hauptwerke der klassischen mathematischen Fachliteratur enthielt. Es ist bekannt, daß Gauß während seiner Zeit am Carolineum viele dieser Bücher durcharbeitete, darunter auch einige der Werke Newtons. (In seinen Schriften verleiht Gauß nur Newton und Archimedes das Attribut *illustrissimus*.) Weitere wichtige Bücher, die Gauß

---

² Man sollte eine solche Äußerung nicht überinterpretieren, da Gauß' Familienbegriff sicher wesentlich von unserer Auffassung der Familie, die ein Produkt des 19. Jahrhunderts ist, abweicht. Gauß' Verhältnis zu seiner zweiten Frau und zu seinen Kindern orientiert sich viel stärker an dem Familienideal des 19. Jahrhunderts.

damals studierte, waren Eulers Algebra und Analysis und mehrere Werke Lagranges.[3]

Mit dem Abschluß des Collegium Carolinum hatte sich Gauß genügend Vorkenntnisse angeeignet, um die zeitgenössische mathematische Literatur zu verstehen und selbständig wissenschaftlich zu arbeiten, ohne dabei eine Unzahl bekannter Ergebnisse wiederentdecken zu müssen. Gauß' Tagebuch zeigt, daß er damals hauptsächlich sich mit algebraischen und zahlentheoretischen Fragen beschäftigte, aber man kann Gauß' Werk aus dieser Periode nicht einfach nach konventionellen Fachgebieten klassifizieren. Die Jahre am Collegium Carolinum waren im großen und ganzen rezeptiv, und Gauß' Appetit auf die Mathematik ließ keine feinen Unterscheidungen zu, obwohl die behandelten Probleme durchweg spezifisch und konkret waren. Gauß' gute, aber unsystematische Kenntnis der älteren Literatur spiegelt sich später in historischen Bemerkungen und im oft abrupten Hin-und Herspringen zwischen den verschiedensten Teilgebieten der Mathematik wider.

Gauß' außerordentliche Begabung wurde, wie wir gesehen haben, schon in der Volksschule von seinen Lehrern erkannt. Insgesamt war es wohl das beste, ihn sich selber zu überlassen und ihm zu erlauben, seinen eigenen Gedanken nachzugehen. Seine erste große Entdeckung machte Gauß, als er noch nicht ganz 19 Jahre alt war – den Beweis der Konstruierbarkeit des regulären Siebenzehnecks mit Zirkel und Lineal. Zimmermann besorgte für Gauß die Ankündigung dieses Ergebnisses im *Intellegenzblatt der allgemeinen Litteraturzeitung* [13].

Andere Fragen, mit denen sich Gauß damals (ab 1791) beschäftigte, betrafen die elementare, aber sehr weitführende und verführerische Theorie des arithmetisch-geometrischen Mittels und die der Primzahlverteilung. Beide Fragen sind auch von hohem numerischem Interesse. Zeit seines Lebens war Gauß sehr an Zahlen und an Rechnungen interessiert.

---

[3] Wir haben keine verläßlichen Unterlagen darüber, welche Bücher Gauß damals tatsächlich zugänglich waren. In *Gauß zum Gedächtnis* behauptet Sartorius, daß Gauß keinen Zugang zur Literatur hatte, bevor er nach Göttingen kam, aber das ist nicht sehr wahrscheinlich. Es gibt einige Äußerungen von Gauß selber, die dem widersprechen; darüberhinaus weiß man, was Gauß aus Universitätsbibliothek in Göttingen auslieh. Darunter finden sich etwa die Mitteilungen der Akademie in St. Petersburg und andere Zeitschriften, aber nur sehr wenige der klassischen Lehrbücher, die Gauß offensichtlich schon bekannt waren.

1. Zwischenkapitel
Zur politischen und sozialen Situation

Der folgende Exkurs hat die Aufgabe, unser Unwissen über Details aus Gauß' Kindheit und Jugend durch ausgewählte generelle Kommentare zur historischen und sozialen Situation wettzumachen. Braunschweig war norddeutsche und protestantische Residenzstadt. Die Kirche war einflußreich, aber Gauß' Eltern scheinen nicht fromm und schon gar nicht pietistisch gewesen sein. Der Pietismus war damals sehr populär, vor allem auch im Kleinbürgertum [1]. Das große Interesse, das plötzlich um 1840 sich an Diskussionen über Tischrücken und ähnliche mystische Experimente entzündete, mag Gauß an die religiösen Bewegungen in seiner Jugend erinnert haben. Gauß' Kommentar war eindeutig und sehr negativ, als ihn sein früherer Schüler Gerling, damals Professor der Physik in Marburg, um seine Stellungnahme bat. Gauß wies solche Erfahrungen grundsätzlich von sich und erklärte Gerling, daß Erlebnisse dieser Art keine wissenschaftliche Basis hätten.

Braunschweig war eine alte und vordem reiche Handelsstadt. Als Hansestadt war Braunschweig im Mittelalter so wichtig wie Hamburg oder Amsterdam gewesen, aber Einfluß und Reichtum waren in den letzten 150 Jahren ständig zurückgegangen. Obwohl nominell unter der Herrschaft der Herzöge von Braunschweig-Wolfenbüttel, wurde Braunschweig als praktisch unabhängiger Staat durch lange Jahre hindurch von einem gewählten Rat mit Hilfe einer oligarchischen Verfassung regiert. Die Stadt verarmte auf Grund der verheerenden Folgen des Dreißigjährigen Krieges und einer Reihe populistischer Revolten. Braunschweig verlor seine Unabhängigkeit kampflos im Jahr 1671, als die Stadt in das Herzogtum Braunschweig-Wolfenbüttel einverleibt wurde; 1736 wurde Braunschweig Hauptstadt des Herzogtums. Im Verlauf dieser Entwicklungen emigrierten viele der alten Patrizierfamilien, hauptsächlich nach Hamburg und den Niederlanden, was zu einer weiteren Verarmung führte, bis dann etwa im Jahr 1750 der Tiefpunkt erreicht war. Damals zählte die Stadt nur 20 000 Seelen. Diese Bevölkerungsverluste wurden langsam durch Einwanderer aus dem Umland wettgemacht; die veränderte politische Situation erlaubte den Zuzug in die Stadt ohne Schwierigkeiten. Gauß' väterliche Familie war in dieser Periode aus der unmittelbaren Nachbarschaft im Norden der Stadt zugewandert.

Wie damals auch in den anderen deutschen Kleinstaaten war in Braunschweig-Wolfenbüttel die Landwirtschaft das Rückrat der Wirtschaft. In Nachahmung Frankreichs und Preußens gab es Versuche, Industrien aufzubauen, aber diese waren nicht erfolgreich. Das ist nicht überraschend, denn „Industrialisierung" bedeutete Projekte wie die systematische Anpflanzung von Maulbeerbäumen und das Züchten von Seidenraupen, oder die Kanalisierung der Oker, was die damaligen technischen Möglichkeiten weit überstieg.

Überall in Deutschland waren die großen Städte verarmt, Denkmäler aus einer ruhmreichen, aber fernen Vergangenheit. Die soziale Ordnung war starr und festgefügt, ohne nach außen die inneren Widersprüche sichtbar werden zu lassen, die mit ihren umwälzenden Veränderungen die Stadt wieder zum Zentrum des Fortschritts und der Zivilisation zu machen bestimmt waren. Ein in sich selber nicht wichtiges Detail zeigt, wie drückend das Klima vor dem großen Sturm war: Eine ganze Reihe kaiserlicher Edikte, erlassen zum Schutz der wohlorganisierten Tuchmacher, verbot die Einführung des mechanischen Webstuhls, also derselben Maschine, die man als Kronzeugen für die industrielle Revolution in England anführt.

Das Erziehungswesen war eines der wenigen Gebiete, auf dem das 18. Jahrhundert echte Fortschritte machte. Es wurden damit die Grundlagen für die im folgenden Jahrhundert stattfindenden Entwicklungen gelegt. Obwohl die Schulpflicht nicht strikt oder wirklich allgemein war, konnte doch die Mehrheit der Generation, zu der Gauß gehörte, lesen, schreiben und rechnen. In einigen Schulbezirken wurde sogar Latein in den Volksschulen gelehrt. Gauß' Entwicklung ist ein gutes Beispiel dafür, wie ein aus armen Verhältnissen stammendes begabtes Kind gefördert wurde; andererseits war eben eine solche Entwicklung nicht möglich ohne die Hilfe und das persönliche Interesse eines einflußreichen und begüterten Förderers. Das Collegium Carolinum steht stellvertretend für viele Schulen dieser Art; berühmt sind die Akademie in Schulpforta und die Karlsschule in Stuttgart. Mit der Etablierung dieser Schulen verloren die Kirchen noch mehr Einfluß auf diesem Gebiet, nachdem sie in der Reformation in den protestantischen Ländern schon die Kontrolle über die Universitäten verloren hatten [2].

Man erhält eine guten Einblick in die damalige Situation durch den Roman *Anton Reiser* [3]. Dieses Buch ist im Jahr 1785 erschienen, und der Autor, C. Moritz, beschreibt, weitgehend autobiographisch, in ihm die Kindheit und Jugend eines begabten, aber armen und scheuen Kindes. Schauplatz der Handlung ist eine protestantische Großstadt in Norddeutschland. Die äußeren Umstände ähneln somit sehr denen Gauß', aber Moritz' Roman ist in seiner Grundanlage tragisch. Im Gegensatz zu Anton Reiser wurde der Konflikt mit der Gesellschaft für Gauß nie zum Lebenskampf, weder materiell noch intellektuell. Gauß' Enwicklung und Karriere war gradlinig, ohne die sonst kaum vermeidbaren Überraschungen und Rückschläge.

Wenn wir das Leben eines Mannes betrachten, dann wenden wir unwillkürlich die soziologischen und psychologischen Theorien an, mit denen wir aufgewachsen sind. Wir haben gelernt, daß das Verhältnis zu den Eltern und verschiedene soziale und psychologische Faktoren von großer Wichtigkeit sind. Von Gauß wissen wir in dieser Hinsicht sehr wenig, und wir müssen uns infolgedessen fragen, ob es überhaupt möglich ist, sein Leben mit Verständnis zu beschreiben. Unser Mangel an Detailwissen hat jedoch auch seine positiven Seiten. Der psychologische und soziologische Ansatz ist ja nicht einfach das stolze Ergebnis des Fortschritts der letzten hundert Jahre, sondern auch ein Symptom dieser Periode. Ansätze, die in den letzten hundert Jahren entwickelt wurden, sind nur beschränkt für das Verständnis früherer Perioden zu gebrauchen, selbst wenn sie uns so verhältnismäßig nahe stehen wie das Zeitalter Gauß'. Unser Unwissen bewahrt uns jedenfalls vor modernistischen Überinterpretationen.

Obwohl hier also mit Absicht (und notgedrungen) psychologische Überlegungen ausgeschlossen werden, folgen einige Bemerkungen zu einem Thema aus dem Bereich der Psychologie, nämlich Gauß' Familienleben. Gauß' Verhältnis zu seinen beiden Frauen und zu den Kindern aus den beiden Ehen prägte ihn tief. Sein Familiensinn, sein Interesse am sozialen Aufstieg seiner Kinder, befand sich im Einklang mit den Werten seiner Zeit. Für seine Kinder entwickelte Gauß die sozialen Instinkte der Mittelklasse, eine Einstellung, die ihm für sich selber völlig fehlte. Gauß wurde darin wohl von seiner zweiten Frau und seinen Freunden, darunter Schumacher und Gerling, bestärkt. Die sich in dem Verhältnis zu seiner Familie zeigende Tendenz wurde von Gauß' ersten Biographen betont.

Gauß hatte als Erwachsener kaum oder keine Bindungen an seine Kindheit. Auch zu seinen Eltern hatte er großen Abstand.

Im 18. Jahrhundert hatte das Wort *Genie* eine besondere, vom heutigen Gebrauch abweichende Bedeutung. Gauß hatte mit dem damals herrschenden Geniekult nichts gemein. Genies waren jung, begabt, schöpferisch und zeichneten sich durch die Ablehnung von Regeln, sowohl was das von ihnen Geschaffene als auch was das persönliche Leben betraf, aus. Literarisch ist diese Richtung als *Sturm und Drang* bekannt und obwohl Gauß dieser Gruppe geistesgeschichtlich nicht fern steht, hatte er mit ihr äußerlich nichts gemeinsam.

Sturm und Drang ist die deutsche Variante einer universellen intellektuellen Bewegung. Ihre Gründe sind vielfältig und sind geistesgeschichtlicher, politischer und soziologischer Natur. Der Drang der aufstrebenden Mittelklasse nach einer konstruktiven Rolle in der Gesellschaft war sicherlich ein wichtiger Faktor. Dem einflußlosen Bürger erschien der Optimismus der Aufklärung als genauso irrelevant wie der sterile Dogmatismus der Orthodoxie. Die Mehrzahl der Vertreter des Sturm und Drang (wie auch der romantischen Dichter) gehörte derselben sozialen Gruppe an, die die französische Revolution trug; im weit weniger fortgeschrittenen Deutschland war es jedoch fruchtlos, auf soziale und politische Änderungen ohne Hilfe von außen zu hoffen. Gauß lebte in einer ganz anderen Welt, einer Welt, die von all diesen Bewegungen abgeschirmt zu sein schien. Ein Konflikt zwischen persönlicher Entwicklung und Feudalstaat bestand für Gauß nicht; im Gegenteil, er war ein lebendes Beispiel dafür, daß die alte Ordnung noch funktionsfähig und konstruktiv war.

Man kann aus dem Vorangegangenen noch eine weitere, allerdings sehr spekulative, Konsequenz ziehen. Nicht nur seine Entwicklung, sondern auch seine Erfahrungen als Naturwissenschaftler und Mathematiker mögen einen konservativen Einfluß auf Gauß ausgeübt haben. Es ist nicht möglich, dies im Detail zu belegen, aber wir werden wiederholt Situationen begegnen, wo Gauß den Wechsel einer Situation fürchtete oder ablehnte, um nicht gezwungen zu werden, wissenschaftliche Ergebnisse oder Arbeit aufs Spiel zu setzen oder zu opfern [4].

2. Kapitel

Student in Göttingen, 1795–1798

1795, im Alter von 18 Jahren, verließ Gauß seine Heimatstadt, um im etwa
100 km entfernten Göttingen Mathematik zu studieren. Göttingen lag in
Hannover, war also bereits „Ausland", und Gauß' Entscheidung, dorthin zu
gehen, fand nicht den Beifall des Herzogs, der es vorgezogen hätte, wenn
Gauß an der Landesuniversität Helmstedt studiert hätte.[1] Helmstedt war
eine wohletablierte Universität, aber ihre Stärke lag in Theologie und den
Rechtswissenschaften, und nicht in den Naturwissenschaften. Als Grund für
seine Wahl Göttingens führte Gauß die gute dortige Bibliothek an [1], aber
Göttingens Ruf als moderne Reformuniversität mit Schwerpunkt in den Naturwissenschaften spielte sicherlich ebenfalls eine Rolle bei seiner Entscheidung. Göttingen war von König Georg II. von England (der auch Kurfürst
von Hannover war) nach dem Muster der Universitäten Oxford und Cambridge gegründet worden und war sehr viel unabhängiger von staatlicher
und kirchlicher Aufsicht als die anderen Universitäten in Deutschland. Eine
theologische Fakultät gab es in Göttingen nicht, Medizin und Naturwissenschaften standen in Blüte [2]. Als Student war Gauß ganz auf sich selber
gestellt; die alten Bursen existierten in Göttingen nicht, und Verbindungen
im modernen Sinn gab es noch nicht. Da die Universität klein war, lernte
Gauß seine Professoren persönlich kennen. Einen besonders tiefen Eindruck
machten auf ihn der Sprachwissenschaftler Heyne und der Physiker Lichtenberg.[2] Recht schnell bildete sich Gauß eine Meinung über den Mathematik-
professor W. Kästner, den Verfasser mehrerer damals populärer Lehrbücher.
Kästner war kein eigenständig schöpferischer Mathematiker, und Gauß akzeptierte ihn weder als Lehrer noch als Kollegen. Noch nach vielen Jahren,
lange nach Kästners Tod, machte sich Gauß über Kästner lustig [3]. Gauß
hielt ebenfalls nicht sehr viel von dem Astronomen Seyffer, akzeptierte ihn
jedoch später als persönlich angenehmen Kollegen [4].[3]

---

[1] In seiner Entscheidung für Göttingen folgte Gauß dem zwei Jahre älteren Ide. In
beiden Fällen lief die finanzielle Unterstützung durch den Herzog weiter.

[2] Lichtenberg ist heute nicht als Naturwissenschaftler, sondern als Verfasser witziger
Epigramme und Aphorismen bekannt. Die Bezeichnungen *positive* und *negative* Elektrizität
gehen auf ihn zurück.

Gauß rechtfertigte seine Entscheidung zugunsten Göttingens durch die eifrige Benutzung der Bibliothek. Die Liste der von ihm ausgeliehenen Bücher ist erhalten; sie enthält nicht nur Mathematikbücher, sondern auch zeitgenössische Literatur, darunter Richardsons *Clarissa*, die er in Englisch las, und eine schwedische Grammatik.

Wir wissen nur von einem neuen Freund, den Gauß während seiner Göttinger Studienjahre gewann, und zwar dem aus Siebenbürgen stammenden Johann von Bolyai. Die für uns wichtigste Frucht dieser Freundschaft ist eine Sammlung von Briefen, die einen Zeitraum von über 50 Jahren umspannt, von 1799 bis 1853, zwei Jahre, bevor Gauß starb. Diese Briefe sind eine wichtige Quelle für ein menschliches Verständnis von Gauß; mathematisch sind sie ein wichtiges Dokument in der Geschichte der nichteuklidischen Geometrie. In diesem Zusammenhang seien auch eine kurze Autobiographie erwähnt, die Bolyai für die ungarische Akademie der Wissenschaften verfaßte, und ein Brief, den Bolyai 1855 nach Gauß' Tod an Satorius von Waltershausen, Gauß' ersten Biographen, schrieb [5].

Wolfgang von Bolyai war zwei Jahre älter als Gauß und schrieb sich 1796 in Göttingen als Student der Philosophie ein. Mathematik wurde damals in der philosophischen Fakultät gelehrt, aber Bolyai war mathematisch und philosophisch interessiert. Sein persönlicher Umgang mit Gauß währte drei Jahre und endete 1799, als Bolyai nach Ungarn zurückkehrte. Mathematisch war Bolyai hauptsächlich an den Grundlagen der Geometrie interessiert. In seiner autobiographischen Skizze (1840) beschrieb er die Ursprünge seiner Freundschaft mit Gauß folgendermaßen:

... und ich mit dem damals dort studierenden Gauß bekannt wurde, mit dem ich noch heute in Freundschaft bin, obgleich weit entfernt mich mit ihm messen zu können. Er war sehr bescheiden und zeigte wenig; nicht drei Tage wie mit Plato, jahrelang konnte man mit ihm zusammensein, ohne seine Größe zu erkennen. Schade, daß ich dieses titellose, schweigsame Buch nicht aufzumachen und zu lesen verstand. Ich wußte nicht, wieviel er wußte, und er hielt, nachdem er meine Art sah, viel von mir, ohne zu wissen, wie wenig ich bin. Uns verband die (sich äußerlich nicht zeigende) Leidenschaft für die Mathematik und unsere sittliche Übereinstimmung, so daß wir oft miteinander wandernd, jeder mit den eigenen Gedanken beschäftigt, stundenlang wortlos waren.

Die Freundschaft wurde besiegelt durch den Austausch von Tabakpfeifen und das Gelöbnis, diese jeden Tag zu einer festen Stunde zu rauchen und einander zu gedenken [6].

---

[3] Es scheint, daß Gauß' Urteil über Seyffer und Kästner mit den Jahren immer härter wurde. Es ist jedenfalls noch recht milde zu Beginn der Korrespondenz mit Bolyai. Im Verhältnis zu Kästner scheint dessen Unverständnis von Gauß' Theorie der Kreisteilung entscheidend gewesen zu sein. Seyffers Schwäche wurde Gauß erst später klar, als er selber astronomisch arbeitete.

16

Bolyai war nicht reich, gehörte aber einer anderen sozialen Klasse als Gauß an. Er war bescheiden, voller Begeisterung für die Mathematik und unverhohlener Bewunderung für seinen Freund. Als Bolyai und Gauß sich kennenlernten, hatte Gauß noch nichts veröffentlicht, und seine außerordentliche Begabung war nicht offensichtlich. Kästner zumindest war nicht sehr beeindruckt von ihm. 1799 sahen sich die Freunde zum letzten Mal (in dieser Welt) in Clausthal, halbwegs zwischen Braunschweig und Göttingen. Bolyai war auf dem Weg zurück nach Ungarn, und Gauß hatte vorgeschlagen, daß die Freunde sich noch einmal träfen.

Im Herbst 1798 kehrte Gauß nach Braunschweig zurück. Die Gründe für den Abbruch seines Studiums in Göttingen sind nicht klar. Mathematisch hatte er in diesen drei Jahren große Fortschritte gemacht und die Ansätze und grundlegenden Ideen für die meisten seiner mathematischen Arbeiten, die er in den folgenden 25 Jahren veröffentlichte, entwickelt. Einer, wie er Bolyai schrieb, Bitte seines Herzogs Folge leistend, reichte er 1799 in Helmstedt seine Doktorarbeit ein. Der Doktortitel wurde ihm *in absentia* verliehen, ohne die sonst übliche mündliche Prüfung.

In einem Brief an Bolyai schloß Gauß Göttingen als Stätte ihres letzten Treffens vor Bolyais Rückkehr nach Ungarn aus. Über Gauß' Motive kann man nur spekulieren; auch die Diskussionen im Zusammenhang mit einer Rückkehr von Gauß nach Göttingen, die dann schließlich 1807 erfolgte, geben keinen Hinweis. Als Gauß 1798 sein Studium nicht fortsetzte, war er wohl überzeugt davon, daß eine Fortsetzung des Studiums in Göttingen ihm intellektuell nicht mehr nützen würde, was ihn dann vermutlich bewog, nach Braunschweig zurückzukehren.

Mathematisch war der Kontakt mit Kästner vielleicht nicht so unergiebig, wie es scheint. Unter dem Einfluß von Lambert beschäftigte Kästner sich mit den Grundlagen der Geometrie und insbesondere mit der Frage des Verhältnisses zwischen dem 10. (Parallellen)axiom und den übrigen Axiomen in Euklids System [7]. Es ist anzunehmen, daß sowohl Bolyai als auch Gauß in dieser Frage von Kästner lernten.

2. Zwischenkapitel

Die Anlage von Gauß' Gesammelten Werken

Das bekannteste Ergebnis der Studienjahre Gauß' in Göttingen ist das Buch *Disquisitiones Arithmeticae*. Es erschien im Jahr 1801 und ist Gauß' Hauptbeitrag zur Zahlentheorie und eines der wichtigsten mathematischen Werke, das je geschrieben wurde. Vor einer Zusammenfassung seines Inhalts sind einige methodologische Bemerkungen am Platz.

Die wichtigste Quelle für Gauß' wissenschaftliches Werk ist die Akademieausgabe seiner Gesammelten Werke (die wir von nun an gelegentlich als *G. W.* zitieren werden). Sie erschien in zwölf Bänden zwischen 1863 und 1929 gemäß einem Plan, der bald nach Gauß' Tod entwickelt, schließlich unter der Aufsicht von Felix Klein weitergeführt und bald nach Kleins Tod abgeschlossen wurde. Neben den zu Gauß' Lebzeiten veröffentlichten Büchern und Abhandlungen enthalten die *G. W.* auch umfangreiches Material aus Gauß' Nachlaß und wissenschaftlich relevante Passagen aus seiner Korrespondenz. Die ersten sieben Bände sind den folgenden Themen gewidmet: Zahlentheorie (Bd. I und II), Analysis (Bd. III), Wahrscheinlichkeitstheorie und Geometrie (Bd. IV), Mathematische Physik (Bd. V) und Astronomie (Bd. VI und VII). Band VIII enthält ergänzendes Material zu allen diesen Themen. Band IX ist eine Fortführung von Bd. VI und ist der Geodäsie gewidmet. Die Bände X und XI haben jeweils zwei Teile. Die ersten Teile enthalten vermischte Schriften (u.a. ist das berühmte Tagebuch in Bd. X, 1) und die zweiten Teile ausführliche Würdigungen von Gauß' Werk in einer Reihe sehr sachkundiger und inhaltsreicher Essays. Insgesamt sind diese Essays die noch immer beste Einführung zu Gauß' wissenschaftlichem Werk. Band XII enthält verschiedene kurze Abhandlungen und Briefe sowie den von Gauß, Weber und Goldschmidt besorgten und herausgegebenen Atlas des Erdmagnetismus.

Die Anlage der Werke Gauß' ist somit relativ unsystematisch. Das hat zum einen den Grund darin, daß nicht der gesamte Nachlaß gesichtet worden war, als die ersten Bände der Gesamtausgabe für die Veröffentlichung vorbereitet wurden. Zum anderen starb Schering, der erste Gesamtherausgeber, im Jahr 1897, also zwischen den Bänden VI und VII. Der Rest der Bände wurde, je nach Gebiet, von verschiedenen Herausgebern besorgt.

Das Mathematische Tagebuch ($G.W.$ X, 1, pp. 483–574) war von Gauß nie zur Veröffentlichung vorgesehen gewesen. Es wurde zufällig 1898, also über 40 Jahre nach Gauß' Tod, aufgefunden. Seine Eintragungen erstrekken sich über die Jahre 1796 bis 1814, konzentrieren sich aber auf die Periode zwischen 1796 und 1801. Das Tagebuch erlaubt nicht nur, viele der Entdeckungen Gauß' zu datieren, es ist auch eine einmalige Quelle für ein intellektuelles Verständnis Gauß' während der Jahre seiner größten mathematischen Produktivität. Die meisten der 146 Einträge haben Fragen aus Analysis, Algebra und Zahlentheorie zum Gegenstand und bestehen aus kurzen apodiktischen Behauptungen, ohne Beweis oder Erklärung. Der erste Eintrag betrifft die Konstruierbarkeit des Siebenzehnecks; es folgen Einträge zur Kettenbruchentwicklung von Reihen, der Darstellung von Zahlen als Summe von Quadraten oder Dreieckszahlen, dem quadratischen Reziprozitätsgesetz, Lemniskatenteilung, der Summierung bestimmter Integrale und Reihen, dem Parallellogramm der Kräfte, Kometen-und Planetenbahnen, Grundlagen der Geometrie, einer Formel für die Bestimmung von Ostern bis zum Jahr 1999 und schließlich dem arithmetisch-geometrischen Mittel, einem wichtigen Werkzeug in Gauß' Arbeiten über elliptische Integrale. Man kann nicht wirklich schließen, daß das Tagebuch die Entwicklung Gauß' getreu widerspiegelt – dazu ist es zu knapp und hatte offensichtlich für Gauß eine ganz andere Funktion. Das Tagebuch zeigt jedoch, mit welchen Fragen sich Gauß während der Periode seiner Abfassung beschäftigte und welchen Wert er den einzelnen Ergebnissen zumaß. Als historische Quelle ist das Tagebuch nicht zuverlässig – die Einträge sind nicht immer eindeutig und einige der Daten weniger klar, als es scheint [1].

Insbesondere in seiner Jugend mußte Gauß sehr sparsam mit Papier umgehen. Wichtige Ergebnisse finden sich als Marginalien oder auf durchschossenen Leerseiten in einem einfachen Rechenbuch (das wir als *Leiste*, nach seinem Autor, zitieren werden). Gauß erwarb *Leiste* als Schüler in Braunschweig und benutzte das Buch dann später als Kladde. Die *Leiste*-Eintragungen sowie Gauß' reguläre Notizbücher, die *Schedae*, sind nicht vollständig in den *G.W.* abgedruckt, aber die in ihnen enthaltene Information ist großenteils nur von antiquarischem Interesse. Fast alle eigentlichen Manuskripte Gauß' sind natürlich nicht erhalten, doch existiert genügend Material, um die Entstehung des Gaußschen Werks auch im Einzelnen zu verstehen. Die Gesammelten Werke selber sind dazu der Schlüssel, und unveröffentlichtes Archivmaterial [2] kann kaum wesentliche Lücken füllen. *Anhang A* behandelt einige Detailfragen hinsichtlich der Anlage und Verläßlichkeit der Gesammelten Werke und der Briefausgaben. Im großen und ganzen sind die Gesammelten Werke ein zuverlässiges und effizientes Arbeitsmittel.

Der überwiegende Teil der Korrespondenz Gauß' und sicherlich alle wichtigen Briefe sind veröffentlicht worden. Nur ein kleiner Teil der Briefe handelt von mathematischen Fragen, aber einige dieser Briefe sind sehr wichtig. Mehrere Briefe an Bessel enthalten eine Diskussion (samt Beweis) des später nach Cauchy benannten Integralsatzes [3]. Daneben gibt es noch eine Reihe anderer, weniger wichtiger, aber fundamentaler mathematischer Erörterungen.

Selbst wenn *Disq. Arithm.* nicht Gauß' erste wichtige Publikation wäre, wäre es doch natürlich, eine Diskussion von Gauß' mathematischem Werk mit einer Diskussion seiner Beiträge zur Zahlentheorie zu beginnen, und diese wiederum mit einer Diskussion der *Disq. Arithm.* Die Zahlentheorie war für Gauß die Königin der Mathematik und die Mathematik wiederum die Königin der Wissenschaften [4]. Darüberhinaus gibt es aber auch methodologische Gründe: Die Zahlentheorie ist das reinste Beispiel der mathematischen und naturwissenschaftlichen Arbeiten Gauß'. Sogar Gauß' Werk in der angewandten Mathematik und auf Gebieten wie der Astronomie orientiert sich bei ihm an der Klarheit, Strenge und Unbedingtheit seiner zahlentheoretischen Arbeiten, deren erster und vollendeter Vertreter *Disq. Arithm.* ist.

3. Kapitel

Das zahlentheoretische Werk

Disquisitiones Arithmeticae erschienen im Sommer 1801, also drei Jahre, nachdem Gauß nach Braunschweig zurückgekehrt war, in Leipzig, dem damaligen Zentrum des deutschen Buchhandels. Die folgende Zusammenfassung der *Disq. Arithm.* beschränkt sich auf den Inhalt des Buchs, und es wird nicht versucht, seinen Einfluß in der Geschichte der Zahlentheorie zu beschreiben. *Disq. Arithm.* zerfällt in sieben Kapitel, die hier im Einklang mit dem lateinischen Original als *Sektionen* bezeichnet werden. Die drei ersten Sektionen sind einführender Natur, die Sektionen IV–VI sind der Kern des Werks, und Sektion VII ist eine kurze Monographie, die von einem verwandten, aber eigenständigen Thema handelt. Das Buch ist dem Herzog von Braunschweig gewidmet, ohne dessen Hilfe es nie erschienen wäre oder hätte erscheinen können. Ein kurzes Vorwort stellt klar, daß *Disq. Arithm.* in der Tradition der Werke Diophants, Fermats, Eulers, Lagranges und Legendres steht.[1]

Die erste Sektion ist nur fünf Seiten lang und handelt von elementaren Begriffen und Ergebnissen, darunter den Teilbarkeitsregeln für 3, 9 und 11. Wichtig für den folgenden Text ist die Definition von Kongruenzen modulo natürlicher Zahlen und elementare Folgerungen, darunter der Divisionsalgorithmus.

In Sektion II, die 24 Seiten lang ist, beweist Gauß die Eindeutigkeit der Primzahlzerlegung natürlicher Zahlen und definiert den größten gemeinsamen Teiler und das kleinste gemeinsame Vielfache. Nach der Definition des Ausdrucks $a \equiv b \bmod c$ untersucht Gauß die „Gleichung" $ax + t \equiv c$.[2] Weiterhin behandelt Gauß Eulers Totientenfunktion $\varphi(m)$, die die Anzahl der ganzen Zahlen bezeichnet, welche kleiner oder gleich m und teilerfremd zu m sind. Gauß untersucht die Totientenfunktion mit Hilfe der multiplikativen Eigenschaften der primitiven Reste.

Der Titel der dritten Sektion ist *De Residuis Potestatum* – über die Potenzreste. Die Sektion enthält eine Untersuchung der Reste einer Potenz

---

[1] Viele Jahre später, in einem Brief an den Astronomen Schumacher, macht Gauß klar, daß er von Diophant gar keine hohe Meinung hatte.

[2] Diese Bezeichnungsweise geht auf Gauß zurück; begrifflich waren Kongruenzen schon Gauß' Vorgängern bekannt.

einer gegebenen Zahl modulo (ungerader) Primzahlen. Wesentliches Hilfsmittel ist der „kleine Fermatsche Satz"

$$a^{p-1} \equiv 1 \ (\text{mod } p), \quad p \text{ eine Primzahl, die } a \text{ nicht teilt.}$$

Gauß präsentiert zwei Beweise, deren einer, durch Ausschöpfung, auf Euler und vielleicht sogar Leibniz zurückgeht. Der zweite Beweis, der ebenfalls nicht neu ist, benutzt den „binomischen Satz"

$$(a + b + c + \ldots)^p \equiv a^p + b^p + c^p + \ldots (\text{mod } p).$$

Dies führt zum Begriff der *primitiven Wurzel*: a ist eine primitive Wurzel, wenn die Potenzen $a, a^2, a^3, \ldots$ modulo p alle ganzen Zahlen liefern, die relativ teilerfremd zu p sind. Mit Hilfe dieses Konzepts definiert Gauß den *Index e* einer Zahl b relativ zu a durch

$$a^e \equiv b(\text{ mod } p).$$

In dieser Gleichung ist a eine feste, aber beliebige Wurzel modulo p, die sogenannte *Basis*. Gauß entwickelt Rechenregeln für die Indices, die er mit den Logarithmen vergleicht [1]. Der Anhang zu den *Disq. Arithm.* enthält eine Indextabelle, die dem Leser das Rechnen erleichtern soll. Die Indexdarstellung liefert Gauß ein Kriterium für den quadratischen Charakter einer Zahl, d.h. dafür, daß eine Zahl quadratischer Rest modulo p ist. Der Gedankengang und dieses Ergebnis waren schon Euler bekannt, aber Gauß' Ableitung und Beweis sind vollständiger und schlüssiger. Ein weiteres Ergebnis der Indexdarstellung ist der Satz von Wilson

$$1.2.3 \ldots (p - 1) \equiv -1(\text{ mod } p) \quad [2].$$

Zusammenfassend kann man sagen, daß die ersten drei Sektionen der *Disq. Arithm.* eine systematische Einführung in die elementare Zahlentheorie darstellen und den Leser auf den Hauptteil des Buchs, die Sektionen IV und V, vorbereiten.

Das zentrale Thema der 47 Seiten umfassenden vierten Sektion ist das sogenannte *quadratische Reziprozitätsgesetz*. Diese Bezeichnung beruht auf einem von Legendre eingeführten Formalismus; das „Gesetz" lautet folgendermaßen. Seien p und q positive, ungerade Primzahlen. Dann hat (p/q) den Wert $+1$, falls $x^2 \equiv q(\text{mod } p)$ in ganzen Zahlen lösbar ist, und -1 sonst. Das quadratische Reziprozitätsgesetz ist dann die Identität

$$\left(\frac{p}{q}\right)\left(\frac{q}{p}\right) \equiv (-1)^{\frac{(p-1)}{2} \cdot \frac{(q-1)}{2}} \quad [3].$$

Gauß benutzte weder diesen Formalismus noch den Ausdruck „quadratisches

Reziprozitätsgesetz", aber dies ist die prägnanteste Formulierung für den Zusammenhang zwischen (p/q) und (q/p). Der Satz selber war schon Euler bekannt gewesen, und ein erster, jedoch unvollständiger Beweis stammt von Legendre. Gauß beginnt seinen Beweis mit heuristischen Überlegungen und führt den Satz für ausgewählte Primzahlen vor. Der allgemeine Fall wird dann durch vollständige Induktion über die Primzahlen gelöst. Gauß hat insgesamt sechs wesentlich verschiedene Beweise dieses Satzes gefunden, und dieser erste Beweis ist kompliziert und elementar mit einer Unterscheidung von acht verschiedenen Fällen [4].[3]Unter Benutzung von Legendres Formalismus vereinfachte Dirichlet den Beweis und reduzierte Gauß' acht Fälle auf zwei. Gauß nannte das Reziprozitätsgesetz *theorema fundamentale* und formulierte es in §131 seines Buchs folgendermaßen: Ist p eine Primzahl von der Form $4n + 1$, so wird $+p$, ist dagegen p eine Primzahl von der Form $4n + 3$, so wird $-p$ Rest oder Nichtrest jeder Primzahl sein, welche, positiv genommen, Rest oder Nichtrest von p ist [5].[4]

Durch Faktorenzerlegung zeigt Gauß unmittelbar nach dem Beweis seines Fundamentalsatzes, wie man für zwei beliebige Zahlen P und Q findet, ob Q quadratischer Rest von P ist. Der §146 enthält (auf dieser Stufe) die allgemeinste Formulierung des quadratischen Reziprozitätsgesetzes. Eine weitere Anwendung besteht in der Konstruktion linearer Formen, die alle Primzahlen enthalten, die die quadratischen Reste oder Nichtreste einer gegebenen Zahl sind. Sektion IV endet mit der Zurückführung nichtreiner Kongruenzen zweiten Grades, also Kongruenzen der Form $ax^2 + by + c \equiv 0$ (mod p), auf reine Kongruenzen. In einem kurzen historischen Überblick streift Gauß Eulers und Legendres Vorarbeiten und stellt klar, daß der von ihm gegebene Beweis der erste korrekte und vollständige Beweis ist, geht jedoch nicht auf die Details von Legendres Beweisfragment ein [6].

Die fünfte Sektion umfaßt 260 Seiten und ist der Kern der *Disq. Arithm.* Sie handelt von der Theorie der binären quadratischen Formen, d.h., algebraischen Ausdrücken der Form

$$f(x,y) = ax^2 + 2bxy + cy^2, \quad a, b, c \quad \text{vorgegebene ganze Zahlen} \quad [7].$$

Ein erheblicher Teil der fünften Sektion enthält keine neuen Ergebnisse, son-

---

[3] Gauß fand diesen Beweis im Frühjahr 1796 nach langer Vorarbeit. Damals war er noch nicht in der Lage, das quadratische Reziprozitätsgesetz in eine allgemeine Theorie einzubetten; um den Beweis wirklich zu verstehen (und schätzen zu lernen), muß man ihn Schritt für Schritt nachvollziehen. Der kritische Schritt ist der Beweis der Tatsache, daß Primzahlen $p>5$ und von der Form $4n + 1$ stets Nichtreste einer kleineren Primzahl sind. Dies ist einfach für $p \equiv 5(\bmod 8)$, aber sehr schwierig für $p \equiv 1(\bmod 8)$. Dieser letztere Fall kostete, wie Gauß schreibt, ihn ein ganzes Jahr.

[4] Dirichlet formulierte den Satz in der folgenden Form: Seien p und q zwei positive ungerade Primzahlen, von denen mindestens eine von der Form $4n + 1$ ist. q ist quadratischer Rest oder Nichtrest von p, wenn immer p quadratischer Rest oder Nichtrest von q ist. Sind p und q beide von der Form $4n + 3$, dann ist q quadratischer Rest oder Nichtrest von p, wenn immer p quadratischer Nichtrest oder quadratischer Rest von q ist.

dern faßt Resultate zusammen, die auf Lagrange zurückgehen. Gauß weist den Leser auf diesen Umstand hin und gibt an, wo sein eigener Beitrag beginnt; die vorliegende Zusammenfassung enthält einen entsprechenden Verweis. Gauß' Algebraisierung der Zahlentheorie führt zu komplizierten algebraischen Rechnungen und zu Begriffen, die keine direkte zahlentheoretische Bedeutung mehr haben, aber Gauß stellt, wie wir sehen werden, den zahlentheoretischen Bezug immer wieder her. Zahlentheorie, und nicht abstrakte Algebra, steht stets im Mittelpunkt der Untersuchung.

Die ersten beiden Paragraphen handeln von zwei grundlegenden algebraischen Eigenschaften einer quadratischen Form, nämlich der Identität

$$f(x,y)f(x',y') = [(ax + by)x' + (bx + cy)y']^2 - D(xy' - x'y)^2$$

mit

$$D = b^2 - ac$$

und der Beziehung

$$D' = D(\alpha\delta - \beta\gamma)^2,$$

wobei D' die Diskriminante [8] der Form $F' = a'x'^2 + 2b'x'y' + c'y'^2$ ist. Man erhält F' aus F durch eine lineare Transformation der Variablen mit den Koeffizienten $\alpha,\beta,\gamma,\delta$; D ist die Diskriminante der Form F. Die beiden Grundprobleme bestehen darin, alle Darstellungen einer vorgegebenen Zahl durch eine vorgegebene Form zu finden und eine Übersicht über alle Darstellungen zu erhalten, die zu einem oder zu verschiedenen Werten einer Form gehören. Man erhält dann ein Transformationsgesetz für Formen. Wenn eine Form F in eine andere Form F' durch eine Substitution mit ganzzahligen Koeffizienten überführt werden kann, so *enthält* die Form F' die Form F. Die Diskriminante von F' ist dann ein Teiler der Diskriminante von F. F und F' heißen *äquivalent*, wenn die beiden Formen sich gegenseitig enthalten. Äquivalente Formen haben, bis auf das Vorzeichen, dieselbe Diskriminante. Dies führt zu einer durch die Determinante der Transformationsmatrix induzierten Klassifikation der Formen. Man unterscheidet darüberhinaus zwischen *eigentlich* und *uneigentlich äquivalenten* Formen; zwei Formen sind *uneigentlich äquivalent*, wenn die Determinante der Transformationsmatrix den Wert −1 hat. Diese Klassifikation der Formen wird im folgenden noch viel gebraucht werden.

Gauß untersucht nun zuerst Eigenschaften, die für alle Formen gelten, wie etwa Kriterien für die Äquivalenz von Formen und, als konkrete Anwendung, die Darstellung von Zahlen durch Formen. Dabei sind die *ambigen* Formen, d.h. Formen, die sich selber uneigentlich äquivalent sind, von besonderem Interesse. Gauß beweist die Existenz ambiger Formen und leitet einige ihrer elementaren Eigenschaften her, welche später benötigt werden. Formen mit positiver quadratischer Diskriminante sind uninteressant; dagegen sind die Formen mit negativer Diskriminante einer längeren Untersuchung wert. Gauß zeigt in diesem Fall, daß jede Klasse eigentlich äquivalenter Formen mit gegebener Diskriminante durch eine bestimmte, wohldefinierte Normalform, die *reduzierte Form* charakterisiert werden kann. Dies ist der erste Schritt in Gauß' erschöpfender Behandlung der algebraischen Eigenschaften solcher Formen. Es folgen Kriterien für die Äquivalenz zweier Formen, die Berechnung einer oberen Grenze für die Anzahl verschiedener reduzierter Formen mit gegebener negativer Diskriminante, das Transformationsgesetz für eigentlich äquivalente Formen und die Bestimmung aller Transformationen zwischen den eigentlich äquivalenten Formen. Die benötigten Rechnungen sind umfangreich, werden jedoch mit Hilfe einer Tafel reduzierter Formen abgekürzt. In §182 beweist Gauß schließlich mehrere Zerlegungssätze für Primzahlen, darunter die Zerlegung von Primzahlen der Form $4n + 1$ in die Summe zweier Quadrate.

Gauß' nächstes Thema sind Formen mit gegebener positiver nichtquadratischer Diskriminante. Auch in diesem Fall können Normalformen definiert werden, die aber nicht mehr eindeutig sind. Die Menge der reduzierten Formen, d.h. der Normalformen, die zu einer gegebenen Form gehören, ist endlich und hat gewisse algebraische Eigenschaften; sie wird *Periode* der reduzierten Formen genannt. Gauß zeigt, daß äquivalente Formen mit gegebener Diskriminante eindeutig durch ihre Periode charakterisiert sind. Wie im vorhergehenden Fall induzieren die Perioden eine Klassifikation der Formen. Gauß' Darstellung ist konkret und konstruktiv; der Leser erhält nicht nur detaillierte Anweisungen für die Bestimmung der reduzierten Formen, sondern es wird auch eine Reihe numerischer Beispiele vorgeführt. Der Themenkreis wird abgeschlossen durch Sätze, die die Transformationen äquivalenter Formen ineinander beschreiben. Dies führt zur *Pellschen Gleichung*

$$t^2 - Du^2 = 1$$

und zu einer Verallgemeinerung dieser Gleichung (in §201). Die Pellsche Gleichung war schon von Fermat und seinen Zeitgenossen untersucht worden. Ihre Lösungen liefern alle Transformationen zwischen äquivalenten Formen, wenn nur eine Transformation bekannt ist.

An dieser Stelle weist Gauß den Leser darauf hin, daß alle bisher erzielten Ergebnisse bereits von Lagrange voll bewiesen worden seien. Überhaupt steht der erste Teil der fünften Sektion ganz in der Tradition Fermats und Lagranges. Gauß rundet die Theorie mit einer knappen Behandlung der Formen mit positiv quadratischer und verschwindender Diskriminante ab; die analogen Ergebnisse folgen direkt. Zum Schluß löst Gauß die allgemeine diophantische Gleichung zweiten Grades modulo p in zwei Unbekannten. Danach berechnet Gauß die Verteilung aller Formen mit vorgegebener Diskriminante über einer endlichen Zahl von Klassen äquivalenter Formen. Die Darstellung von Zahlen durch Formen und als Summe von Quadraten ist das primäre Thema der fünften Sektion, und algebraische Überlegungen sind zahlentheoretischen Überlegungen stets untergeordnet.

Die nun folgenden Abschnitte enthalten eine eingehendere Untersuchung der algebraischen Eigenschaften von Formen; die Begriffe *Ordnung*, *Geschlecht* und *Charakter* werden eingeführt und diskutiert.[5] Gauß' Hauptaufgabe ist die Charakterisierung der Zahlen, die durch die zu einer gegebenen Diskriminante gehörigen Klassen dargestellt werden.

Die nun folgenden Ergebnisse gehen über Lagrange hinaus und hatten einen bleibenden Einfluß auf die Entwicklung der Zahlentheorie. Die Ordnung einer Klasse hängt von dem größten gemeinsamen Teiler der Koeffizienten der in einer Klasse enthaltenen Formen ab. Eine primitive Ordnung besteht aus Formen, deren Koeffizienten untereinander teilerfremd sind, eine eigentlich primitive Ordnung ist eine Ordnung, wo sogar $(a, 2b, c)$ paarweis teilerfremd sind. Wenn eine Klasse nur eine einzige (eigentlich) primitive Form enthält, so sind all ihre Formen (eigentlich) primitiv. Dies bedeutet, daß man von (eigentlich) primitiven Klassen sprechen kann. Zwei Klassen liegen in derselben Ordnung, wenn die Koeffizienten zweier repräsentativer Formen denselben größten gemeinsamen Teiler haben. Alle primitiven Klassen, und ebenfalls die eigentlich primitiven Klassen, bilden eine bestimmte Ordnung.

Ordnungen können mit Hilfe der *Geschlechter* klassifiziert werden. Gauß zeigt in §229 das folgende: Sei F eine primitive Form mit Diskriminante D und sei die Primzahl p ein Faktor von D. Alle Zahlen, die durch F dargestellt werden können und die p nicht enthalten, sind entweder quadratische Reste oder Nichtreste von p. Dies bestimmt die Form F vollständig. Die Menge aller „Spezialcharaktere" einer Form oder Klasse wird *Totalcharakter* dieser Form oder Klasse genannt. Alle Klassen mit demselben Totalcharakter liegen in demselben *Geschlecht*. Als Beispiel zeigt Gauß, daß man für die Diskriminante −161 bestimmte eigentlich primitive Klassen erhält, die in vier verschiedenen Geschlechtern liegen. Die Form (1,0,−D) ist die Hauptform, ihre Klasse die Hauptklasse und ihr Geschlecht das Hauptgeschlecht.

Mit dem Paragraphen 234 beginnt die berühmte Unterabteilung „Von der Komposition der Formen". Gauß behandelt darin die Komposition von Klassen, Ordnungen und Geschlechtern. Darauf aufbauend entwickelt er eine Theorie für diese Begriffe und zeigt, wie die Geschlechter zweier Formen das Geschlecht der zusammengesetzten Form bestimmen usw. „Von der Komposition der Formen" ist der Kern der *Disq. Arithm.*; schon bald nach der Veröffentlichung des Buchs war dieser Teil als tief und schwierig bekannt. Verwendet man moderne Begriffe, so kann man sagen, daß die eigentlich primitiven Klassen eine abelsche Gruppe mit der durch die Form $x^2 - Dy^2$ dargestellten „Hauptklasse" als Einselement bilden. Ob-

---

[5] In der Literatur nach Gauß ersetzen die idealen Klassen in quadratischen Zahlkörpern die etwas unhandlichen Formen. Der Übergang von Formen zu Klassen ist nicht direkt, und gewisse Informationen gehen dabei verloren [9].

wohl die Rechnungen schwierig und interessant sind, geht Gauß nicht näher
auf die algebraischen Zusammenhänge ein, sondern konzentriert sich auf die
zahlentheoretischen Aspekte der Theorie. Er leitet wichtige Ergebnisse für
die Klassenzahlen in Geschlechtern derselben Ordnung und verschiedener
Ordnungen sowie über die Anzahl ambiger Klassen für eine vorgegebene
Determinante ab. Höhepunkt dieser Überlegungen ist ein neuer Beweis des
quadratischen Reziprozitätsgesetzes, Gauß' *theorema fundamentale*, in §262.
Dieser Beweis beruht darauf, daß das Hauptgeschlecht genau einem der Charaktere entspricht, wenn nur zwei Charaktere für eine vorgegebene nicht-
quadratische Diskriminante existieren. Einer dieser Charaktere entspricht
keiner eigentlich primitiven Form, und zwar deshalb, weil die Hälfte der zu
einer Diskriminante gehörigen Charaktere keine eigentlich primitiven Geschlechter haben, was Gauß in §261 beweist. Gauß rundet das Thema mit
einer weiteren konkreten Anwendung ab, der Zerlegung von Primzahlen in
die Summe zweier Quadrate. Der Zusammenhang wird dadurch hergestellt,
daß alle ambigen eigentlich primitiven Klassen mit gegebener Diskriminante
p äquivalent sind, falls p eine Primzahl der Form $4n + 1$ ist.

An dieser Stelle beginnt Gauß einen Exkurs in die Theorie der ternären
Formen. Dies ist notwendig für die Bestimmung der genauen Anzahl der
Geschlechter, die zu einer gegebenen Form gehören [10]. Eine *ternäre Form*
ist ein Ausdruck

$$f = ax^2 + a'x'^2 + a''x''^2 + 2bx'x'' + 2b'x''x + 2b''xx', \quad a, b \text{ ganze Zahlen,}$$

mit der Diskriminante

$$\Delta = ab^2 + a'b'^2 + a^2b''^2 - aa'a'' - 2bb'b''.$$

Gauß beginnt mit der Ableitung der elementaren Transformationseigenschaften, definiert äquivalente Formen und untersucht Äquivalenzklassen
ternärer Formen. Die folgenden vier Fragen werden als die Hauptprobleme
in der Theorie der ternären Formen definiert:

1. alle Darstellungen einer vorgegebenen Zahl durch eine vorgegebene
   Form zu finden.
2. alle Darstellungen einer vorgegebenen binären Form durch eine vorgegebene ternäre Form zu finden.
3. ein Äquivalenzkriterium für ternäre Formen zu finden und sich einen
   Überblick über die Transformationen zwischen äquivalenten Formen
   zu verschaffen.
4. ein Kriterium dafür aufzustellen, wann eine gegebene ternäre Form
   eine andere Form mit größerer Diskriminante enthält, und die entsprechende Transformation zu finden.

Gauß führt (1) auf (2) und (2) auf (3) zurück und löst (3) für einige wichtige

Spezialfälle. (4) wird nicht behandelt. Gauß' späteres Werk enthält mehr zur Theorie der ternären Formen, aber nichts in voller Allgemeinheit; die notwendigen Rechnungen waren vermutlich zu umfangreich.

Gauß benutzt nun diese Ergebnisse, um binäre durch ternäre Formen darzustellen. Eine solche Darstellung ist mit Hilfe der ganzzahligen Substitution

$$x_i = \alpha_i t + \beta_i u, \quad i = 1, 2, 3,$$

möglich. Die Existenz von Geschlechtern für die Hälfte der Totalcharaktere folgt aus der Darstellung einer binären Form durch die spezielle ternäre Form $x_1^2 - 2x_2 x_3$. Man kann diese Charaktere mit Hilfe des quadratischen Reziprozitätsgesetzes ausrechnen.

Auch dieser Teil der Theorie hat konkrete Anwendungen, darunter die Darstellung von Zahlen und binären Formen als Summe dreier Quadrate (§291) und Fermats bis dahin unbewiesene Behauptung, daß jede positive ganze Zahl als Summe dreier Dreieckszahlen dargestellt werden kann (siehe S. 33). Eine andere Behauptung Fermats, nämlich daß jede ganze Zahl Summe von höchstens vier Quadraten ist, ergibt sich ebenfalls.

Die Benutzung ternärer Formen führte nicht nur zur Lösung bestimmter Probleme aus der Theorie der binären Formen, sondern eröffnete auch ein fruchtbares neues Gebiet mathematischer Forschung, das dann von Dirichlet, Eisenstein, H. J. S. Smith und Minkowski bearbeitet wurde.

Gauß kommt hier nochmals auf Legendres unvollständigen Beweis des *theorema fundamentale* zurück und zeigt, wo die wesentliche, erst durch Dirichlet geschlossene Lücke liegt.

Ohne Beweise macht Gauß dann Angaben über die mittlere Anzahl der zu einer gegebenen Diskriminante D gehörigen mittleren Anzahl der Geschlechter und Klassen. Für die erstere ist seine asymptotische Formel

$$\alpha \log |D| + \beta, \quad \alpha, \beta \text{ fest}$$

und für die letztere

$$\gamma \sqrt{|D|} - \delta, \quad \gamma, \delta \text{ fest.}$$

Die zweite Formel gilt nur für negatives D. Gauß war nicht in der Lage, die Konstanten in der analogen Formel für positives nichtquadratisches D zu bestimmen. Beide Formeln basieren wohl auf umfangreichen Rechnungen; Gauß deutet jedoch an, daß es dazu auch tiefe theoretische, später noch zu erklärende Überlegungen gäbe.

Die fünfte Sektion schließt mit einigen Bemerkungen über die Klassen, die zum Hauptgeschlecht von Formen mit gegebener Diskriminante gehören. Ihr zyklischer Charakter führt zur Definition der Perioden der Klasse C, wo C eine beliebige, aber feste Klasse im Hauptgeschlecht ist. Diskriminanten werden *regulär* genannt, wenn ihr Hauptgeschlecht in einer einzigen Periode enthalten ist, d.h. wenn es durch eine endliche Folge $C, C^2, C^3, \ldots, C^{n+1} = C$ dargestellt werden kann, und sonst *irregulär*. Gauß entwickelt diese Theorie nicht weiter und macht nur einige wenige Bemerkungen über das Verhältnis zwischen Diskriminante und dem zugehörigen Grad von Irregularität. Sektion V schließt mit der Erklärung einer Methode dafür, alle eigentlich primitiven Klassen, die zu einer gegebenen regulären Diskriminante gehören, zu finden. In einem numerischen Beispiel stellt Gauß die Geschlechter und Klassen für die Diskriminanten −161 und −546 auf.

Die sechste Sektion der *Disq. Arithm.* wird hier nur kurz besprochen. Sie enthält einige wichtige Anwendungen, die Gauß nicht in die vorhergehende Sektion aufgenommen hatte. Die wichtigsten Themen sind Kettenbrüche, periodische Dezimalzahlen und die Lösung von Kongruenzen durch Gauß' Ausschließungsmethode. Ein anderes interessantes Thema ist die Ableitung von Kriterien, um zwischen Primzahlen und zusammengesetzten Zahlen zu unterscheiden. Sektion VI ist ein Anhang zu Sektion V, dem natürlichen Abschluß der *Disq. Arithm.*

Die von Dedekind ausgearbeiteten zahlentheoretischen Vorlesungen Dirichlets orientieren sich an den ersten vier bis fünf Sektionen der *Disq. Arithm.* [11]. Man kann sie noch heute mit Gewinn als (nicht ganz historisch getreue) Einführung zu Gauß lesen. Eine wichtige Ergänzung sind die Kapitel über quadratische Körper im dritten Band von Webers Algebra (1899).

Sektion VII ist der bekannteste und populärste Teil der *Disq. Arithm.* Historisch war sie von großer Tragweite − hier sei nur §335 erwähnt mit der für Abel so wichtigen Bemerkung über mögliche Verallgemeinerungen der Kreisteilung.[6] Das sechste Zwischenkapitel enthält eine ausführliche Zusammenfassung von Sektion VII als Beispiel für Gauß' mathematischen Stil. Sektion VII ist sehr homogen und in sich abgeschlossen; sie war im wesentlichen komplett, bevor Gauß Sektion V vollendete.

Kreisteilung mit Zirkel und Lineal ist ein altes und klassisches Problem. Seit der Antike war es eine offene Frage, ob es möglich sei, das regelmäßige Siebenzehneck mit Zirkel und Lineal zu konstruieren. Mit seiner Theorie der Kreisteilung löste Gauß dieses Problem als Sonderfall der Konstruierbarkeit regelmäßiger n-Ecke, wobei n eine Primzahl größer als 2 ist.

Die Lehre von der Kreisteilung handelt von der Gleichung

$$x^p - 1 = 0, \quad p \text{ eine ungerade Primzahl.}$$

Die Wurzeln dieser Gleichung sind trigonometrische Funktionen der Winkel $2\pi k/p$, $k = 0, 1, 2, \ldots, p - 1$. Diese Tatsache war bereits Euler wohlbekannt.

---

[6] Der nächste Schritt ist die Lemniskatenteilung, eine Aufgabe, die Gauß schon vor Vollendung der *Disq. Arithm.* bewältigt hatte, wie man aus dem Tagebuch und anderen fragmentarischen Aufzeichnungen weiß.

In seinem Beweis benutzt Gauß wesentlich die Theorie der primitiven Wurzeln und die Darstellung der Koeffizienten eines Polynoms als symmetrische Funktionen der Wurzeln dieses Polynoms. Primitive Wurzeln können benutzt werden, weil die Potenzen einer beliebigen primitiven Wurzel modulo n den $p-1$ Wurzeln von

$$X \equiv \frac{x^p - 1}{x - 1} = 0$$

entsprechen. Wie in den vorhergehenden Teilen der *Disq. Arithm.* geht Gauß auch hier sehr behutsam und unter Verwendung vieler numerischer Beispiele vor. Das Hauptergebnis der Untersuchung wird in §365 erzielt, wo Gauß beweist, daß jedes beliebige regelmäßige n-Eck, wobei n eine Primzahl der Form (*)

$$2^{2^\nu} + 1$$

ist, mit Zirkel und Lineal konstruiert werden kann. Nur wenn n tatsächlich die durch (*) angegebene Form hat, kann das Polynom X durch eine Folge quadratischer Gleichungen reduziert werden; geometrisch gesehen, entspricht die Lösung quadratischer Gleichungen der Konstruktion mit Zirkel und Lineal.

In seinem kleinen, 1901 erschienenen Buch hat Dedekind die siebente Sektion der *Disq. Arithm.* in einer auch Studenten zugänglichen Form ausgearbeitet. Ähnlich wie die vorhergehenden Sektionen enthält auch Sektion VII eine Reihe spezieller zahlentheoretischer Ergebnisse, die aus der allgemeinen Theorie folgen. In §356 tauchen zum ersten Mal in Gauß' Werk die sogenannten *Gaußschen Summen* auf, welche dann gesondert in der Arbeit *Summatio quarundam serierum singularium* (1808) untersucht werden. Diese Arbeit wird im folgenden kurz zusammengefaßt werden. *Disq. Arithm.* schließt mit einem Anhang von für den Leser nützlichen Tafeln.

In seiner Korrespondenz und in anderen Veröffentlichungen hat Gauß öfter seinen Plan erwähnt, die *Disq. Arithm.* mit einem zweiten Band fortzusetzen. Es ist leicht einzusehen, warum dieser zweite Band nie zu Stande kam – die äußeren Umstände allein von Gauß' Leben machen das klar. Wir wissen nicht genau, welche Themen Gauß in einem solchen zweiten Band zu behandeln plante, aber eine Reihe von ihm veröffentlichter kürzerer zahlentheoretischer Arbeiten sowie das erst nach seinem Tod bekannt gewordene fragmentarische Manuskript *Analysis Residuorum* geben eine guten Einblick in die Themen, an denen Gauß interessiert war. *A.R.* enthält eine frühe Fassung des letzten Teils der *Disq. Arithm.* und zusätzliches, nicht von Gauß in die *Disq. Arithm.* aufgenommenes Material.

Die letzte der von Gauß veröffentlichten zahlentheoretischen Arbeiten erschien im Jahr 1831. Sie ist der zweite Teil einer 1825 erschienenen, von der Theorie der biquadratischen Reste handelnden Arbeit, schließt aber dieses

Thema nicht ab. Andere Arbeiten handeln von den Gaußschen Summen und weiteren Beweisen des quadratischen Reziprozitätsgesetzes.

Die „singulären Reihen" im Titel der Arbeit *Summatio quarundam serierum singularium* sind die Gaußschen Summen, d.h. Ausdrücke der Form

$$W = \sum_{\nu=0}^{n-1} \exp\left(\frac{2\pi i}{n}\nu^2\right).$$

Diese Summen spielen keine zentrale Rolle in Gauß' Werk, gewinnen aber in der weiteren Entwicklung der Zahlentheorie an Wichtigkeit. Schon Gauß sah, daß diese Summen etwas mit ϑ-Reihen zu tun haben, aber dieser Zusammenhang wurde von ihm nicht ausgearbeitet. Mehr dazu später [12]. Ziel der Arbeit *Summ. Ser.* ist die Bestimmung der Vorzeichen in den unten explizit aufgeschriebenen Ausdrücken (1) und (2). Zum Zeitpunkt der Abfassung der *Disq. Arithm* war dieses Problem noch offen gewesen. Man muß zwei verschiedene Fälle für die Primzahl p unterscheiden:

(1) Für $p = 4m + 1$:

$$\sum \cos ak\omega = -\tfrac{1}{2} \pm \tfrac{1}{2}\sqrt{p}$$

$$\sum \cos bk\omega = -\tfrac{1}{2} \mp \tfrac{1}{2}\sqrt{p}$$

und somit

$$\sum \cos ak\omega - \sum \cos bk\omega = \pm\sqrt{p}$$

$$\sum \sin ak\omega = 0$$

$$\sum \sin bk\omega = 0.$$

(2) Für $p = 4m + 3$:

$$\sum \cos ak\omega = -\tfrac{1}{2}$$

$$\sum \cos bk\omega = -\tfrac{1}{2}$$

$$\sum \sin ak\omega = \pm\tfrac{1}{2}\sqrt{p}$$

$$\sum \sin bk\omega = \mp\tfrac{1}{2}\sqrt{p}$$

$$\sum \sin ak\omega - \sum \sin bk\omega = \pm\sqrt{p}.$$

Gauß beschränkt sich auf elementare Hilfsmittel; die Rechnungen sind zum Teil kompliziert, aber nie schwierig. Der letzte Teil der Arbeit enthält einen neuen Beweis des quadratischen Reziprozitätsgesetzes und die sogenannten Ergänzungssätze zum quadratischen Reziprozitätsgesetz. Man kann mit diesen Sätzen die Primzahlen bestimmen, die -1, 2 und -2 als quadratische Reste haben.

Aus seinem Briefwechsel ist bekannt, welche Schwierigkeiten Gauß bei der Ermittlung des Vorzeichens der Reihen zu überwinden hatte. Im September 1805 schrieb er an den Astronomen Olbers:

... Was da ... [Disq. Arithm., §356] *...steht, ist streng dort bewiesen, aber was fehlt, die Bestimmung des Wurzelzeichens, ist es gerade, was mich immer wieder gequält hat. Dieser Mangel hat mir alles Übrige, was ich fand, verleidet, und seit vier Jahren wird selten eine Woche hingegangen sein, wo ich nicht einen oder den anderen vergeblichen Versuch, diesen Knoten zu lösen, gemacht hätte besonders lebhaft nun auch wieder in der letzten Zeit. Aber alles Brüten, alles Suchen ist umsonst gewesen, traurig habe ich jedesmal wieder die Feder niederlegen müssen. Endlich vor ein paar Tagen ist es mir gelungen - aber nicht meinem mühsamen Suchen sondern bloß durch die Gnade Gottes möchte ich sagen. Wie der Blitz einschlägt, hat sich das Räthsel gelöst; ich selbst wäre nicht im Stande, den leitenden Faden zwischen dem, was ich vorher wußte, dem, womit ich die letzten Versuche gemacht hatte - und dem, wodurch es gelang nachzuweisen ...*

Gauß' Beiträge zur Theorie der biquadratischen Reste sind in den beiden Arbeiten *Theoria residuorum biquadraticorum I & II*, die beide in der Zeitschrift der Göttinger Akademie der Wissenschaften erschienen sind, enthalten. Der erste Teil entwickelt einige neue Ergebnisse in Analogie zum quadratischen Fall; die zu einem tieferen Verständnis nötigen komplexen Zahlen werden dann von Gauß zu Beginn des zweiten Teils eingeführt. Dieser zweite Teil enthält aber keinen allgemeinen Beweis des biquadratischen Reziprozitätsgesetzes. Ein solcher Beweis wurde zuerst von Eisenstein veröffentlicht, lange, nachdem Gauß aufgehört hatte, zahlentheoretisch zu arbeiten. In der *Th. Res.* formulierte und bewies Gauß das Gesetz für eine Anzahl wichtiger spezieller Fälle, nämlich die Zahlen $\pm 1 \pm i$. Gauß plante, den allgemeinen Satz in einem nie veröffentlichten dritten Teil der *Th. Res.* zu beweisen. Ein Fragment in Gauß' Nachlaß (*G.W.* X, 1, S. 65) legt nahe, daß Gauß im Besitz eines vollständigen Beweises war, aber da dieses Fragment nicht zuverlässig datiert werden kann, weiß man nicht, ob es nicht vielleicht unter dem Einfluß von Eisensteins Arbeit (mit der es viel gemeinsam hat) entstanden ist. Der Beweis ist analog dem aus der Kreisteilung folgenden Beweis des quadratischen Reziprozitätsgesetzes.

Gauß hat nichts systematisches zur Theorie der kubischen Reste hinterlassen, aber wir wissen, daß er versuchte, das kubische Reziprozitätsgesetz zu beweisen. Im Nachlaß finden sich noch weitere Ergebnisse für bestimmte Primzahlen; diese sind eher von methodologischem und persönlichem als von zahlentheoretischem Interesse.

In einigen seiner zahlentheoretischen Fragmente benutzt Gauß analytische Methoden. Seine asymptotischen Gesetze für die Klassenzahl von Formen und die Verteilung quadratischer Reste haben wohl lediglich numerische Grundlagen. Die Vermutung, daß die Anzahl der Primzahlen, die kleiner als a ist, durch $a/\log a$ abgeschätzt werden kann, stammt aus dem Jahr 1796 (siehe auch 3. Zwischenkapitel).

In dieser Zusammenfassung des zahlentheoretischen Werks Gauß' wurde nicht versucht, die historische Entwicklung und die Genese der Entdeckungen Gauß' nachzuvollziehen. Die meisten der Gaußschen Entdeckungen können ohne Schwierigkeiten datiert werden. Das trifft sogar auf den Gehalt des erst posthum veröffentlichten Nachlasses zu. Gauß' Arbeiten gelangten oft nur mit großer Verzögerung zum Druck, aber auch dies bereitet keine Schwierigkeiten.[7]

Es ist bekannt, daß ein erstes Manuskript der ersten vier Sektionen der *Disq. Arithm.* bereits 1796 vorlag und daß die endgültige Fassung 1797 abgeschlossen wurde, d.h. im zweiten Jahr von Gauß' Studienaufenthalt in Göttingen. Eine erste Fassung der fünften Sektion wurde im Sommer 1796 abgeschlossen. Die endgültige Version, einschließlich des Exkurses über ternäre Formen, stammt aus dem Jahr 1799. Die Sektionen VI und VII waren weniger problematisch und bedurften keiner gründlichen Revision.

Man bekommt einen guten Eindruck von Gauß' Entwicklung durch die von ihm zu seinen Lebzeiten veröffentlichten Arbeiten. Dazu kommen noch der Nachlaß, die Korrespondenz, die auf dieser Stufe von Gauß' Entwicklung von verhältnismäßig geringem Interesse ist, und das Tagebuch. Natürlich sind viele seiner Entwürfe nicht erhalten, was aber nicht zu ernsten Datierungsproblemen führt.

Das Tagebuch ist ein offensichtlich faszinierendes Dokument, läßt aber als historische Quelle viele Fragen offen. Die Einträge sind durchweg kurz, und es ist nicht immer einfach, und manchmal unmöglich, zu wissen, was Gauß gemeint hat. Als Beispiel sei hier der Eintrag vom 8. April 1796 zitiert: *Numerorum primorum non omnes numeros infra ipsos residua quadratica esse posse demonstratione munitum.*[8] Das ist keine tiefsinnige Erkenntnis — es ist klar, daß nicht alle Zahlen, die kleiner als eine vorgegebene Primzahl sind, quadratische Reste modulo dieser Primzahl sind. In ihren Bemerkungen zum Tagebuch weisen Klein und Bachmann darauf hin, daß dies Gauß sehr viel früher bekannt gewesen sein muß. Auf Grund anderer Umstände schließen Klein und Bachmann, daß Gauß an eben diesem Tag, dem 8. April 1796, seinen ersten Beweis des quadratischen Reziprozitätsgesetzes abgeschlossen habe. Schlesinger geht in seiner in Bd. X, 2 der *G. W.* abgedruckten Arbeit noch einen Schritt weiter und zitiert die Eintragung vom 8. April als

---

[7] Man kann sich im großen und ganzen auf die Angaben in den Gesammelten Werken und auf Bachmanns Essay in Bd. X, 2 verlassen. Siehe auch Anhang B.

[8] Das Latein Gauß' in seinem Tagebuch ist offensichtlich nicht von der oft hervorgehobenen Klassizität, sondern eher bequeme Gebrauchssprache.

Indiz dafür, daß Gauß an diesem Tag seinen Beweis abschloß. Ähnlich unklar ist das Tagebuch hinsichtlich Gauß' Beitrag zur kubischen und biquadratischen Reziprozität. Mehreren Einträgen aus dem Jahr 1807 (Nos. 130–133) zu Folge fand Gauß die Hauptresultate, nicht unbedingt die Beweise, im Verlauf dieses Winters. Das steht im Einklang mit einem Brief an Sophie Germain vom 30. April 1807, aber nicht mit Gauß' Behauptung im ersten Teil seiner Arbeit über biquadratische Reste, wonach ihm diese Ergebnisse bereits im Jahr 1805 bekannt waren. Die Situation wird noch kompliziert durch den Eintrag No. 144 vom 23. Oktober 1813, dem Tag, an dem Gauß' jüngster Sohn Wilhelm geboren wurde. Gauß konstatiert in diesem Eintrag, daß er nunmehr, nach siebenjährigem fruchtlosem Bemühen, die allgemeine Grundlage für eine Theorie der biquadratischen Reste gefunden habe. Dies wirft ein neues Licht auf seine früheren Äußerungen und legt nahe, daß Gauß einen Hauptteil der Arbeit als erledigt ansah, sobald er in der Lage war, das Ziel seiner Untersuchungen zu formulieren und zu definieren.

Ein positiveres Beispiel ist der Eintrag No. 18 vom 10. Juli 1796. Er betrifft die Darstellung von Zahlen als Summe dreier Dreieckszahlen[9]:

$$\text{EYPHKA! num} = \Delta + \Delta + \Delta$$

Daß man mit dem Tagebuch vorsichtig umgehen muß, ist nicht sehr überraschend. Man kann sich kaum vorstellen, daß Gauß sorgfältig Abend für Abend die Entdeckungen des Tages niederschrieb und archivierte. Trotz dieser Vorbehalte ist es ein außerordentliches und wertvolles Dokument. Die Einträge sind wie Bojen in einem Fluß und geben uns einen Einblick in Gauß' Denken und in seine intellektuelle Entwicklung. Die frühen, entscheidenden Jahre sind auf immer verborgen, Jahre des Rezipierens, der endlosen Rechnungen und der ziellosen Ansätze. Plötzliche Einsichten, wichtige Beispiele und die Auswahl seiner Themen werfen Schlaglichter auf diese langen Jahre der intellektuellen Entwicklung, aber wir besitzen keinen magischen Schlüssel, Gauß' Gedanken systematisch zu entziffern und seine schöpferische Phantasie zu verstehen.

Wir kommen hier nochmals auf das quadratische Reziprozitätsgesetz zurück. Insgesamt fand Gauß sechs wesentlich verschiedene Beweise; er selber unterschied sogar acht Beweise. Die beiden Beweise der *Disq. Arithm.* stammen aus dem Jahr 1796 (April und Juni), wobei der erste Beweis elementar und kompliziert ist, während der zweite Beweis Hilfsmittel aus der Theorie der binären Formen benutzt. Es folgt dann ein von Gauß nicht veröffentlichter Beweis aus der *Analysis Residuorum*. Gauß zählt diesen Beweis zweimal, aber beide Versionen folgen aus seinem *theorema aureum* und sind einander sehr ähnlich. In diesem Satz beweist er die Existenz einer

---

[9] Dreieckszahlen sind Zahlen der Form $s(s+1)/2$. Die Behauptung war bereits von Fermat gemacht worden und wurde von Gauß im §293 der *Disq. Arithm.* bewiesen.

Gleichung, modulo einer Primzahl p mit $p - 1 = e \cdot f$, so daß die Wurzeln dieser Gleichung die aus f Elementen bestehenden e Perioden der p-ten Einheitswurzeln sind. Sein Beweis in der *A.R.* stammt ebenfalls aus dem Jahr 1796, aber es ist möglich, daß er das *theorema aureum* schon früher bewiesen hatte. Eine (nicht mit Bestimmtheit datierbare) Marginalie in *Leiste* legt dies nahe. Eintrag No. 39 des Tagebuchs vom 1. Oktober 1796 trägt nicht zu einer Antwort auf diese Frage bei.

Der Beweis in *Summ. ser.* stammt aus dem Jahr 1801, wurde aber erst 1808 veröffentlicht; er ist wichtig, denn mit Hilfe der dort benutzten Gaußschen Summen kann man leicht die Anzahl der quadratischen Reste und Nichtreste in der Folge $1, \ldots, p$ bestimmen. Der in der 1817 erschienen Arbeit *Theorematis fundamentalis in doctrina* ... enthaltene vierte Beweis benützt Mittel aus der Kreisteilungstheorie und insbesondere den Ausdruck

$$x - x^g - x^{g^2} - \ldots - x^{g^{p-2}},$$

wo g eine primitive Wurzel der gegebenen Primzahl p ist; er ist nicht schwierig, benutzt aber wesentlich die Theorie der höheren Kongruenzen. Gauß fand die anderen beiden Beweise zwischen 1805 und 1810, wahrscheinlich 1807 und 1808. Sie gehören der Theorie der biquadratischen und kubischen Reste an. Der zweite dieser Beweise führte Gauß zu einem Algorithmus für die Bestimmung des quadratischen Charakters einer Zahl hinsichtlich einer anderen Zahl. Insgesamt hat Gauß wohl all seine Beweise zwischen 1796 und 1808 gefunden; diejenigen, die zu Gauß' Lebzeiten veröffentlicht wurden, erschienen zwischen 1801 und 1818. Es ist bemerkenswert, daß die späteren Beweise von ihm zu einer Zeit gefunden wurden, als er hauptsächlich mit astronomischen Forschungen beschäftigt war. Dies macht ganz klar, daß er die reine Mathematik und insbesondere die Zahlentheorie nicht aufgab, selbst als er durch andere Aufgaben stark in Anspruch genommen wurde.

Rückblickend ist es oft nicht schwierig, die entscheidenden Ideen in einem Beweis oder in einer Theorie zu identifizieren. Im Briefwechsel beschwert sich Gauß mitunter, daß ihm nicht genug Zeit für die Mathematik übrigbleibe [13], aber er scheint sich gern mit verschiedenen Problemen gleichzeitig beschäftigt zu haben. Der Briefwechsel und die abrupten Sprünge in seinem Tagebuch legen das nahe. Über Jahre hindurch folgte Gauß der Literatur und war wohlinformiert über die Arbeiten seiner jüngeren Kollegen, darunter Jacobi, Dirichlet und Eisenstein.

Es ist angemessen, hier kurz auf Gauß' historische Bemerkungen einzugehen. Man findet sie in den meisten seiner mathematischen Arbeiten, aber am häufigsten in den *Disq. Arithm.* Diese Bemerkungen sind ganz offensichtlich weder vollständig noch zuverlässig, selbst hinsichtlich der Literatur, mit der Gauß wohlvertraut war. Gauß hatte ein gewisses „natürliches" Interesse an Geschichte, aber dies war vorwiegend mathematisch und persönlich. Er sah sich schon früh als eine Figur von historischer Bedeutung, deren

Werk von Generationen von Mathematikern studiert werden würde. Diese Haltung spiegelt sich in Gauß' historischen Bemerkungen wider, und es wäre nicht richtig, diese allzu kritisch zu bewerten. Prioritätsauseinandersetzungen waren für Gauß von geringem Interesse, solange sie strikt formal waren, ohne eine Diskussion des mathematischen Gehalts. Gauß sah sich in der Tradition großer Zahlentheoretiker, die mit Diophant beginnt und die durch Fermat, Euler und Lagrange fortgeführt wurde. Gauß' historisches Interesse orientierte sich daran, inwieweit sein Werk die Ideen seiner Vorgänger in sich einschloß und weiterführte. Im übrigen sind Gauß' historische Bemerkungen, wenn man sie in diesem Rahmen sieht, überraschend vollständig und mathematisch relevant. Gauß weiß – was noch heute oft übersehen wird – daß Euler das quadratische Reziprozitätsgesetz fand, und ist überraschend anerkennend gegenüber Legendre, über den er auch einige sehr kritische Bemerkungen in den *Disq. Arithm.* macht [14].

Keines der Gaußschen Ergebnisse wurde vor 1801 veröffentlicht, mit der Ausnahme der Konstruierbarkeit des Siebenzehnecks. Obgleich wir keine „lineare" Darstellung des Lebens Gauß' geben wollen, sind wir bisher nicht sehr von diesem fragwürdigen Ideal abgewichen. Die Periode seines Lebens, während der die Zahlentheorie im Mittelpunkt seines Interesses stand, kam bald nach seiner Rückkehr nach Braunschweig zu ihrem Ende; Zahlentheorie wurde durch Astronomie ersetzt. Wie in Gauß' Leben selber, so wird auch in diesem Buch die Zahlentheorie ein immer wiederkehrendes Motiv sein. Das 6. Zwischenkapitel enthält eine detaillierte Zusammenfassung der siebenten Sektion der *Disq. Arithm.* in einem Versuch, Gauß' mathematisches Denken zu illustrieren. Dies wird unser zweiter Versuch sein – die Zusammenfassung dieses Kapitels hat nicht nur das Ziel, dem Leser einen Überblick über Gauß' zahlentheoretisches Werk zu verschaffen, sondern auch, ihm einen Einblick in sein Denken zu geben.

3. Zwischenkapitel

Der Einfluß von Gauß' zahlentheoretischem Werk

Disquisitiones Arithmeticae und die übrigen zahlentheoretischen Arbeiten Gauß' hatten einen tiefen und bleibenden Einfluß auf die Entwicklung der Zahlentheorie im 19. Jahrhundert und in der ersten Hälfte des 20. Jahrhunderts. Dirichlet hatte sein Exemplar der *Disq. Arithm.* stets griffbereit auf seinem Schreibtisch; er zog es immer wieder zu Rate – *Disq. Arithm.* war für ihn die Basis seiner eigenen zahlentheoretischen Überlegungen. Es ist nicht schwer einzusehen, warum Gauß' Ideen so zentral waren. Seine Rückbesinnung auf konkrete Fragen und seine Abneigung gegen unnötige Abstraktheit waren ein zuverlässiger Führer zu den tiefen und zentralen Problemen der Theorie.

Kombinatorik, eine andere Quelle zahlentheoretischer Zusammenhänge, war für Gauß nicht von primärem Interesse. Konkrete theoretische Fragen mit direkten numerischen Anwendungen standen am Beginn seiner Überlegungen und führten ihn zu weitreichenden theoretischen Konzepten, deren Fruchtbarkeit oft erst Generationen später erkannt wurde.

Einige Beispiele sollen die Tragfähigkeit und Tiefe der Gaußschen Überlegungen illustrieren. Gauß' asymptotische Gesetze scheinen das Ergebnis heuristischer und theoretischer Überlegungen zu sein (siehe auch S. 27). Unter den im Nachlaß aufgefundenen Notizen befindet sich die folgende Aussage:

Primzahlen unter a $(=\infty)$

$$\frac{a}{\log a}$$

Zahlen aus zwei Faktoren

$$\frac{a \log \log a}{\log a}$$

(wahrsch.) aus drei Faktoren

$$\frac{1/2\, a (\log \log a)^2}{\log a}, \ldots$$

et sic in inf.

Die allgemeine Formel wurde erst 100 Jahre nach Gauß' Vermutung von Landau bewiesen (siehe Bull. Soc. Math. **28**, 1900). Die Seiten 11–18 in Bd. X, 1 der *G. W.* enthalten eine eingehende Diskussion dieses und weiterer von Gauß' aufgefundener asymptotischer Gesetze.

Gauß' numerische Vermutungen sind weniger überraschend als die vielen theoretischen Begriffe, die er in seinem Werk einführt. Es folgen einige Beispiele.

Disq. Arithm. §272 enthält die Reduktionstheorie der ternären Formen und gipfelt in einem Satz, in dem Gauß Abschätzungen für die Koeffizienten einer „minimalen" äquivalenten Form durch die Diskriminante der ursprünglichen Form angibt. Dieser Ansatz führte Hermite (und unter anderen auch Korkine und Zolotareff) zu einer Reduktionstheorie der n-ären positiven quadratischen Formen, nachdem Hurwitz gezeigt hatte, daß es genügt, die Reduktionstheorie für positive Formen zu betrachten. Hermites Beweis verläuft analog dem Gaußschen Beweis für ternäre Formen; Minkowski hat dies dann in seinem Buch über die Geometrie der Zahlen noch weiter verallgemeinert und die folgende Abschätzung abgeleitet:

$$\frac{M}{D^{1/n}} < 4 \frac{\Gamma(1 + n/2)^{2/n}}{\Gamma(1/2)^2}.$$

Dabei ist M das Minimum der betrachteten Form, D die Diskriminante und Γ die Gammafunktion.

Als nächstes Beispiel betrachten wir die Summen

$$\sum_{\nu-1}^{n-1} e^{\frac{2\pi i}{n}\nu^2},$$

welche Gauß im Zusammenhang mit der Kreisteilung einführte. Nach vielen vergeblichen Versuchen, das Vorzeichen der Summen zu bestimmen, gelang dies Gauß mit Hilfe der beiden Reihen

$$f(x, m) = \sum_{\nu=0}^{\infty} (-1)^\nu (m, \nu)$$

und

$$F(x, m) = \sum_{\nu=0}^{\infty} x^{\nu/2} (m, \nu)$$

mit

$$(m, \nu) = \frac{(1 - x^m)(1 - x^{m-1})\ldots(1 - x^{m-\nu+1})}{(1 - x)(1 - x^2)\ldots(1 - x^\nu)}.$$

Gauß macht keine Angaben darüber, was ihn auf f und F führte, aber diese beiden Hilfsfunktionen machen es offensichtlich, daß ein Zusammenhang mit der Theorie der elliptischen Funktionen besteht. Gauß hat sich dazu nicht weiter geäußert, aber Jacobi zeigte 1817, daß das Vorzeichen der Gaußschen Summen innerhalb der Theorie der linearen Transformationen der ϑ-Funktionen bestimmt werden kann. Später bewies dann Kronecker die Äquivalenz zwischen dem einfachsten Fall der linearen Transformationen der ϑ-Funktionen mit einer auf Dirichlet zurückgehenden besonders einfachen Formel für Gaußsche Summen. Kroneckers Methoden sind analytisch; mit Hilfe von Cauchys Integralsformel kann er das Vorzeichen der Gaußschen Summen sehr leicht bestimmen.

Schon bei Gauß wird es sehr klar, daß die Gaußschen Summen eine zentrale Rolle in den verschiedenen Beweisen des quadratischen Reziprozitätsgesetzes spielen. Später wurden dann noch andere wichtige Anwendungen gefunden, darunter die Berechnung der allgemeinen Klassenzahlformel und die Summierung von Dirichlets L-Reihen. Man kann die Gaußschen Summen, wie sie oben definiert worden sind, durch die Einführung höherer Potenzen verallgemeinern, was zu schwierigen und großenteils noch offenen Fragen führt.

Als letztes Beispiel sei ein Fragment im Nachlaß erwähnt, in dem Gauß die Irreduzibilität von

$$x^3 + y^3 + z^3 = 0$$

über dem Körper der dritten Einheitswurzeln beweist. Gauß zeigt dies – modern ausgedrückt – dadurch, daß der Ring der ganzen Zahlen in $Q(\omega)$, $\omega^3 = 1$, euklidisch ist und eindeutige Faktorenzerlegung besitzt. Gauß' Resultat schließt den großen Fermatschen Satz für den Fall $n = 3$ ein. In einem anderen Zusammenhang bewies Gauß diesen Satz für $n = 5$, beschäftigte sich aber nie mit diesem Problem systematisch; nach gelegentlichen Äußerungen zu schließen, glaubte er nicht, daß der große Fermatsche Satz für die Entwicklung der Zahlentheorie von zentraler Bedeutung sei.

Die skizzenhaften Bemerkungen dieses Kapitels sind nur als Andeutungen für den Zusammenhang zwischen dem Werk Gauß' und der heutigen Forschung gedacht. Viele der Fragmente aus dem Nachlaß Gauß' sind noch nicht voll verstanden, und es ist sicher nicht mehr möglich, alles zu entschlüsseln. Eines jedoch wird sehr deutlich: der Zusammenhang zwischen numerischen Rechnungen und tiefliegenden theoretischen Betrachtungen ist eng und fruchtbar.

4. Kapitel

Rückkehr nach Braunschweig, Promotion, Ceresbahn

Als Gauß im Herbst 1798 nach Braunschweig zurückkehrte, mußte er sich dessen bewußt sein, daß die nächsten Jahre von entscheidender Bedeutung für seine weitere Laufbahn sein würden. Nun mußte sich zeigen, ob er in der Lage war, die Hoffnungen und Erwartungen seiner Freunde und Gönner, insbesondre aber des Herzogs, zu erfüllen. Bisher war die Anzeige der Konstruierbarkeit des Siebenzehnecks Gauß' einzige Veröffentlichung gewesen, und sein „Werk" bestand aus einer Fülle fragmentarischer Manuskripte, unvollendeter Arbeiten und unausgearbeiteter Ideen, über deren Bedeutung und Tragweite der Verfasser sich selber nicht im klaren sein konnte. Aber nicht nur als Mathematiker war Gauß in ein entscheidendes Stadium seines Lebens eingetreten: er war jetzt 21 Jahre alt, kehrte in seine Heimatstadt zurück, wo seine Eltern noch lebten, und mußte nun daran denken, eine unabhängige Existenz aufzubauen, vielleicht sogar eine Familie zu gründen – kurz, sich als Erwachsener zu bewähren. Eine erste wichtige Entscheidung war, nicht mehr bei seinen Eltern zu wohnen. In einem Brief an Bolyai gibt Gauß genaue Instruktionen hinsichtlich seiner neuen Adresse [1].

Man kann nicht sagen, daß Gauß während dieser Periode mehr oder härter gearbeitet habe als während der vorhergehenden oder in den folgenden Jahren in Göttingen. Die zweite Braunschweiger Periode war jedoch einzigartig fruchtbar und produktiv. Während dieser Jahre weitete sich auch Gauß' Gesichtskreis – er arbeitet nun auch systematisch in der angewandten Mathematik, vornehmlich der theoretischen und beobachtenden Astronomie.[1] Man kann eine analoge Entwicklung auf dem menschlichen Sektor sehen. Gauß reiste, machte Bekanntschaften und gewann neue Freunde. Es ist wohl richtig, daß, wie oft gesagt wird, dies die glücklichste Phase in Gauß' Leben war [2]. Gegen Ende dieser sieben Braunschweiger Jahre vermählte sich Gauß mit Johanna Osthoff; die Ehe war kurz, aber sehr glücklich.

Obwohl diese Jahre voller wissenschaftlicher Erfolge und persönlicher Befriedigung waren, war Gauß ohne konkrete Zukunftsaussichten. Vielleicht war das der Grund für seine zunehmende Reizbarkeit, eine allgemeine Müdig-

---

[1] Gauß war auch als Student in Göttingen an astronomischen Fragen interessiert, aber man kann das nicht vergleichen mit der nun stattfindenden sehr konzentrierten Vertiefung in solche Probleme.

keit, voller Beschwerden über die kleinen Sorgen des Alltags. Gauß ließ sich sogar auf einen Streit mit seiner früheren Schule, dem Collegium Carolinum, über ein Fernrohr ein – eine unergiebige Kontroverse, auf die wir später zurückkommen werden.

Zur Zeit seiner Rückkehr nach Braunschweig hatte Gauß kein festes Einkommen oder Aussicht auf eine Position an einer der Braunschweiger Schulen. Wie vordem hing er von dem guten Willen und der Großzügigkeit seines Herzogs ab. Am 30. September 1798 schrieb Gauß an Bolyai:

Von meinem Herzog habe ich Ursache zu hoffen, daß er seine Unterstützung auch in der Folge noch fortsetzen werde, bis ich eine bestimmte Lage erhalte. Eine gewisse lucrative habe ich verfehlt. Es hält sich hier ein russischer Gesandter auf dessen zwei junge, sehr geistreiche Töchter ich in der Mathematik und Astronomie hätte unterrichten sollen. Weil ich aber zu lange ausblieb, so hat ein französischer Emigrant das Geschäft schon übernommen.

Anfang Januar 1799 konnte Gauß dann Bolyai, der noch in Göttingen war, mitteilen, daß der Herzog einer Verlängerung seines sich auf 158 Taler per Jahr belaufenden Stipendiums zugestimmt hatte. Bis dahin hatte Gauß von Darlehen gelebt, und noch im November instruierte er Bolyai, er solle Fragen damit beantworten, ... *daß ich gute wenn gleich noch nicht ganz bestimmte Aussichten habe, was ja auch im Grunde wahr ist.*(Brief an Bolyai vom 29. November 1798)

Noch bevor der Herzog von Gauß die Vorlage einer Inauguraldissertation verlangte, war Gauß schon mit J.F. Pfaff, Professor der Mathematik an der Universität Helmstedt, in Verbindung getreten. Gauß war ursprünglich daran interessiert, die Bibliothek in Helmstedt benutzen zu können, aber er lernte nun Pfaff näher kennen und war mehrere Wochen lang dessen Hausgast. Pfaff war ein guter Mathematiker, der hauptsächlich an Differentialgleichungen und Differentialgeometrie interessiert war. Dabei war er ein freundlicher und zuvorkommender Mann. Er war offiziell Gauß' Doktorvater, aber es ist nicht klar, ob er in irgend einer Weise an der Abfassung von dessen Dissertation beteiligt war. Am 16. Juni 1799 wurde Gauß der *Doctor Philosophiae* verliehen; die übliche mündliche öffentliche Verteidigung wurde ihm erlassen. Die Dissertationschrift wurde ihm August 1799 auf Kosten des Herzogs gedruckt und veröffentlicht. Sie handelt von dem Fundamentalsatz der Algebra und hat den folgenden Titel: *Demonstratio nova theorematis omnem functionem algebraicam rationalem integram unius variabilis in factores reales primi vel secundi gradus resolvi posse.* In seinem Brief vom 16. Dezember 1799 faßte Gauß den Inhalt seiner Arbeit folgendermaßen zusammen:

Der Titel gibt ganz bestimmt die Hauptabsicht der Schrift an, indessen ist zu dieser nur ganz ungefähr der 3te Theil des Ganzen verbraucht, das übrige enthält vornehmlich Geschichte und Kritik der Arbeiten anderer Ma-

thematiker (namentlich d'Alembert, Bougainville, Euler, de Foncenex, Lagrange und die Compendienschreiber – welche letztere aber eben nicht sehr zufrieden sein werden) über denselben Gegenstand, nebst mancherlei Bemerkungen über die Seichtigkeit, die in unserer heutigen Mathematik so herrschend ist.

Pfaff und Gauß waren beide an den Grundlagen der Geometrie interessiert, aber es ist nicht bekannt, daß sie darüber diskutierten.

Gauß' Beweis des Fundamentalsatzes der Algebra vermeidet die Benutzung imaginärer Größen, obwohl dies für seinen geometrisch und analytisch orientierten Ansatz auf der Hand lag. Wie auch auf das quadratische Reziprozitätsgesetz ist Gauß immer wieder auf den Fundamentalsatz der Algebra zurückgekommen; seine letzte mathematische Arbeit handelt vom Fundamentalsatz, diesmal unter expliziter Verwendung komplexer Größen.

Es folgt nun eine kurze Zusammenfassung des Inhalts der Dissertation Gauß'. In Bd. X, 2 der *G. W.* findet sich ein instruktives Essay von Ostrowski mit einer Diskussion der Ideen Gauß' und seines nicht ganz lückenlosen (aber leicht zu ergänzenden) Beweises. Sei das Polynom $x^m + Ax^{m-1} + Bx^{m-2} + \ldots = 0$ mit den reellen Koeffizienten $A, B, \ldots$ gegeben. Der erste Beweisschritt besteht in der Zerlegung des Ausdrucks

$$X = x^m + Ax^{m-1} + Bx^{m-2} + \ldots$$

in Real- und Imaginärteil: $X = T + iU$. Stellt man U und T in Polarkoordinaten dar, so erhält man eine Wurzel im Schnittpunkt der Kurven $U = 0$ und $T = 0$. Der Fundamentalsatz folgt aus der getrennten Untersuchung der beiden Kurven. Die Beweisidee ist sehr leicht zu begreifen und älteren Beweisversuchen überlegen.

Gauß' letzter Beweis, aus dem Jahr 1849, ist diesem ersten Beweis sehr ähnlich. Der dritte Beweis, der in der 1816 erschienenen Arbeit *Theorematis de resolubilitate functionum algebraicarum integrarum in factores reales demonstratio tertia* enthalten ist, ist rein analytisch. Gauß benutzt (implizit) den Cauchyschen Integralsatz, denn der Ausdruck

$$\int_{|X|=r} \frac{df}{f}$$

verschwindet, falls X keine Wurzel hat, was zu einem Widerspruch führt. Diese kurze Zusammenfassung ist sehr viel direkter als Gauß' Beweis, da Gauß komplexe Größen und explizite geometrische Konstruktionen vermeidet. Stattdessen benutzt er ein reellwertiges Doppelintegral.

Der Beweis aus dem Jahr 1815 in *Demonstratio nova altera theorematis omnem functionem algebraicam rationalem integram unius variabilis in factores reales primi vel secundi gradus resolvi posse* verwendet algebraische Eigenschaften der symmetrischen Funktionen und eine Differentialgleichung zwischen dem Ausgangspolynom und seiner Diskriminante. Dieser Ansatz führt zu dem abstrakten modernen Beweis der Existenz eines Zerfällungskörpers und der Tatsache, daß dieser Körper im Körper der komplexen Zahlen enthalten ist.

In der Broschüre *Gauß zum Gedächtnis* schreibt Gauß' erster Biograph, Sartorius von Waltershausen, daß Gauß' Interesse an Geometrie erst relativ spät in seinem Leben erwacht sei. Dies ist sicher nicht richtig; Arbeiten wie die Beweise des Fundamentalsatzes der Algebra machen ganz klar, daß Gauß' Denken stark geometrisch geprägt war. Aus der Korrespondenz wird jedoch ersichtlich, daß Gauß mit zunehmendem Alter an elementargeometrischen Fragen interssiert war.

Analog zu seiner Verwendung numerischer Beispiele für heuristische Überlegungen benutzte Gauß auch oft geometrische Veranschaulichungen. Die folgende Skizze stammt aus dem Nachlaß und hat mit der Theorie der biquadratischen und kubischen Reste zu tun. Die verschiedenen Sektoren sind Unstetigkeitsgebiete einer bestimmten Gruppe von linearen Transformationen (siehe auch Bd. 8 der *G. W.*, S. 18–20).

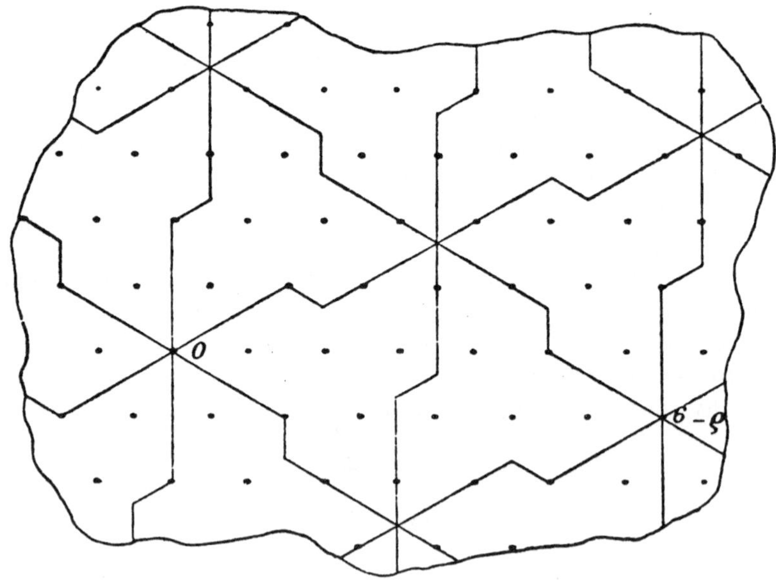

Gauß war einer der ersten Mathematiker, der d'Argands Modell der komplexen Zahlenebene verwandte. Es ist gut möglich, daß Gauß die Priorität dafür gegenüber d'Argand hat, aber das ist nicht von großem Interesse, insbesondere weil eine ganze Reihe Mathematiker dieses Modell unabhängig voneinander gefunden zu haben scheinen [3].

Aus dem Tagebuch wissen wir, daß Gauß' Interesse an der mathematischen und an der beobachtenden Astronomie schon während seiner Göttinger Studentenjahre bestand. Wie bereits erwähnt, hörte Gauß in Göttingen Vorlesungen bei dem Astronomen Seyffer, aber man weiß nicht, ob er damals auch Gelegenheit zu Beobachtungen hatte. Aus der klassischen Literatur lernte Gauß die Behandlung des Hauptproblems der mathematischen Astronomie, nämlich die Berechnung der Bahnen von Himmelskörpern unter Verwendung weniger und nicht genauer Beobachtungsdaten. Gauß studierte damals auch die Theorie des Monds, im großen und ganzen ein Zweikörperproblem. Die Jahre 1798–1800 waren vornehmlich der Abfassung der *Disq. Arithm.* und der Inauguraldissertation gewidmet, aber schon im April 1799 schrieb Gauß an Bolyai von seinem Plan, den Astronomen von Zach auf dessen Sternwarte Seeberg bei Gotha aufzusuchen. Obwohl er die Erlaubnis des Herzogs für diese (Auslands)reise bereits erhalten hatte, kam der Besuch erst einige Jahre später zu Stande. Der Freiherr von Zach war einer der bekanntesten Astronomen in Deutschland und stand einer modern ausgerüsteten Sternwarte vor. Der Seeberg war damals das Zentrum der astronomischen Forschung in Deutschland.

Die Periode um 1800 ist in der Geschichte der Astronomie wichtig. Technischer Fortschritt, insbesondere in der Instrumentenfertigung, sowie die systematische Anhäufung von Beobachtungsdaten führten zu der Erstellung der ersten wirklich zuverlässigen Sternatlanten. Darüberhinaus war die Entdeckung der äußeren Planeten (Uranus 1781, Neptun 1846, Pluto jedoch erst 1930) theoretisch sehr wichtig: nun hatte man die Daten, die man brauchte, um die Störungen, die die Planeten aufeinander ausübten, genau zu berechnen. Die mathematischen Hilfsmittel dazu lagen seit langem vor, aber erst Gauß war in der Lage, sie wirklich effizient und mit Leichtigkeit zu benutzen. Gauß war jedoch offensichtlich auch an den praktischen und technischen Aspekten der beobachtenden Astronomie sehr interessiert. Zach nahm dazu in seinem Brief vom 21. Februar 1802 Stellung und versuchte, Gauß zu überreden, sich auf theoretische und numerische Fragen, was offensichtlich seine besondere Stärke sei, zu beschränken und die sehr ermüdenden Beobachtungen anderen zu überlassen.[2] Außer der Leitung der Seeberger Sternwarte hatte Zach auch die Schriftleitung der *Monatlichen Correspondenz* inne, der damals bedeutendsten deutschen astronomischen Zeitschrift. Im Juni 1801 veröffentlichte Zach Daten über die Position des neu aufgefundenen Planetoiden Ceres (Ferdinandea), den der italienische Astronom Piazzi am Neujahrstag 1801 entdeckt hatte. Lediglich 9° seiner Bahn waren beobachtet worden, bevor Ceres am 11. Februar 1801 hinter

---

[2] Hier ist anzumerken, daß Zach andererseits Gauß bezüglich seiner Kurzsichtigkeit beruhigte. Gauß diskutierte diese Frage, d.h. das aus myopischem Auge und Fernrohr bestehende optische System, später auch in seiner Korrespondenz, ohne jedoch eine klare Antwort darauf zu finden, ob Kurzsichtigkeit zu einer echten Beeinträchtigung der Beobachtungsfähigkeit führt.

der Sonne verschwand. Astronomen in ganz Europa versuchten nun, die Bahn der Ceres zu extrapolieren, um den Planetoiden desto leichter zu finden, wenn er, wie erwartet, gegen Ende 1801 oder zu Beginn des Jahres 1802 wieder auftauchen würde. Zach veröffentlichte mehrere Vorhersagen, darunter seine eigene und die Gauß', welche im Septemberheft der *Monatlichen Correspondenz* erschien. *Disquistiones Arithmeticae* waren gerade herausgekommen und machten Gauß sogleich als außerordentlichen Mathematiker, wenn auch nicht als Astronomen, bekannt. Gauß' Extrapolation unterschied sich beträchtlich von den meisten anderen Vorhersagen, und es war für die Fachwelt umso überraschender, daß Zach in der Nacht des 7. Dezembers 1801 und Gauß' späterer Freund Olbers in der Sylvesternacht Ceres fast genau in der von Gauß angegebenen Position auffanden. Dieses Ergebnis wurde im Februarheft der *Monatlichen Correspondenz* angezeigt und machte Gauß mit einem Schlag in Europa berühmt. Die Astronomie war eben eine sehr viel volkstümlichere und internationalere Wissenschaft als die Mathematik.

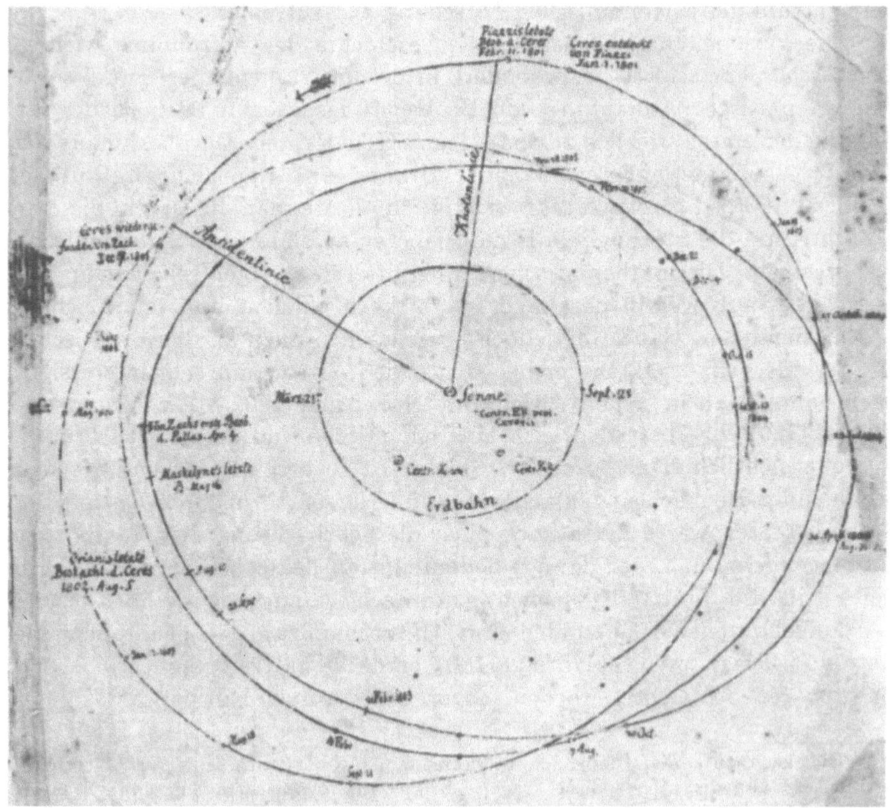

Skizze der Ceres- und Pallasbahn (Nachlaß Gauß, Handbuch 4). Niedersächsische Staats- und Universitätsbibliothek Göttingen

Gauß wurden nun eine Reihe von Ehrungen zu Teil, darunter auch eine Einladung, Direktor der Sternwarte in St. Petersburg zu werden [4]. Es war eine russische Tradition, bedeutende Ausländer, wie etwa Euler 75 Jahre zuvor, nach St. Petersburg zu ziehen, und Gauß war eben gerade, nach der Veröffentlichung der *Disq. Arithm.*, zum korrespondierenden Mitglied der Petersburger Akademie ernannt worden, was wenigstens zu einer Verstärkung und Verbesserung seiner Stellung in Braunschweig beitrug. Gauß war nunmehr ein Mitglied des kleinen Kreises international angesehener deutscher Astronomen und stand mit ihnen in einem regen wissenschaftlichen und persönlichen Austausch.

Im Juni 1802 besuchte Gauß auf drei Wochen den Dr. Olbers in Bremen, einen Arzt mit großem Geschick als beobachtender und theoretischer Astronom. Olbers hatte gerade einen zweiten Planetoiden, Pallas, entdeckt. 1803 traf Gauß endlich mit Zach zusammen und assistierte ihm bei seinen geodätischen Arbeiten. Im selben Jahr reiste Gauß nochmals nach Bremen und besuchte wiederum Olbers.

Als Student war Gauß wissenschaftlich ganz auf sich gestellt gewesen. In der Astronomie war die Situation anders, und zwar sowohl wissenschaftlich als auch menschlich. Die Gründe dafür liegen nicht nur in den äußeren Umständen, sondern auch darin, daß wissenschaftliche Zusammenarbeit ganz wesentlich zum wissenschaftlichen Fortschritt in der Astronomie beiträgt. Gauß' starke Seite war die Theorie, aber er scheute sich nicht, auch selber experimentell zu arbeiten und zu beobachten, was wohl eine willkommene Abwechslung gegenüber der rigorosen und erschöpfenden Konzentration auf die Mathematik war. Schon in Braunschweig, unter sehr schlechten äußeren Umständen, fing Gauß an, regelmäßig zu beobachten, und erwarb sich sehr schnell einen Ruf als zuverlässiger und unermüdlicher Arbeiter. Später wurde er dann auch bekannt durch sein Interesse an der Konstruktion und Verbesserung optischer Instrumente.

Die braunschweigische Regierung war sich des Werts der wissenschaftlichen Beiträge Gauß' wohl bewußt und faßte in den Jahren 1802/1803 den Bau einer Sternwarte ins Auge [5].

Als 1802 Gauß das Angebot von St. Petersburg erhielt, setzte sich Olbers mit seinem Freund von Heeren, Professor an der Universität Göttingen und Berater des hannoverschen Kabinetts, in Verbindung. Olbers befürchtete, daß Gauß Deutschland verlassen könnte, und bat von Heeren zu prüfen, ob Gauß nicht Leiter der neu zu errichtenden Sternwarte in Göttingen werden könnte:

... Sie kennen, liebster Freund, obgleich Mathematik und Astronomie nicht Ihr Fach ist, den grossen Ruhm, den sich Dr. Gauss in Braunschweig erworben hat. Dieser Ruhm ist vollkommen verdient, und der junge Mann von 25 Jahren geht schon allen seinen mathematischen Zeitgenossen vor. Ich glaube, dies einigermassen beurtheilen zu können, da ich nicht nur seine Schriften gelesen habe, sondern seit dem Anfange dieses Jahres mit ihm

im vertrautesten Briefwechsel stehe. Seine Kenntnisse, seine ausserordentliche Geschicklichkeit im analytischen und astronomischen Calcul, seine unermüdliche Thätigkeit und Arbeitsamkeit, sein ganz unvergleichbares Genie haben meine höchste Bewunderung erregt, und immer vermehrt, je mehr er mir in dem Laufe unseres Briefwechsels von seinen Ideen mittheilte. Dabey liebt er die Sternkunde, vorzüglich die practische Sternkunde enthusiastisch, so wenig er auch aus Mangel an Instrumenten bisher Gelegenheit gehabt hat, letztere zu treiben. Für eine mathematische Lehrstelle hat er eine ganz entschiedene Abneigung: sein Lieblingswunsch ist, Astronom bei irgend einer Sternwarte zu werden, um seine ganze Zeit zwischen Beobachtungen und seinen tiefsinnigen Untersuchungen zur Erweiterung der Wissenschaft theilen zu können ... (Brief an von Heeren vom 3. November 1802).

Eine offizielle Antwort auf diesen Brief, weder aus Göttingen noch aus Hannover, ist nicht bekannt. Gauß entschied sich, in Braunschweig zu bleiben, und die von Olbers befürchtete Situation konnte vermieden werden. Einige Jahre später griff Olbers seinen Vorschlag wieder auf, und zwar, wie wir sehen werden, mit mehr Erfolg.

Es ist schwierig, Planeten- oder ähnliche Bahnen aus einer geringen Anzahl von Beobachtungen – man braucht mindestens zwei – zu bestimmen, denn sechs Gleichungen in sechs Unbekannten müssen gelöst werden. Die Lösungen zu diesen Gleichungen können nur approximativ bestimmt werden, und zwar unterscheidet man zwischen zwei verschiedenen Stufen. Zuerst wird die ungefähre Form der Planetenbahn bestimmt; die nächste, oft sehr viel schwierigere, Stufe besteht in der schrittweisen Korrektur der approximativen Lösung. Drei grundverschiedene Bahnen sind möglich, elliptische, hyperbolische und parabolische Bahnen.

Schon vor Gauß wurden die verschiedensten numerischen Methoden für die Lösung dieses Problems verwendet. Diese Methoden waren im Fall des 1781 von Herschel entdeckten Uranus sehr erfolgreich, der allerdings besonders einfach zu behandeln war, da seine Bahn fast kreisförmig ist. Es standen auch sehr viele gute Beobachtungsdaten zur Verfügung, darunter sogar Beobachtungen von Flamsteed und Tobias Mayer dem Älteren aus der Zeit, bevor Uranus als Planet identifiziert war. Für Ceres hatte man nur Piazzis 41 Tage; außerdem war die Ceresbahn sehr exzentrisch, was etwa Olbers' Kreishypothese ganz unbrauchbar machte. Im Gegensatz zu seinen Zeitgenossen vermied Gauß jedwede spekulative Annahme über die Ceresbahn und beschränkte sich strikt auf die vorliegenden Beobachtungsdaten. In seinem astronomischen Hauptwerk, der *Theoria motus...* von 1809 entwickelte Gauß einen theoretisch geschlossenen Unterbau für seine Theorie; die Berechnungen der Ceresbahn sind dagegen noch sehr viel unmittelbarer und gehen oft heuristisch vor.

Es ist in diesem Zusammenhang von Interesse, sich die 1809 veröffentlichte, aber wesentlich früher abgeschlossene Arbeit *Summarische Übersicht der zur Bestimmung der Bahnen der beiden neuen Hauptplaneten angewand-*

ten Methoden (*G. W.*, Bd. VI) anzuschauen. Schon diese Arbeit ist sehr viel systematischer und „mathematischer" als Gauß' ursprünglicher Ansatz, der so erfolgreich für die Ceresbahn gewesen war. Die *Summarische Übersicht* wurde von Gauß veröffentlicht, um dem immer wieder geäußerten Wunsch nach einer Zusammenfassung seiner Methoden entgegenzukommen.

Naturgemäß wurde die von Gauß berechnete Ceresbahn auf Grund neuer Beobachtungen noch weiter verfeinert. Dies führte zu einer fruchtbaren Korrespondenz mit Olbers, mit dem Gauß neue Bahnelemente und neue Beobachtungen austauschte. Auf dieser Stufe der Berechnungen waren Gauß' große rechnerische Fertigkeiten sowie seine konsequente Verwendung der Methode der kleinsten Quadrate entscheidend – doch dazu mehr in einem anderen Zusammenhang.[3]

---

[3] Gauß' Erfolg geht wohl auch darauf zurück, daß er sehr gut mit der Theorie des Mondes vertraut war, in der ähnliche Approximationsmethoden verwendet werden.

5. Kapitel

Die restlichen Braunschweiger Jahre.
Heirat

Am 9. Oktober 1805 heiratet Gauß Johanna Osthoff, eine Gerberstochter, mit der er sich ein Jahr zuvor verlobt hatte. Johanna war drei Jahre jünger als ihr Bräutigam; ihre Familie gehörte dem Bekanntenkreis von Gauß' Mutter an [1]. Gauß und seine spätere Frau scheinen schon als Kinder miteinander bekannt gewesen zu sein, aber wir kennen nicht die zur Ehe führenden Umstände. Aus dem Privatleben des jungen Paars ist wenig bekannt, bis auf die Informationen, die man den Briefen entnehmen kann, die während verschiedener Reisen in dieser Periode ausgetauscht wurden. Die interessanteste Quelle sind die Briefe vom Sommer 1807, als Gauß kurz vor der Übersiedlung nach Göttingen nochmals Dr. Olbers in Bremen besuchte. Diese Briefe sind in dem Band *C. F. Gauß und die Seinen*, zusammen mit anderen sehr informativen Gauß betreffenden persönlichen Dokumenten, abgedruckt. Es folgt ein Zitat aus Gauß' Brief vom 27. Juni:

> *Gestern Mittag, Freitags, bin ich hier nach einer sehr beschwerlichen Reise angelangt: dir, liebes Hannchen, gehört meine erste Feder. Das abscheuliche Wetter, dem ich von Mittwoch Abends um 9 Uhr bis Donnerstag Morgens um 12 beständig ausgesetzt war, der durch Chenille, Schlafrock und zwei Kleider und Hemd endlich doch bis auf die Haut durchdringende Regen haben mir diese Art Reisen sehr verleidet: glücklicherweise hat es mir doch gar nichts geschadet, und ich bin mit der vorübergehenden Ungemächlichkeit davon gekommen. Schwierigkeiten anderer Art habe ich gar keine gehabt: sicher sind die Wege hier völlig, und nach meinem Passe ist nirgends einmal gefragt. Olbers habe ich nicht ganz wohl getroffen, er hat die Rose auf einer Backe, und darf sich jetzt nicht gut der Luft aussetzen übrigens befindet er und seine Familie sich wohl, alle grüssen dich herzlich. Bis jetzt (Vormittags 9 Uhr) habe ich noch keine neue Bekanntschaft gemacht als die von Dr. Focke und dessen kleinen Wilhelm, ein allerliebstes, sehr gesundes Kind von zwei Jahren, mit 10 Monat hat er schon ganz sicher gelaufen. Bessel hoffte ich noch heute zu sehen.*
>
> *Wegen der Angelegenheit in Göttingen räth mir Olbers sehr zu, auf die Sicherheit des Engagements glaubt er könne ich mich völlig verlassen. Sollte aber auch Ernst mit der Sache werden so würde ich es doch wahrscheinlich so einzurichten suchen, dass ich nicht um Michaelis, sondern erst im Laufe*

des Herbst oder um Neujahr anträte, eben weil ich im nächsten Winter mich auf Vorlesungen nicht wohl würde einlassen können. Mit unsrer Wohnung bleibt es also auf alle Fälle noch beim Alten. Umsonst liebes Hannchen habe ich heute einen Brief von Dir erwartet: ich hoffe, dass nichts widriges vorgefallen ist, und ihr alle wohl seid. Schreib mir ja bald wie es dir geht, ob deine gute Mutter ihre Rose wieder los ist (mit Olbers ist es auf der Besserung, ohne dass er etwas braucht, als sich zu schonen) was unser süsser Joseph macht, wie du mit seiner neuen Wärterin zufrieden bist. Hast du Hrn. Mengen seinen Wein bezahlt, vielleicht hast du die Summe nicht mehr gewusst, ich meine es war 1T 14ggr. 9d.

Gauß' Briefe vom 28. Juni und 25. November 1804 an Bolyai gehören zum Offensten und Emotionalsten, was er je schrieb. Gauß machte sich Sorgen um die Zukunft, aber auch um das Verhältnis zu seiner Frau, die so ganz anders war als er – intelligent und gutherzig, aber eben auch unerfahren und ungebildet. Zwei Bemerkungen aus dem Brief vom 25. November unterstreichen dies: *Das Leben steht wie ein ewiger Frühling mit neuen glänzenden Farben vor mir* und ... *dass sie meine Liebe höchstens duldend annehmen sie nicht erwiedern könne, und das könnte mich nicht ganz glücklich machen.* Es ist kein Bild der Johanna Gauß erhalten, aber es ist bekannt, daß ihre Tochter Minna, die spätere Frau des Orientalisten Ewald, ihr sehr ähnlich sah. Gauß beschreibt seine Braut in seinem Brief vom 28. Juni folgendermaßen:

Ein wunderschönes Madonnengesicht, ein Spiegel des Seelenfriedens und der Gesundheit, zärtliche, etwas schwärmerische Augen, ein tadelloser Wuchs, das ist etwas, ein heller Verstand und gebildete Sprache, das ist auch etwas, aber nun eine stille, heitre, bescheidene, keusche Engelsseele, die keinem Wesen wehe thun kann, die ist das Beste.

Aus dem oben zitierten Brief und verschiedenen anderen uns zugänglichen Briefen zwischen Gauß und seiner Frau wird deutlich, daß sie ein enges und direktes emotionales Verhältnis zueinander hatten. Es ist nicht viel über Johanna bekannt, aber sie scheint eine starke Persönlichkeit mit einem gesunden Selbstvertrauen gewesen zu sein, die sich gegen ihren Mann wohl zu behaupten wußte.

Es sind einige Porträts aus dieser Periode erhalten, die zeigen, daß Gauß schon damals viele der aus späteren Bildern vertrauten Züge zeigte. Gauß war von durchschnittlicher Größe, etwa 1,60 m, etwas untersetzt und hatte „typisch niedersächsische Gesichtszüge". Seine klaren und durchdringenden blauen Augen werden oft erwähnt; die Stirn ist sehr auffällig in den späteren Bildern, aber das war wohl ein Alterszeichen. Gauß war physisch stark, nicht der typische schmalbrüstige Gelehrte.

Vom Dezember 1804 stammt der erste Brief von Friedrich Wilhelm Bessel, der damals 20 Jahre alt und Gehilfe in einem der großen Bremer Handelshäuser war. Sein Interesse an Astronomie führte ihn zu Olbers, der wiederum empfahl, sich mit Gauß in Verbindung zu setzen und für ihn Beobachtungsdaten auszuwerten. Das war damals, bevor es Rechenmaschinen gab, eine wichtige und zeitraubende Aufgabe, und sogar Gauß, mit all seinen Rechenfertigkeiten, war froh über jede Hilfe.

Hinsichtlich astronomischer Fragen entwickelte sich Bessel schon bald zu einem kompetenten Partner. Dies hatte, wie wir sehen werden, Auswirkungen auf sein persönliches Verhältnis zu Gauß. Während dieser ersten Periode war Bessel jedoch noch der folgsame und lerneifrige Schüler. Gauß ermutigte ihn in seinen astronomischen Studien und diskutierte mit ihm verschiedene interessante Fragen, wie etwa die Bahnbestimmung historisch bekannter Kometen. Der Briefwechsel zwischen Bessel und Gauß ist umfangreich und substantiell, aber es dauerte fast 20 Jahre, von 1807 bis 1825, bevor Gauß und Bessel sich zum ersten Mal trafen, obwohl es zuvor bereits mehrere Gelegenheiten für ein Treffen gegeben hatte. Die Briefe beschränken sich nicht auf astronomische Fragen; in der Mathematik ist Gauß der Lehrer, aber oft handeln die Briefe auch von persönlichen und privaten Angelegenheiten. Gauß half Bessel und dessen jüngerem Bruder, vom französischen Militärdienst befreit zu werden, und bestimmte, daß die Universität Göttingen, Bessel, der ohne akademische Ausbildung war, den Doktortitel verlieh, nachdem dieser Direktor der Königsberger Sternwarte geworden war [2]. Wissenschaftlich sind die Briefe an und von Bessel der interessanteste Teil von Gauß' Korrespondenz, obwohl er wesentlich mehr Briefe mit Olbers, Schumacher und Gerling wechselte. Umfangreiche Korrespondenzen dieser Art waren nicht selten für die Zeit – man darf nicht vergessen, daß es sehr viel weniger Wissenschaftler gab und es nur selten möglich war, einander zu besuchen oder auf Kongressen zu treffen. Die Post war, wenigstens in Friedenszeiten, zuverlässig und schnell; Briefe von Göttingen nach Königsberg oder München kamen gewöhnlich innerhalb einer Woche an. Der Postdienst wurde noch besser in den dreißiger und vierziger Jahren – Gerlings Briefe aus Marburg erreichten normalerweise Göttingen am nächsten Tag.

Theoretisch war Gauß damals hauptsächlich mit der Berechnung der von Jupiter induzierten Störungen der Pallas- und Ceresbahn beschäftigt. Mehrere Hefte mit diesbezüglichen Rechnungen sind erhalten; sie stellten für Gauß die Grundlage einer noch auszuarbeitenden Theorie dar. Aus Gründen, die später diskutiert werden, war die Pallasbahn besonders schwierig. Die von Gauß angewandten Methoden der Störungsrechnung benutzen Hilfsmittel aus der Theorie der elliptischen Integrale und der hypergeometrischen Funktion, zwei Themen, die Gauß aus völlig anderen Gründen untersuchte. Die Bände III, VI und VII der Gesammelten Werke enthalten umfangreiches Material zur Störungstheorie [3].

Gauß benutzte zwei grundverschiedene Methoden für die Berechnung der Unregelmäßigkeiten der Planetenbahnen. Die eine Methode war die Entwicklung der Störungen in unendliche Reihen, wobei Gauß nur die ersten

Terme dieser Entwicklungen benutzte. Dies war natürlich keine neue Technik; Laplace, um nur einen Namen zu nennen, ging ähnlich vor. Gauß war effizienter und erfolgreicher als seine Vorgänger und Zeitgenossen wegen seiner großen rechnerischen Fertigkeiten, seiner Kenntnis vieler unendlicher Reihen und seinem Geschick mit ihnen. Diese analytische Methode war nicht brauchbar im Fall sehr komplizierter oder sehr langsam konvergierender Reihen; Gauß benutzte in diesen Situationen numerische Integration. Numerische Integration führte immer zu Ergebnissen, war aber zeitraubend – jede Beobachtung mußte gesondert behandelt werden. Für den Fall der Ceres reichte die analytische Methode aus, aber Gauß entwickelte die Störungen in trigonometrische Reihen, die er dann mit Hilfe von Tafeln numerisch integrierte. Gauß' Vorgehen erinnnert stark an Fourier, dessen Techniken er zum großen Teil vorwegnahm.

Die Berechnung der Störungen der Planetoiden war offensichtlich damals das wichtigste Problem der mathematischen Astronomie. Gauß war wie geschaffen für diese Aufgabe, aber die Pallasstörungen waren sogar für ihn zu kompliziert. Ein wichtiges Ergebnis, das man sich aus diesen Berechnungen erhoffen konnte, war eine genaue Bestimmung der Jupitermasse, aber Gauß war zu optimistisch, als er am am 25. Juni 1802 an Olbers schrieb:

Übrigens glaube ich, dass die Pallas nach einigen Umläufen das beste Mittel sein wird, die Masse des Jupiter zu bestimmen.

Obwohl damals Gauß' Hauptinteresse der Astronomie galt, beschäftigte er sich auch mit anderen naturwissenschaflichen Fragen, darunter Gravitationsexperimenten, um mehr Information über die Erddrehung zu erhalten, der optischen und akustischen Bestimmung geographischer Längen unter der Leitung von Zachs und natürlich Himmelsbeobachtungen [4]. Obwohl Braunschweig keine Sternwarte besaß, konnte Gauß in klaren Nächten sowohl Pallas als auch Ceres bestimmen. Kometen waren immer interessant, besonders ein im Jahr 1805 auftauchender Komet, dessen mögliche Identität mit einem 1772 beobachteten Kometen Gauß ausführlich mit Bessel diskutierte. Es stellte sich schließlich heraus, daß die beiden Kometen nicht miteinander identisch waren.

Das Paradestück, aber leider eben nicht mehr, unter den Gauß in Braunschweig zur Verfügung stehenden Instrumente war ein modernes Reflexionsfernrohr. Gauß hatte die dafür nötigen Mittel im Jahr 1804 erhalten und erwarb das Instrument mit Hilfe des Astronomen Harding, eines erfahrenen Beobachters, der später Gauß' Kollege in Göttingen wurde. Es stellte sich heraus, daß der Spiegel schadhaft war und mehrmals repariert werden mußte. Gauß konnte das Instrument nie benutzen, solange er in Braunschweig war. Sobald bekannt wurde, daß er vorhatte, nach Göttingen zu ziehen, beantragte der Professor für Astronomie am Collegium Carolinum die Überstellung des Geräts. In einer langen Stellungnahme an die Regierung schilderte Gauß die Stärken und Schwächen des Instruments und empfahl schließlich, daß es Pfaff in Helmstedt als dem kompetentesten zukünftigen Benutzer überlassen werde. Es scheint jedoch, daß das Fernrohr in Braunschweig blieb und in die Sammlung des Collegium Carolinum einverleibt wurde. Gauß war sehr enttäuscht und machte daraus auch keinen Hehl. Vor seiner Abreise nach Göttingen schrieb er das folgende an Olbers (zitiert aus dem Brief vom 29. Oktober 1807)

Der Spiegel des 10 f. Teleskops, den ich nun zurückerhalten habe, scheint jetzt recht gut geworden zu sein; viel Proben damit anzustellen verhindert der Platz; auch habe ich zum genauen Centrieren jetzt keine Zeit und Lust. Es ist leicht möglich, dass dies Instrument nach meiner Abreise hier in sehr schlechte Hände kommt.

Die Unreinheiten des Spiegels veranlaßten Gauß, sich mit „dioptrischen Untersuchungen" zu beschäftigen, d.h. mit den theoretischen und praktischen Problemen des Instrumentenbaus. Er leistete beträchtliche und wichtige Beiträge zu diesem Gebiet, welche weiter unten zusammengefaßt werden.

Seine Diskussionen mit Olbers und später auch mit Bessel überzeugten Gauß davon, daß höhere Standards für die Genauigkeit und Zuverlässigkeit astronomischer Beobachtungen nötig waren. Das traf sowohl auf die Beobachtungen selber als auch auf deren Auswertung zu. Gauß war ein Neuling, aber dies war offensichtlich ein Gebiet, auf dem er einen wichtigen und bleibenden Beitrag selbst ohne moderne Instrumente leisten konnte. Später führte dann Gauß ähnliche Standards auf anderen experimentellen Gebieten ein. Er äußerte sich sehr kritisch über die unzuverlässigen Daten früherer Beobachtungen, besonders in der Geodäsie. In der Auswertung war die von ihm schon für die Bestimmung der Ceresbahn benutzte Methode der kleinsten Quadrate Gauß' wichtigstes Hilfsmittel. Heute wissen wir, daß Legendre und Gauß diese Methode unabhängig voneinander gefunden haben, aber Gauß' theoretisches Interesse an ihr stammt aus einer späteren Periode. Ursprünglich war er, fälschlicherweise, davon überzeugt, daß Tobias Mayer d. Ä., sein Vorgänger als Direktor der Göttinger Sternwarte, diese Methode bereits benutzt habe [5]. Erst als Gauß die Brücke zwischen Wahrscheinlichkeitstheorie und der Methode der kleinsten Quadrate hergestellt hatte, sah er diese als wesentliches Hilfsmittel für den Naturwissenschaftler.

Im Oktober 1805 sprach Gauß in einem Brief an Olbers zum ersten Mal von seinen Plänen, seine Methoden der theoretischen Astronomie in einer umfangreichen Abhandlung darzustellen. Dieses Buch erschien im Jahr 1809 unter dem Titel *Theoria motus corporum coelestium in sectionibus conicis Solem ambientium.* Der Abschluß dieses Manuskripts war das bedeutendste Projekt der ausgehenden Braunschweiger Jahre. Astronomen in ganz Europa erwarteten das Erscheinen des Buchs mit Ungeduld. Sein Inhalt wird unten zusammengefaßt werden.

Ein letztes Detail zu Gauß' wissenschaftlichem Werk während dieser Periode muß hier noch erwähnt werden. Während der Jahre 1804 und 1805 tauschte Gauß einige Briefe über Probleme aus der Zahlentheorie mit einem vordem unbekannten französischen Mathematiker aus. Er erwähnt dies in der Korrespondenz mit Olbers, zuerst am 7. Dezember 1804:

Neulich habe ich die Freude gehabt, einen Brief von einem jungen Geometer aus Paris LeBlanc zu erhalten, der sich mit Enthusiasmus mit der höheren Mathematik vertraut macht, und mir Proben gegeben hat, dass er in meine Disquis.Arith. *tief eingedrungen ist ...*

Am 24. März 1807 schreibt dann Gauß:

Meine Disq. Arithm. *haben mir unlängst eine grosse Überraschung veranlasst. Habe ich Ihnen nicht schon einigemale von einem Pariser Korrespondenten LeBlanc geschrieben, dass er sich alle Untersuchungen dieses Werkes auf das Vollkommenste zu eigen gemacht hat? Dieser LeBlanc hat sich mir neulich näher zu erkennen gegeben. Dass LeBlanc ein bloss fingierter Name eines jungen Frauenzimmers Sophie Germain ist, wundert Sie gewiss ebenso sehr als mich.*

Einer der späteren, aus der Theorie der biquadratischen Reste folgenden Beweise des quadratischen Reziprozitätsgesetzes geht auf eine Idee Sophie Germains zurück. Ihr Name lebt weiter in der Zahlentheorie durch zwei spezielle Fälle des großen Fermatschen Satzes, die sie als erste löste [6]. Gauß' bereits oben betontes immer noch waches Interesse an zahlentheoretischen Fragen wurde zwar von seinen astronomischen Arbeiten überschattet, aber er fuhr fort, zahlentheoretische Arbeiten zu veröffentlichen und an noch offenen Fragen zu arbeiten, ohne jedoch seine wahren, sehr ehrgeizigen Ziele zu erreichen. Bei der Konzentration auf die Astronomie waren persönliche Momente sehr wichtig, und zwar sowohl der soziale Aspekt als auch der Umstand seiner Heirat und der Geburt seines ältesten Sohnes im Jahr 1806.

Als Gauß das Göttinger Angebot annahm, schrieb er, daß er seine Lage in Braunschweig immer nur als „interimistisch" betrachtet habe (Brief an Bolyai vom 20. Mai 1808), aber noch 1804 hatte er Angebote aus St. Petersburg und von der Universität Landshut ausgeschlagen. Die Verhandlungen mit Göttingen fanden in den Jahren 1804 und 1805 statt, d.h. vor den politischen Umwälzungen des Jahres 1806. Olbers, der unermüdliche Advokat Göttingens (und Deutschlands), führte diese Verhandlungen für Gauß. Entscheidend für Gauß' Zusage war das Versprechen der Göttinger Universitätsverwaltung, eine neue Sternwarte für ihn zu errichten. Gauß konnte außerdem mit der Hilfe des erfahrenen und geschickten beobachtenden Astronomen C. L. Harding rechnen, des Entdeckers des Planetoiden Juno [7]. Göttingen versprach Freiheit vom Verwaltungs-und Vorlesungsbetrieb. Ein weiterer, negativer Faktor mag gewesen sein, daß die Braunschweiger Pläne für eine neue Sternwarte nicht von der Stelle kamen und immer noch sehr vage waren.

4. Zwischenkapitel

Die politische Situation in Deutschland zwischen 1789 und 1848

Noch bevor Gauß im Herbst 1806 in Göttingen eintraf, bestätigten politische Entwicklungen die Richtigkeit seiner Entscheidung. Schon bald nach dem Ausbruch der Französischen Revolution befanden sich das Heilige Römische Reich und Frankreich im Kriegszustand. Seit 1799 regierte in Frankreich Napoleon, der die deutschen Staaten zwischen 1805 und 1807 entscheidend besiegte. In preußischem Auftrag reiste Herzog Ferdinand von Braunschweig 1806 nach St. Petersburg, um die Möglichkeit einer preußisch-russischen Koalition gegen Frankreich zu sondieren. Eine solche Koalition kam nicht zu Stande, und Preußen beschloß, allein den französischen Vormarsch in Mitteleuropa aufzuhalten.

Ferdinand von Braunschweig, Gauß' Herzog, war einer der berühmtesten und angesehensten Heerführer seiner Zeit. Er hatte schon unter Friedrich dem Großen im Siebenjährigen Krieg gedient, und die ängstliche, rückwärtsgewandte preußische Regierung machte ihn trotz seines Alters – er war nun über 70 Jahre alt – zum Oberbefehlshaber ihrer Armeen. Die erste größere Schlacht entschied den Krieg. Preußen wurde in der Doppelschlacht von Jena und Auerstaedt besiegt, der Herzog wurde zu Tode verwundet und starb wenige Tage später in Altona bei Hamburg. Auf der Flucht vor Napoleon passierte sein Geleitzug auch Braunschweig, und es wird gesagt, daß das melancholische Rattern seiner Wagen Gauß aus dem Schlaf geweckt habe. Gauß wohnte damals am Steinweg, unweit der Ausfallstraße nach Hamburg.

Die politische Situation in Göttingen war kompliziert. Hannover, seit der Thronbesteigung Georgs I. in Personalunion mit England verbunden, war von Preußen kurz vor dem Krieg mit Frankreich annektiert worden. Nach Preußens Niederlage konnte England nicht helfen, und Hannover kam unter direkte französische Kontrolle. Gauß' kurze Reise von Braunschweig nach Göttingen beförderte ihn aus einem Feudalstaat in das bürgerliche Zeitalter. Göttingen lag in dem neugeschaffenen Königreich Westphalen, das von Napoleons Bruder Jerôme nach aufgeklärten Prinzipien verwaltet wurde. Die Leichtigkeit, mit der Gauß diesen Übergang vollzog, war keineswegs typisch für seine Zeit, wie eben auch das ungebrochene und unproblematische Verhältnis zu Herzog Ferdinand untypisch gewesen war. Obwohl, soweit man das heute beurteilen kann, konservativ in seinem Naturell, war

Gauß der zufriedene Nutznießer der gewaltigen politischen Veränderungen, die sich zu seinen Lebzeiten zutrugen.

Wie der Absolutismus der vorhergehenden Epoche war auch das verhaßte frankophile Regime in Westphalen voller Wohlwollen und Anerkennung. Seine Ineffizienz war lästig – trotz aller Versprechungen schleppte sich der Bau der neuen Sternwarte immer länger hin, und sogar Gauß' Gehalt kam nicht immer pünktlich. Auch Papier war knapp, was zu einer Verzögerung bei der Veröffentlichung einer der Gauß'schen Arbeiten führte. Gauß legte nie seinen Beamteneid ab – offensichtlich vergaß man das inmitten all der politischen Wirren, ein Umstand, der Gauß immer mit besonderer Befriedigung erfüllte, der aber im übrigen für ihn irrelevant war.

Als das Königreich Hannover im Jahr 1814 wiederhergestellt wurde, war es politisch das konservative Schlußlicht im Deutschen Bund. Auch dies tangierte Gauß nicht, die Astronomie – wohl unter englischem Einfluß – wurde hoch geschätzt, und Gauß war eine Berühmtheit europäischen Ranges. Die Sternwarte wurde gut ausgestattet, und es wurden genügend Mittel bereitgestellt, um alle benötigten Instrumente zu erwerben. Gauß' soziale Konflikte spielten sich einzig auf dem persönlichen Sektor ab – so ist etwa seine Unzufriedenheit über die Langsamkeit der militärischen Karriere seines Sohns Joseph ein Indiz [1].

Die Welt, in der Gauß aufgewachsen war, brach 1806 zusammen, aber Gauß, den all dies persönlich so wenig berührte, sah keine Notwendigkeit, seine eigene Einstellung zu ändern. Die unangenehmste Erfahrung war wohl, im generell verhaßten (und verspotteten) Königreich Westphalen dienen zu müssen, aber auch unter Jerôme erfreute sich Gauß hoher Achtung und wurde sogar in den Adelsstand erhoben, als „Ritter von Gauß".

Die ersten 30 Jahre seines Lebens reichen aus, um Gauß' politische Einstellung zu verstehen. Sein Werdegang wurde durch die Kräfte des 18. und nicht des 19. Jahrhunderts bestimmt, und der Fürst, dem er so viel verdankte, war ein wohlwollender Despot aus der Schule Ludwigs XIV. Für seine Zeit war Ferdinand von Braunschweig tüchtig und weitblickend, gebildet und durchdrungen von den Ideen der Physiokraten. Einer seiner Berater war Hardenberg, einer der Väter der preußischen Reformen zwischen 1809 und 1813.

Wir sehen das 18. Jahrhundert durch die Brille des 19. und messen es an der politischen und nationalen Entwicklung Deutschlands im letzten Jahrhundert. Es ist heute für uns sehr schwierig, das Selbstgefühl Deutschlands im 18. Jahrhundert zu verstehen. Damals war es nicht selbstverständlich, daß ein einheitliches politisches Gebilde dieses Namens je existieren würde; die Deutschen sahen sich oft als unpolitisch, zu friedfertig und zu uneinig. Die Literatur des 18. Jahrhunderts betont die Notwendigkeit kultureller Unabhängigkeit (von Frankreich). Politisches Nationalgefühl war nicht stark entwickelt, und französischer Absolutismus wurde als undeutsch abgelehnt. Stattdessen wurden die alten, noch aus dem Mittelalter stammenden Institutionen der Selbstverwaltung betont, und viele der zeitgenössischen Journalisten und Historiker waren davon überzeugt, daß dem Elend Deutschlands leicht durch die Wiederbelebung der alten Institutionen abgeholfen werden könne – noch Uhland dachte so, wenn er vom alten guten Recht sprach. Es ist heute kaum verständlich, wenn wir bei Gibbon lesen: ... *hat die Union der Deutschen, unter dem Namen des Reichs, das große System einer föderativen Republik entwickelt. In der häufigen und schließlich permanenten Abhaltung von Reichstagen wurde ein Nationalgefühl am Leben gehalten, und die Gewalt der Gesetzgebung wird immer noch von den drei Ständen, den Kurfürsten, den Fürsten und den Freien Städten Deutschlands, ausgeübt.* (Kapitel XLIX des *Decline and Fall of the Roman Empire*)

Die Begriffe *konservativ* und *nationalgesinnt* waren im Deutschland des ausgehenden 18. und beginnenden 19. Jahrhunderts nicht synonym. Die reaktionären Politiker der post-napoleonischen Ära waren engstirnig und kleinstaatlich orientiert; der Graf Münster, Chefminister des Königreichs Hannover, ist vielleicht das beste Beispiel. Die Wiederbelebung der Reichsidee war ein liberaler Wunsch, der dann in der gescheiterten Revolution von 1848 begraben wurde. Erst danach gewann langsam die Idee eines militärisch starken, in Europa dominanten deutschen Reiches an Boden, wie es dann nach dem Sieg Preußens über Frankreich im Jahr 1871 geschaffen wurde.

Gauß' politische Haltung wird in der Regel von einem liberalen Standpunkt aus beurteilt und bewertet. Im Lauf seines Lebens hat Gauß natürlich die dominierenden Strömungen seiner Zeit absorbiert, aber seine Grundhaltung wurde von den frühen Erfahrungen der Kindheit und Jugend geprägt und kann nicht in den uns so natürlichen Kategorien des 19. Jahrhunderts gemessen werden.

6. Kapitel

Familienleben. Der Umzug nach Göttingen

Carl Friedrich und Johanna Gauß lebten in Göttingen in beengten und unsicheren Umständen, aber es scheint, daß Johanna gern in ihrer Heimatstadt, wo sie so viele Freunde und Bekannte hatte, wohnte. Johanna war nicht müßig; sie stand dem Haushalt vor, um den sich ihr Mann nicht gekümmert zu haben scheint. Das Bild, das wir heute sehen, ist das eines jungen Paares in der Manier des Biedermeier, ganz auf die Trennung zwischen privatem Glück und der Außenwelt bedacht. Der älteste Sohn Joseph kam in Braunschweig zur Welt und empfing seinen Namen Piazzi zu Ehren, dem Entdecker der Ceres, der Gauß so viel verdankte. Auch die anderen Kinder aus der ersten Ehe verdankten ihre Namen den Gestirnen – Minna, oder Wilhelmine, war nach Olbers, dem Entdecker der Pallas, und Louis nach Harding, dem Entdecker der Juno, benannt. Zwei Passagen aus dem Briefwechsel zwischen den Eheleuten geben uns einen Einblick in das Alltagsleben des Paars. Die Briefe stammen aus dem Jahr 1807 und wurden anläßlich Gauß' Reise nach Bremen geschrieben. Wir zitieren zuerst aus Johannas Brief vom 30. Juni:

... Herzlich leid mein süsser Liebling thut es mir, das mein Schweigen Dich unruhig gemacht hat, alles in unsern Hause gieng den gewöhnlichen Gang; ich befand mich ausser der Sehnsucht nach Dir sehr wohl, der Josepf entbehrte nichts, sondern war sehr Lustig, seine neue Wärterin, wie ich Dir schon gemeldet habe, kam am Freitag an, es ist eine sehr rechtliche stille Person, zwar eine alte Jungfer, aber so kinderlieb, das der Josepf schon am ersten Tage heymisch bey ihr war, jetzt ist er völlig so gern bey ihr als bey seiner Mutter, dies dünkt mir ist mir Bürge, das ich ihn ihr unbedingt anvertrauen kann. er geht täglich spazieren und besucht mit ihr entweder unsere Verwanten oder seine Vorgänger, deren eine ziemliche Menge sind, dies behagt ihn so sehr, das er es durch zeigen auf die Thür und durch ampeln nach derselben sehr deutlich macht, wenn seine Lust im Zimmer zu bleiben aus ist, seine Lebhaftigkeit hat sehr zugenommen, jeder freut sich über ihn und will es nach der Ebeling (der Wärterin) ihrer Versicherung nicht glauben, das dies zarte feine Gesicht einem Knaben gehöre, am 26. ist ohne alle Umstände der 7te Zahn gekommen, dafür aber hat der arme Schelm sein grösstes Gut am Sontage eingebüsst, ich bin, so oft

ich daran dencke, unbeschreiblich traurig, doch war ich zu diesem schnellen Entschlusse genötigt, da die Ebelingen nur auf unbestimmte Zeit bleiben kann ... meine Unentschlossenheit, wann ich es thun wolle, war vorzüglich Schuld, das ich Dir am Freitage nicht schrieb, auch glaubte ich, das Briefe an Dich kommen würden, welches aber erst ungewöhnlich spät nach 1/2 10 gescha, die möglichkeit, das Harding früher als Du eintreffen könne, bewog mich, Dir den Brief zu schicken, vergieb meiner Eile das kunfuse Cuvert.

Dieser Brief kreuzte sich mit einem Brief ihres Mannes, in dem dieser am 1. Juli 1807 schrieb:

Alle Stunden mein theuerstes Hannchen, wo ich keine besondere Beschäftigung habe, weiss ich nicht angenehmer anzuwenden, als wenn ich mich mit Dir unterhalte, wenn ich gerade nichts von Bedeutung zu melden habe. Ich fahre also fort dir zu erzählen, wie ich bisher meine Zeit in Bremen zugebracht habe ...

Ein Postskriptum zu diesem Brief enthält eine Antwort auf Johannas Brief, der gerade angekommen war:

Dein lieber Brief vom 30., welchen ich soeben erhalte, macht mir ausnehmend viel Freude. Es ist ein unschätzbares Glück, dass unser süsser Joseph den kritischen Zeitpunkt in so guten und zuverlässigen Händen abwarten kann; wenn Du diesen Brief erhältst, ist vermuthlich das schlimmste schon vorbei. Studiert er die Lehre vom Gleichgewicht und von der Bewegung noch fleissig? Die Beschwerden meiner Reise haben meiner Gesundheit nichts geschadet, aber die so sehr veränderte Diät (ich esse hier zuverlässig viermal soviel als zu Hause und doch beschwert man sich noch über meinen wenigen Appetit) hat anfangs einige Obstructionen zugezogen, denen aber durch ein Digestivpulver bald abgeholfen wurde, jetzt fange ich an der epicureischen Lebensart gewohnt zu werden. Olbers glaubt nicht, dass gegen meine Magenschwäche, Blähungen und Obstructionen die Apotheke etwas gründliches vermöge, eher der Keller. Die Diät und Lebensart müssten bei dieser Art von Übel das Beste thun. Unsere gewöhnliche Sorte Rothwein, die Tavelle, hält er für ungesund und glaubt, dass er, wenn auch nicht mein öftres Herzklopfen allein hervorbringen, es doch sehr befördern könne. Sehr gut für den Magen sei zuweilen ein Glas Madera, zur Beförderung der Öffnung empfiehlt er mir eine Pfeife täglich früh zum Kaffee, übrigens Bewegung u.s.w. Sehr gut würde mir aber vorzüglich zuweilen ein laues Bad sein; dem von Zeit zu Zeit wiederhohlten Gebrauche einer Brunnencur schreibt er die heilsamsten Wirkungen zu; wer weiss, ob wir nicht übers Jahr einander in Rehburg ein Rendesvous geben können. Sehr grosse Lust hat Olbers auch, dereinst einmal mit mir eine Reise nach Paris zu machen, da wir alle beide das französische Theater u. drgl. Narrenpossen eben nicht zu schätzen wissen, so würden wir beide in ein paar Wochen das meiste uns sehenswürdige abthun und in etwa 5 Wochen die ganze Reise vollenden können.

Die Nachricht von dem Waffenstillstande zwischen den Franzosen und Russen scheint sich zu bestätigen und auf einen nahen Frieden zu deuten, unterdess sind nun aber die Engländer in Schwedischpommern gelandet. Es sind tolle Zeiten.

Es wird hohe Zeit mich anzukleiden: ich muss also eilig schliessen. Viele Grüsse an deine gute Mutter, sowie an alle unsre Freunde, ebenso als hätte ich sie namentlich und einzeln genannt.

Obwohl eben erst 30, hatte Gauß Gesundheitsbeschwerden und diskutierte seine Diät und Verdauung mit Olbers. Dies wiederholte sich später häufig im Briefwechsel; der sehr viel ältere Olbers war ein geduldiger Zuhörer und hielt seinerseits Gauß über seine eigenen Gesundheitsbeschwerden auf dem Laufenden. Obwohl seine Freunde mehrmals das Schlimmste befürchteten, starb Olbers erst im Jahr 1840 im Alter von 81 Jahren. Gauß war ebenfalls sehr robust, klagte aber zwischendurch über plötzliche Taubheit (1838) und eine außerordentliche Hitzeempfindlichkeit, die ihm besonders während der 1818 beginnenden Vermessung des Königreichs Hannover zu schaffen machte. Trotz dieser etwas bedenklichen Indizien war Gauß glücklich. Familienleben und wissenschaftliche Arbeit füllten ihn aus; darüberhinaus war Göttingen, mit seiner naturwissenschaftlichen Tradition, eine besonders günstige Wirkungsstätte. Eng verbunden mit der Universität war die *Königliche Societät der Wissenschaften*; diese enge Verknüpfung symbolisierte die später in der Romantik betonte Einheit von Forschung und Lehre.

Anders als in England entwickelten sich die Naturwissenschaften in Deutschland vorwiegend durch staatliche Förderung und weniger durch die Anstrengungen privater Gesellschaften und Individuen. Im 19. Jahrhundert führte dies zu offiziell subventionierten liberalen Freiheitsräumen an den Universitäten, was dann mitunter den Regierungen unliebsame Überraschungen bescherte. Die heimliche Spannung zwischen offizieller Politik und wertfreier Forschung war wohl auch ein positiver Faktor in der Entwicklung der deutschen Universitäten zu hervorragenden Zentren der Forschung und Lehre im Verlauf des 19. Jahrhunderts.

Die politische Komponente der Aufklärung war in Deutschland sehr viel schwächer als in Frankreich. Sie machte sich erst später und mit einer anderen Stoßrichtung bemerkbar. Erst nach dem Sieg über Napoleon wurde der Ruf nach Verfassungen in den einzelnen deutschen Staaten unüberhörbar. Indirekt war das durchaus Napoleon zu verdanken, denn die von ihm kontrollierten Regierungen, obwohl ungeliebt, waren moderner und aufgeklärter als die 1814 wieder an die Macht gekommenen oft sehr konservativen Fürsten.

Die Situation in Frankreich war nach 1815 nicht sehr viel anders. Schon während des Kaiserreichs und dann nach der Restauration der Bourbonen verloren die liberalen Kräfte immer mehr an Boden; der eigentliche, materielle, Fortschritt wurde weitgehend von der konservativen Rechten kontrolliert. Das war auch das Klima, in dem der philosophische Positivismus immer mehr Anhänger gewann. In Deutschland wurde dieser Konflikt verinnerlicht, denn die schwachen radikalen Kräfte hatten nie eine ernsthafte Aussicht, den Verlauf der politischen Entwicklung entscheidend bestimmen zu können. Kants Philosophie kam dabei sehr gelegen: sie erlaubte durchaus radikale und revolutionäre politische Ideen, nicht jedoch die revolutionäre politische Aktion. Sie war ein ideales Sicherheitsventil und diente bis 1918 in vergröberter Form als eine Art Staatsreligion in den quasi-absolutistischen deutschen Staaten.

Als Wissenschaftler war Gauß sehr einflußreich; er war sich dessen bewußt und nutzte diesen Einfluß zur Förderung seiner Ideen und Ziele. Als Bürger war er an der Politik nicht interessiert - *politisch Lied ist garstig Lied* , wie es in Goethes *Faust* ein anderer Naturwissenschaftler ausdrückt. Gauß' Haltung war nicht ungewöhnlich, aber verschiedene seiner Freunde waren politisch durchaus aktiv. Eschenburg trat in den preußischen Verwaltungsdienst ein und endete als Regierungspräsident in Detmold. Olbers war eine Zeit lang Mitglied des Bremer Senats und vertrat seine Heimatstadt als Deputierter in Paris in den Jahren, in denen Bremen zu Frankreich gehörte. Gauß' ehemaliger Student Gerling, Professor der Physik in Marburg, war liberaler Abgeordneter im hessischen Parlament in Kassel. Gauß' Freund von Lindenau, als v. Zachs Nachfolger Direktor der Sternwarte auf dem Seeberg, war einige jahrelang leitender Minister des Fürstentums Sachsen-Coburg-Gotha.

In seiner Einstellung gegenüber dem Staat und den politischen Entwicklungen seiner Zeit war Gauß noch stark vom 18. Jahrhundert geprägt; nur wo ein Konflikt zwischen öffentlicher Politik und privaten Zielen bestand, sehen wir Gauß als den selbstbewußten Bürger seiner Zeit. Das ist grundverschieden von seiner Einstellung als Wissenschaftler. Als Mathematiker und Astronom war er der erste Mann seiner Zeit, der *princeps mathematicorum*, dem dies kein König zu bestätigen brauchte. Gauß war nicht nur einflußreich durch die Tiefe seiner Gedanken und Ideen, sondern auch dadurch, daß er anderen den Weg in neue Richtungen wies und zeigte, bis zu welchem Grad die verschiedensten Gebiete der Naturwissenschaften durch mathematische Analyse erschlossen werden können. Die Grundlagen dafür wurden bereits in der Aufklärung geschaffen, aber geistesgeschichtlich ist Gauß in seiner Haltung und Wirkung durchaus ein Kind der Romantik, wie sehr er auch selber die Affinität zu Dichtern wie Novalis und Brentano oder Philosophen wie Hegel zurückgewiesen hätte [1].

In seinem Bewußtsein als Naturwissenschaftler ist Gauß durchaus ein Kind des Rationalismus. Eines seiner Lieblingsbücher war J. P. Süssmilchs *Die göttliche Ordnung in den Veränderungen des menschlichen Geschlechts aus Geburt, Tod und Fortpflanzung desselben erwiesen* , welches 1741 erschien und wohl der erste deutsche Beitrag zur Anlage und zum Verständnis medizinischer Statistiken ist. Das Vorwort, geschrieben von dem Philosophen Christian Wolff, beginnt mit den folgenden Worten: *Es ist dem Menschen nichts angenehmers, als die Gewissheit der Erkenntnis, und wer einmal die-*

selbe geschmeckt, der bekommt einen Eckel für allem, wo er nichts als Un-gewissheit siehet. Aus dieser Ursache ist es kommen, dass die Mathematici, welche beständig mit gewisser Erkenntnis umgegangen, einen Eckel vor der Philosophie und andern Dingen bekommen, und nichts angenehmers gefun-den, als dass sie ihre genutzte Zeit mit Linien und Buchstaben zubringen können. Süssmilch versuchte, die Harmonie der Schöpfung mit Hilfe von Bevölkerungstabellen und Geburts- und Sterbetafeln zu zeigen. Gauß sah die Welt ähnlich; sogar das Vorwort des sonst unerträglichen Wolff war akzeptabel. Gauß' Horizont war natürlich sehr viel weiter: die Schöpfung war für ihn ein Buch, das durch Beobachtung und Mathematik entziffert werden konnte. Mathematik war mehr als die Magd der Erfahrung: als Königin der Wissenschaften hatte sie zwei Gesichter – wesentliches Mit-tel zum Verständnis der Natur, und zwar unahängig von psychologischen oder anthropozentrischen Momenten, und *jeux d'esprit*. Das Verständnis der Natur als objektive und drängende Aufgabe war eines der Ziele der Ro-mantik. Gauß teilte nie den Humanismus und oft flachen Optimismus der Aufklärung. Er war ebenso mißtrauisch gegenüber den mystischen Abkür-zungsversuchen der romantischen Dichter und Philosophen wie gegen den klassischen Idealismus, der etwa Goethe dazu führte, Newtons Farbenlehre abzulehnen und eine eigene, nicht von Beobachtungen gestützte Theorie zu entwickeln.

7. Kapitel

Tod der Johanna Gauß, zweite Ehe und die ersten Jahre als Professor in Göttingen

Im Herbst 1809, weniger als zwei Jahre nach dem Umzug nach Göttingen, starb Johanna Gauß im Kindbett, einen Monat und einen Tag nach der Geburt ihres zweiten Sohns. Der arme Louis, wie sein Vater ihn nannte, folgte seiner Mutter innerhalb weniger Monate ins Grab. Kurz nach seinem Tod wurde die Verlobung seines Vaters mit Friderike Wilhelmine (Minna) Waldeck, der Tochter eines Professors der Rechte an der Universität, publik gemacht. Gauß war sehr glücklich in seiner ersten Ehe gewesen; ein Jahr vor Johannas Tod schrieb er an Bolyai (Brief vom 2. September 1808): *...Glücklich fliessen die Tage in dem einförmigen Gange des häuslichen Lebens hin: wenn das Mädchen einen neuen Zahn kriegt, oder der Junge ein paar neue Wörter gelernt hat, so ist das fast ebenso wichtig, als wenn ein neuer Stern oder eine neue Wahrheit entdeckt ist....*

Johannas Tod war ein furchtbarer Schlag. Unmittelbar nach ihrem Tod schrieb Gauß an Olbers (Brief vom 12. Oktober 1809): *Sie luden mich so freundlich ein, Sie zu besuchen, wenn meine Frau sich wohl befände. Jetzt befindet sie sich wohl. Gestern Abend um 8 Uhr habe ich ihr die Engelsaugen, in denen ich seit fünf Jahren einen Himmel fand, zugedrückt. Der Himmel gebe mir Kraft, diesen Schlag zu tragen. Erlauben Sie mir jetzt, theurer Olbers, bei Ihnen ein paar Wochen in den Armen der Freundschaft Kräfte für das Leben zu sammeln, das jetzt nur als meinen drei unmündigen Kindern gehörend Werth hat. Erlaubt es der Arzt, so komme ich vielleicht diesem Briefe schon in ein paar Tagen nach.*

Wenig später reiste Gauß nach Bremen ab. Die im folgenden abgedruckten Passagen wurden in Gauß' Nachlaß gefunden. Der Text ist ohne Zweifel authentisch; zum Teil ist die Tinte verwischt, möglicherweise durch Tränenspuren.

Siehst Du geliebter Schatten meine Thränen? Du kanntest ja, solange ich dich die meine nannte, keinen Schmerz, als den meinigen, und brauchtest zu Deinem Glücke Nichts, als nur mich froh zu sehen! Selige Tage! Ich armer Thor konnte ein solches Glück für ewig halten, konnte wähnen, Du einst verkörperter und jetzt wieder neu verklärter Engel seyst bestimmt, mein ganzes Leben hindurch alle die kleinlichen Bürden des Lebens mir tragen zu helfen? Womit hatte ich denn dich verdient? Du bedurftest nicht des Erden-

lebens, um besser zu werden. Du tratst nur ein ins Leben, um uns vorzuleuchten. Ach ich war der Glückliche, dessen dunkle Pfade der Unerforschliche von deiner Gegenwart, von deiner Liebe, von deiner zärtlichsten und reinsten Liebe erhellen liess. Durfte ich dich für meines Gleichen halten? Theures Wesen, Du wustest selbst nicht, wie einzig du warst. Mit der Sanftmuth eines Engels ertrugst du meine Fehler. O wenn es den Seligen vergönnt ist noch unsichtbar uns armen im Lebensdunkel irrenden nahe zu seyn, verlass mich nicht. Kann deine Liebe vergänglich sein? Kannst Du sie dem armen, dessen Höchstes Gut sie war entziehen? O du beste, bleib meinem Geiste nah Lass deine selige Seelenruhe, die dir den Abschied von deinen Lieben tragen half, sich mir mittheilen; hilf mir, deiner immer würdiger zu sein! Ach was kann den theuren Pfändern unsrer Liebe dich, deine mütterliche Sorge, was dein Vornbild ersetzen, wenn du mich nicht stärkst und veredelst, für sie zu leben, und in meinem Schmerze nicht zu versinken!

25. Okt. Einsam schleiche ich unter den fröhlichen Menschen, die mich hier umgeben. Machen sie mich meinen Schmerz auf Augenblicke vergessen, so kommt er nachher mit verdoppelter Stärke zurück. Ich tauge nicht unter eure frohe Gesichter. Ich könnte hart gegen euch werden, was ihr nicht verdient. Selbst der heitere Himmel macht mich nur trauriger. Jetzt hättest du theure nun dein Lager verlassen, jetzt wandeltest du an meinem Arme unsern Liebling an der Hand und freutest dich deiner Genesung und unsers Glücks, das wir jeder im Spiegel der Augen des andern läsen. Wir träumten von einer schönen Zukunft. Ein neidischer Dämon - nein kein neidischer Dämon, der Unerforschliche hat es nicht gewollt. Du Seelige schauest nun schon die dunkeln Zwecke, die durch die Zertrümmerung meines Glücks erreicht werden sollen, in Klarheit an. Ist es dir denn nicht vergönnt dem Verlassenen einige Tropfen Trost und Resignation ins Herz zu flössen? Du warst ja schon im Leben überreich an beiden. Du hattest mich so lieb. Du wolltest so gern bei mir bleiben. Ich sollte mich doch nicht zu sehr dem Gram überlassen, waren beinahe deine letzten Worte. Ach wie fange ich es an ihm zu entgehen. Ach erbitte dir von dem Ewigen - könnte er dir alles abschlagen? - nur das Einzige, dass deine unendliche Seelengüte mir stets recht lebendig vorschwebe, damit ich, so gut ich armer Erdensohn kann, dir nachstrebe.

Am 14. Dezember bedankte sich Gauß bei Olbers für seine Gastfreundschaft, die er in Bremen genossen hatte.

Fräulein Waldeck war eine Freundin Johanna Gauß' gewesen, aber es ist nicht bekannt, ob diese Freundschaft mehr bedeutete als das konventionelle Verhältnis zwischen einer Professorentocher und der Gemahlin eines jungen Kollegen ihres Vaters. Als Gauß an sie herantrat, hatte sie gerade ein Verlöbnis, aus uns unbekannten Gründen, gelöst.

Die Ehe zwischen Gauß und Minna Waldeck kam sehr schnell zu Stande, aber die Verlobungszeit war nicht ohne Probleme. Der Wunsch, Johannas Tod zu vergessen und den Kindern wieder eine Mutter zu geben, war offensichtlich ein starker Faktor in Gauß' Verhalten, stärker vielleicht als direkte und individuelle Zuneigung. Die Rolle des stürmischen Bräutigams stand Gauß nicht gut an – die erhaltenen Briefe zwischen den beiden Verlobten sind kalt und unemotional. Es folgt ein typisches Zitat aus Gauß' erstem Brief, der am 27. März, nach seiner ersten Unterhaltung mit Minnas Mutter, geschrieben wurde:

...Mit klopfendem Herzen schreibe ich Ihnen diesen Brief, von dem das Glück meines Lebens abhängt. Wenn Sie ihn empfangen, sind Sie schon bekannt mit meinen Wünschen. Wie werden Sie, Beste, sie aufnehmen? Werde ich Ihnen nicht in einem nachtheiligen Lichte erscheinen, dass ich, noch kein halbes Jahr nach dem Verluste einer so geliebten Gatinn, schon an eine neue Verbindung denke? Werden Sie mich deshalb für leichtsinnig oder noch schlimmer halten?

Ich hoffe, Sie werden es nicht. Wie könnte ich auch den Muth haben, Ihr Herz zu suchen, wenn ich mir nicht schmeichelte, in Ihrer Meinung so gut zu stehen, dass Sie mich keiner Motive für fähig halten könnten, für die ich erröten müsste.

Ich ehre Sie viel zu sehr, um es Ihnen verschweigen zu wollen, dass ich Ihnen nur ein getheiltes Herz anzubieten habe, in welchem das Bild des verklärten Schattens nie erlöschen wird. Aber wenn Sie wüssten, Sie Gute, wie sehr die Verewigte Sie liebte und achtete, Sie würden mich ganz verstehen, dass ich in diesem wichtigen Augenblicke, wo ich Sie frage, ob Sie sich entschliessen können den von der Verewigten verlassenen Platz anzunehmen, diese lebendig vor mir sehe, freudig meinen Wünschen zulächelnd und mir und unsern Kindern Heil und Segen wünschend.

Aber, Theuerste, ich will Sie nicht bestechen bei der ernstesten Angelegenheit Ihres Lebens. Dass eine Selige mit inniger Freude auf die Erfüllung meiner Wünsche herabsehen würde; dass Ihre Mutter, die ich damit bekannt gemacht habe (sie selbst wird Ihnen sagen was mich dazu vermocht hat) - dass Ihr Vater, welcher durch Ihre Mutter darum weiss, meine Absichten billigen und unser aller Glück davon hoffen; dass ich, dem Sie theuer waren vom ersten Augenblicke an wo ich Sie kennen lernte, überglücklich dadurch werden würde, diess alles erwähne ich bloss darum, um Sie zu bitten, um Sie zu beschwören, darauf keine Rücksicht zu nehmen, sondern bloss Ihr eignes Glück und Ihr eignes Herz zu Rathe zu ziehen. Sie verdienen ein ganz reines Glück und müssen sich durchaus durch keine Nebenrücksichten, die ausserhalb meiner Persönlichkeit liegen, von welcher Art sie auch sein mögen, leiten lassen. Lassen Sie mich Ihnen auch ganz offen gestehen, dass, so bescheiden und genügsam ich sonst in meinen Ansprüchen an das Leben bin, es in dem engsten häuslichen Verhältnisse keinen Mittelzustand für mich geben kann, und dass ich da entweder höchst glücklich oder sehr unglücklich seyn muss: und glücklich würde mich selbst die Verbindung mit Ihnen nicht machen, wenn Sie es dadurch nicht ganz würden....

Sozial gehörte Minna Waldeck einer anderen Schicht als ihr späterer Mann an, was wohl der Hauptgrund für die Schwierigkeiten während der Verlobungszeit war. In seinem Brief vom 15. April erzählte Gauß seiner Braut von seinem Elternhaus, den vielen Berufen, die sein Vater ausübte und dem Verhältnis der Eltern zueinander. Wir zitieren die Nachschrift:

Doch Ein Wort noch: der Grund, warum ich nicht an meine Mutter geschrieben habe, ist weil ich sie gerne überraschen möchte; aber der Grund, warum ich Sie nicht habe schreiben lassen wollen, ist – weil meine Mutter Geschriebnes nicht lesen kann, und Sie es doch nicht wünschen würden, Ihre schöne Seele vor Personen, denen es nicht bestimmt war, ganz gezeigt zu haben.

Das Paar reiste gemeinsam nach Braunschweig, was zu einer zeitweiligen Abkühlung des Verhältnisses führte. Der Bruch wurde durch Briefe an Fräulein Waldeck und deren Mutter wieder gekittet.

Im August 1810 wurde Gauß der Schwiegersohn des Professors und Geheimen Rats Johann Peter Waldeck; die beiden überlebenden Kinder aus der ersten Ehe hatten wieder eine Mutter. In schneller Folge wurden drei Kinder geboren, 1811 und 1813 die Söhne Eugen und Wilhelm, und 1816 die Tochter Theresa.

In seinen ersten Jahren als Professor in Göttingen erhielt Gauß Berufungen an die Universitäten Dorpat und Berlin. Schon wegen des Wetters war Dorpat nicht besonders attraktiv, aber der Ruf nach Berlin war eine ernstere Versuchung. Der Anstoß dazu ging von dem Wissenschaftler, Entdecker und Politiker Alexander von Humboldt[1] aus, einem der führenden Geister bei der Erneuerung Preußens nach der Niederlage gegen Napoleon. Gauß akzeptierte das Berliner Angebot nicht, aber er war interessiert und lehnte nicht ab, was zu sich über 15 Jahre hinziehenden Verhandlungen führte. Wir werden später nochmals darauf zurückkommen.

Gauß hatte eine eigenartige Erfahrung im Zusammenhang mit einer außerordentlichen Kriegssteuer, die von der französischen Regierung im Jahr 1808 erhoben wurde. Gauß wurde auf 2000 ffrs. veranlagt, was für ihn eine beträchtliche Summe war, zumal er gerade nach Göttingen übergesiedelt war und noch nicht einmal sein erstes Gehalt erhalten hatte. Unaufgefordert boten sowohl Lagrange in Paris und Olbers in Bremen ihre Hilfe an, aber Gauß war nicht willens, auf diese Angebote einzugehen. Dies war auch gar nicht nötig, denn ein anonymer Freund hatte die Summe für ihn bereits bezahlt. Später stellte sich dann, sehr zu Gauß' Überraschung, heraus, daß

---

[1] Die Brüder Alexander und Wilhelm von Humboldt spielten eine wichtige Rolle in den preußischen Reformen, Alexander als Wissenschaftler und Wilhelm als Politiker. Sie waren entscheidend an der Reformierung des preußischen Erziehungswesens beteiligt, insbesondere der Gründung der Universität Berlin. Frankreich war das große Vorbild, Alexander, der lange in Paris gelebt hatte, stand ursprünglich der französischen Revolution durchaus sympathisch gegenüber.

Alte und neue Sternwarte in Göttingen

das Geld von dem Freiherrn von Dahlberg gekommen war, dem Fürstbischof von Frankfurt und früheren Erzkanzler des Heiligen Römischen Reichs. Es gab auch andere Indizien für Gauß' wachsenden Ruhm. 1810 wurde Gauß eine Goldmedaille des Institute de France verliehen. Er lehnte den damit verknüpften Geldbetrag ab, akzeptierte aber eine astronomische Uhr, die ihm Sophie Germain besorgte.

Wichtiger als diese Auszeichnungen war, daß die westphälische Regierung ernsthafte Anstrengungen machte, ihr Versprechen einer neuen Sternwarte für Gauß einzulösen. Im Jahr 1810 wurden über die nächsten fünf Jahre 200 000 ffrs. für diesen Zweck bereitgestellt; 1814, als das Königreich

Westphalen aufgelöst wurde, war die Sternwarte fast fertiggestellt, obwohl nie alle versprochenen Gelder wirklich zur Verfügung standen. Trotz der unruhigen Zeiten war Gauß in der Lage, auch neue Instrumente anzuschaffen. 1812 erwarb er verschiedene Instrumente aus der Werkstatt des G. von Reichenbach in München, 1814 einen von Fraunhofer gebauten, aber dann von Gauß nie benutzten Heliometer und 1815 einen Teil des Inventars der privaten Sternwarte in Lilienthal bei Bremen [1]. Zum Wintersemester 1808/09 kam der Jurist Dr. Schumacher aus Hamburg, um bei Gauß Astronomie zu studieren. Verschiedene sehr begabte Studenten trafen im folgenden Jahr in Göttingen ein, darunter Gerling, Nicolai, Möbius und Encke. Nicolai und Encke machten sich einen Namen als Astronomen, Gerling wurde Physiker und Möbius Mathematiker und Astronom. Schumacher und Gerling unterhielten später eine sehr ausgedehnte Korrespondenz mit Gauß, beide, was wissenschaftliche Fragen betraf, lebenslang als Schüler und Gauß als Lehrer.

Man liest oft, Gauß sei nicht am Lehren interessiert gewesen, er sei in dieser Hinsicht sehr viel mehr der Typ des Gelehrten des 18. Jahrhunderts gewesen als der Typ des vorwärtsblickenden, auf Wirkung bedachten Erziehers [2]. Eine solche Wertung ist irreführend, obwohl Gauß selber oft sein Desinteresse am Vorlesungsbetrieb unterstrichen hat. Man darf solche Äußerungen, die sich wiederholt in der Korrespondenz finden, nicht mit unseren heutigen Maßstäben messen. Die Mehrzahl der Studenten, mit denen Gauß in Berührung kam, waren desinteressiert, unwissend und nicht zu ernsthafter Arbeit bereit.[2]

Trotz seiner Abneigung gegen Vorlesungen hatte Gauß viele Schüler, die er offensichtlich gern beriet und förderte. Besonders die Korrespondenz mit Schumacher enthält viele Beispiele, die deutlich machen, daß sich Gauß nicht davor scheute, seinen Schülern Probleme ausführlich und, wenn nötig, mehrmals zu erklären [3]. Gauß verlangte von seinen Schülern selbständiges und angestrengtes Arbeiten. Diese Haltung steht in einem gewissen Gegensatz zu der Ende des 19. Jahrhunderts vorherrschenden pädagogischen Dogmatik, was wohl der Grund der Verzerrung des traditionellen Bildes von Gauß als des unwilligen Lehrers ist.

Ein überzeugendes Indiz für die Tiefe der pädagogischen Interessen Gauß' ist die Darstellungsweise, die er in den von ihm veröffentlichten Arbeiten gewählt hat. Moderne Mathematik ist, in einem gewissen Sinn, immer pädagogisch orientiert, und Gauß ist nach Euler einer der wichtigsten Förderer dieser Tendenz. Gauß' Zeitgenossen und seine unmittelbaren Nachfolger fanden seinen Stil schwierig, und sogar Klein und Kronecker sind

---

[2] In der ersten Hälfte des letzten Jahrhunderts büßte Göttingen seinen Vorsprung als moderne Reformuniversität ein. Das Erziehungswesen in Hannover verlor gegenüber anderen deutschen Staaten, insbesondere Preußen, immer mehr an Boden. Die Verbesserung der höheren Schulen in Preußen hatte direkte Auswirkungen auf die Entwicklung des preußischen Universitätswesens.

noch dieser Meinung. Nach weiteren 75 Jahren immer größerer Abstraktion können wir Kleins Meinung nicht mehr teilen; Gauß' pädagogisches Interesse, seine heuristischen Ansätze, die vielen numerischen Beispiele und sein Bestreben, stets den logisch direktesten Weg zu finden, sind Ausdruck seines Bemühens, den Stoff seinen Lesern so leicht zugänglich wie möglich zu machen. Die angebliche Schwierigkeit seines Stils rührt wohl daher, daß Gauß in seinen Anforderungen an Strenge und Genauigkeit in der Beweisführung seiner Zeit weit voraus war; er scheute sich auch vor den von Klein so geliebten Ausblicken und generellen Bemerkungen; stattdessen hatte er eine etwas obskure Vorliebe für kryptische Andeutungen weitreichender Konsequenzen, die er aber in der Regel durchaus zu verifizieren in der Lage war [4]. Gauß' Wahlspruch *Pauca sed matura* wird gewöhnlich im Zusammenhang mit seinen Ansprüchen an mathematische Darstellung zitiert, aber es gibt auch andere Äußerungen, die vielleicht klarer ausdrücken, wie er empfand. Am 5. Februar 1850 schrieb er an Schumacher:

...Sie sind ganz im Irrthum wenn Sie glauben, dass ich darunter nur die letzte Politur in Beziehung auf Sprache und Glanz der Darstellung verstehe. Diese kosten vergleichsweise nur unbedeutenden Zeitaufwand; was ich meine, ist die innere Vollkommenheit. In manchen meiner Arbeiten sind solche Incidenzpunkte, die mich jahrelanges Nachdenken gekostet haben und deren in kleinem Raum concentrirter Darstellung nachher niemand die Schwierigkeit anmerkt, die erst überwunden werden muß.

Diese von Gauß wiederholt ausgedrückte Einstellung wurde schon von seinen unmittelbaren Zeitgenossen mißverstanden. Das Zitat vom Gerüst, das man einem guten Bauwerke nicht ansehen dürfe, findet sich zuerst bei Sartorius und dann bei Kummer [5]. Gauß hatte kein Interesse daran, dem Leser das Verständnis seiner Schriften unnötig schwer zu machen. In der Regel entschied er sich gegen eine Veröffentlichung, wenn er das Gefühl hatte, daß er noch nicht die beste Darstellung und Ableitung gefunden hatte. Man kann schwerlich einen Autor für eine solche Einstellung tadeln.

5. Zwischenkapitel

Sektion VII der *Disqu. Arithm.*

Die allgemeinen Bemerkungen des vorhergehenden Kapitels zu Gauß' Darstellungsweise werden in diesem Zwischenkapitel durch eine detaillierte Inhaltsangabe der Sektion VII der *Disqu. Arithm.* ergänzt. Dieses siebente Kapitel ist eine in sich abgeschlossene Arbeit, die weitgehend unabhängig von dem Rest der *Disqu. Arithm.* konzipiert wurde und insbesondere keinen Gebrauch von der algebraischen Maschinerie des fünften Kapitels macht. Im Format der Gaußwerke ist es 52 Seiten lang, Hauptthema ist die Kreisteilung. Verglichen mit dem Rest der *Disq. Arithm.* enthält die Sektion VII relative viele Andeutungen über weitere mögliche Verallgemeinerungen und die Konsequenzen der von Gauß ausgearbeiteten Theorie.

§335, der erste Paragraph in Sektion VII, enthält eine allgemeine Einführung in die Problemstellung sowie die berühmte und folgenreiche Bemerkung, daß die Methoden dieses Kapitels auf die *höheren transzendenten Funktionen*, deren einfachster Fall die Lemniskate ist, verallgemeinert werden können. Gauß fügt hinzu, daß es sein Ziel ist, die Darstellung so klar, einfach und kurz wie möglich zu halten.

§336. Der allgemeine Fall wird darauf reduziert, daß die Anzahl p der Teile, in die der Kreis geteilt wird, eine Primzahl ist. Der allgemeine Fall kann leicht darauf zurückgeführt werden.

§337. Die trigonometrischen Funktionen der Winkel, geschrieben als $2\pi k/p$, $k = 0, 1, 2, \ldots, p - 1$ können durch die Wurzeln bestimmter Polynome vom Grad p ausgedrückt werden. Gauß gibt die expliziten Gleichungen für sin, cos und tan und zeigt, warum es genügt, die Gleichung

$$x^p - 1 = 0$$

mit den Wurzeln

$$\cos \frac{2k}{p} 2\pi + i \sin \frac{2k}{p} = r$$

zu betrachten. In diesem Paragraphen werden zum ersten Mal in den *Disq. Arithm.* von Gauß explizit komplexe Zahlen benutzt. Sie werden ohne Definition oder Rechtfertigung eingeführt.

In §338 beweist Gauß das im folgenden gebrauchte Lemma: Sei W ein Polynom mit rationalen Koeffizienten und den Wurzeln a, b, c, ... Sei W' ein Polynom mit den Wurzeln $a^\lambda, b^\lambda, c^\lambda, \ldots$, λ eine ganze Zahl. Dann sind die Koeffizienten von W' ebenfalls rational. Dieses später wichtige Lemma wird von Gauß hier ohne weitere Motivation bewiesen, wohl um es dann ohne Unterbrechung des Gedankengangs unten benutzen zu können.

§339. Sei Ω die Menge der $p-1$ imaginären Wurzeln von $x^p - 1 = 0$, wobei p hier und später stets eine ungerade Primzahl ist. Sei r in Ω. Dann ist $r^\lambda = r^\mu$ genau dann, wenn $\lambda \equiv \mu \bmod p$ ist. Sei

$$X = x^{p-1} + x^{p-2} + \ldots + x + 1.$$

Dann

$$X = (x - r^e)(x - r^{2e})\ldots(x - r^{(p-1)e})$$

für jede positive oder negative ganze Zahl e, welche p nicht als Teiler enthält. Weiterhin folgt

$$r^e + r^{2e} + r^{3e} + \ldots + r^{(p-1)e} = -1$$

sowie

$$r + r^e + r^{2e} + \ldots + r^{(p-1)e} = 0.$$

§340 enthält einen entscheidenden Beweisschritt, eine Tatsache, die Gauß ausdrücklich erwähnt. Sei $\varphi(t, u, v, \ldots)$ eine symmetrische Funktion der $t, u, v, \ldots$. Dann kann φ als Summe von Ausdrücken der Form $h^{(j)} t^\alpha u^\beta v^\gamma$ ... geschrieben werden. Durch Substitution anderer Elemente aus Ω in φ, etwa $t = a, u = b, v = c\ldots$ erhält man für φ

$$A + A'r + A''r^2 + \ldots + A^{(p-1)}r^{p-1},$$

wobei die $A^{(i)}$ eindeutig definiert sind und ganzzahlig für $h^{(i)}$ ganzzahlig. Diese Beziehung kann verallgemeinert werden zu

$$\varphi(a^\lambda, b^\lambda, c^\lambda, \ldots) = A + A'r^\lambda + \ldots + A^{(p-1)}r^{(p-1)\lambda}$$

und

$$\varphi(a, b, c, \ldots) + \varphi(a^2, b^2, c^2, \ldots) + \ldots + \varphi(a^p, b^p, c^p, \ldots) = pA.$$

In §341 zeigt Gauß, daß nicht alle Koeffizienten von P und Q ganzzahlig sein können, wenn P und Q zwei nichttriviale Faktoren von X sind. In heutiger Sprache bedeutet dies, daß X irreduzibel über den rationalen Zahlen ist. Der Beweis folgt direkt aus der Betrachtung der Wurzeln von P und Q unter Benutzung des Lemmas in §338. Eintrag 136 in Gauß' Tagebuch zeigt, daß es ihm erst im Jahr 1808, also sehr viel später, gelang, die Irreduzibilität der Gleichung $\prod(x - \varsigma)$ zu beweisen, wo ς die primitiven Wurzeln von 1 durchläuft und p keine Primzahl ist.

§342 enthält eine kurze Übersicht über das weitere Vorgehen. Zuerst muß X in Polynome kleinsten Grads zerfällt werden. Wenn man $p - 1$ als Produkt der Zahlen $\alpha, \beta, \gamma, \ldots$ schreiben kann, so kann man X in die entsprechenden Faktoren zerfällen. Zur Vereinfachung der Schreibweise führt Gauß die Abkürzung $[\lambda]$ für r^λ mit r in Ω ein. §343 enthält den zweiten entscheidenden Beweisschritt, nämlich die Einführung der primitiven Wurzel g mod p. Sei g eine beliebige primitive Wurzel von n. Dann sind die Zahlen $1, g, g^2, \ldots, g^{p-2}$ (nicht notwendigerweise in dieser Reihenfolge) kongruent mod p den Zahlen $1, 2, 3, \ldots, p - 1$. Dies bedeutet, daß man Ω als

$$\{[1], [g], \ldots \ , [g^{p-2}]\}$$

oder allgemeiner als

$$\{[\lambda], [\lambda g], \ldots \ , [\lambda g^{n-2}]\}$$

schreiben kann, falls $\lambda \equiv 0$ mod n.

Sei g' eine andere primitive Wurzel und $p - 1 = ef$. Sei $g^e = h, g'^e = h'$. Dann sind (nicht notwendigerweise in dieser Reihenfolge) $1, h, h^2, \ldots, h^{f-1}$ kongruent mod n zu $1, h', h'^2, \ldots, h'^{f-1}$ oder, noch allgemeiner, $[\lambda], [\lambda h], \ldots,$ $[\lambda h^{f-1}]$ zu $[\lambda], [\lambda h'], \ldots, [\lambda h'^{f-1}]$.

Die Summe $[\lambda] + [\lambda h] + \ldots [\lambda h^{f-1}]$ wird im Folgenden durch (f, λ) abgekürzt. Die Menge der Wurzeln in (f, λ) wird die *Periode* von (f, λ) genannt. Der Paragraph schließt mit der Ausrechnung eines Beispiels ab, den Perioden $(6,1)$, $(6,2)$, $(6,3)$ für $p = 19$ und die primitive Wurzel 2. Modern ausgedrückt, besteht der Inhalt von §343 darin, daß die Galoisgruppe von X zyklisch ist und von dem Automorphismus $\varsigma \to \varsigma^g$ erzeugt wird.

Die Paragraphen 344–351 handeln von der Untersuchung der Perioden der Wurzeln Ω.

§344. Zwei Perioden derselben Länge sind identisch, wenn sie *eine* gemeinsame Wurzel haben. Ω läßt sich darstellen durch die Perioden $(f, 1)$, $(f, g), \ldots, (f, g^{e-1}), f = p - 1$.

§345. Das Produkt zweier Perioden (f, μ) und (f, λ) derselben Länge besteht aus dem Aggregat von f Perioden, die alle dieselbe Länge haben. Dieser Paragraph enthält noch weitere direkt aus der Definition folgende Bemerkungen über Produkte von Perioden.

§346. Seien ν, λ Zahlen, welche n nicht als Teiler haben, und seien p, q Perioden derselben Länge. Dann kann q durch

$$\alpha + \beta p + \gamma p^2 + \ldots + \vartheta p^{e-1}$$

dargestellt werden, wobei α, β, γ, $\ldots$ alle eindeutig bestimmt und rational sind. §346 enthält ein explizites numerisches Beispiel.

§347. Sei F eine symmetrische Funktion der in §340 beschriebenen Art. Seien $t, u, v, \ldots$ die f Variablen von F. Wenn man die Wurzeln von (f, λ) in F für $t, u, v, \ldots$ substituiert, so kann F geschrieben werden als (siehe §340)

$$A + A'[1] + A''[2] + \ldots .$$

§348 enthält zusätzliches Material über den Zusammenhang zwischen den Perioden und dem Polynom, dessen Wurzeln in einer gegebenen Periode liegen. Die zu den Perioden gehörigen Polynome induzieren eine Zerfällung von X in e Faktoren mit f „Dimensionen". Das folgende explizite Beispiel wird besprochen:

Sei $n = 19$. Sei α die Summe der Wurzeln in (6,1). Die Summe der Produkte zweier beliebiger Wurzeln ist $3 + (6,1) + (6,4) = \beta$, die dreier beliebiger Wurzeln $2 + 2(6,1) + (6,2) = \gamma$, die von vier beliebigen Wurzeln $3 + (6,1) + (6,4)$ $= \delta$ und von fünf beliebigen Wurzeln $(6,1) = \varepsilon$. Da das Produkt aller Wurzeln 1 ist, erhält man

$$Z = x^6 - \alpha x^5 + \beta x^4 - \gamma x^3 + \delta x^2 - \varepsilon x + 1 = 0.$$

§349. Die Methoden des vorhergehenden Paragraphen, die direkt die Tatsache benutzen, daß die Koeffizienten eines Polynoms symmetrische Funktionen seiner Wurzeln sind, sind für große f unhandlich. Man kann stattdessen einen Satz Newtons benutzen und die Koeffizienten aus Potenzsummen der Wurzeln bestimmen.

In den Paragraphen 350 und 351 fährt Gauß fort mit seiner Untersuchung der zwischen Perioden, Wurzeln und Polynomen bestehenden Zusammenhänge. §351 enthält zwei Beispiele. In dem einen wird das Polynom mit den Perioden (6,1), (6,2) und (6,4) für $p=19$ gesucht. Im zweiten Problem sind die Perioden (2,1), (2,7) und (2,8), wiederum für $p=19$, vorgegeben.

§352 enthält eine Übersicht über das weitere Vorgehen. Es stehen nun fast alle Hilfsmittel bereit für eine volle Untersuchung von Ω. Zuerst muß $p - 1$ in seine Primfaktoren zerlegt werden:

$$p - 1 = \alpha \beta \gamma \ldots .$$

Sei g eine primitive Wurzel von p. Ω kann in α Perioden zerlegt werden, deren jede $\beta \gamma \delta \ldots$ Wurzeln enthält. Man bestimmt dann die Gleichungen, die zu diesen Perioden gehören, und wiederholt diesen Prozeß, bis keine weiteren Reduktionen mehr möglich sind. Nach Lösung der reduzierten Polynome, wenn nötig mit Hilfe von Tafeln, kehrt man diesen Prozeß um und erhält schließlich die gewünschten Winkel.

§353. Beispiel mit $p = 19$ und primitiver Wurzel 2.

§354. Beispiel mit $p = 17$ und primitiver Wurzel 3.

Mit §354 gelangt die Behandlung des Hauptproblems der Sektion VII der *Disq. Arithm.* zu ihrem Abschluß. Die restlichen elf Paragraphen haben interessante damit zusammenhängende Fragen und Anwendungen zum Gegenstand.

§355. Wenn eine Periode eine gerade Anzahl von Wurzeln enthält, ist sie reell; die Wurzeln selber können imaginär sein.

In §356 treten zum ersten Mal die später als Gaußschen Summen bekannten Ausdrücke auf:

$$\sum \cos \frac{k\mathcal{R}}{p} 2\pi - \sum \cos \frac{k\mathcal{N}}{p} 2\pi = \pm \sqrt{p}$$

und

$$\sum \sin \frac{k\mathcal{R}}{p} 2\pi - \sum \sin \frac{k\mathcal{N}}{p} 2\pi = 0,$$

wo $\mathcal{R}$ alle positiven quadratischen Reste von p, die kleiner als p sind, durchläuft, und $\mathcal{N}$ die entsprechenden Nichtreste. Bei der Abfassung der *Disqu. Arithm.* war Gauß noch gezwungen, das Vorzeichen im ersten dieser Ausdrükke offen zu lassen. In der 1808 erschienenen Arbeit *Summ. Ser.* wurde diese Frage dann beantwortet (siehe, S. 29). Man erhält Gaußsche Summen im Zusammenhang mit der Kreisteilung, wenn man die quadratischen Gleichungen betrachtet, die zu den Perioden mit $(p-1)/2$ Wurzeln gehören. Gauß zeigt, daß diese Gleichungen die Form

$$x^2 + x + (1 - (-1)^{(p-1)/2} p)/4 = 0$$

haben. Sie spielen eine wesentliche Rolle in zwei posthum veröffentlichten Beweisen des quadratischen Reziprozitätsgesetzes. In diesem Paragraphen benutzt Gauß dieses Polynom, um den quadratischen Charakter von $-1/p$ zu bestimmen.

§357. Gauß zeigt, daß der Ausdruck $4(x^p - 1)/(x - 1)$, p eine Primzahl, stets durch $X^2 \pm pY^2$, X, Y ganzrational, dargestellt werden kann. Man erhält dieses Resultat durch die Betrachtung der Periode $(m, 1)$ der Wurzeln von

$$x^m - ax^{m-1} + bx^{m-2} - + \ldots = 0 \;,$$

und die Benutzung der in §348 angegebenen Transformationen. Die Vorgehensweise wird durch ein explizites Beispiel illustriert. Das Ergebnis selber war bereits in Sektion IV (§124) der *Disq. Arithm.* angekündigt worden. §358 handelt von der Verteilung der Elemente von Ω über drei Perioden (für $p = 3k + 1$). Die Berechnung des entsprechenden Polynoms ist kompliziert, aber man erhält ein interessantes zahlentheoretisches Ergebnis, nämlich die bereits aus der Theorie der binären quadratischen Formen bekannte Relation

$$4p = x^2 + 27y^3$$

für Primzahlen der Form $6m + 1$.

Die Paragraphen 359–360 enthalten den letzten Schritt in Gauß' Beweis, nämlich die Zurückführung der Hilfsgleichungen für die Bestimmung von Ω auf Gleichungen, die durch Radikale gelöst werden können (*reine Gleichungen* in Gauß' Sprechweise). Modern gesprochen heißt dies, daß die Galoisgruppe durch explizite Zerlegung auflösbar ist. Gauß benutzt dazu eine wohlbekannte Technik, die sogenannte Lagrangesche Resolvente. Die Beweisführung Gauß' ist kompliziert und skizzenhaft; die versprochene detaillierte Darstellung dieses Teils der Theorie ist nie fertiggestellt worden und erschienen. Einige Details sind in der posthum erschienenen Abhandlung *Disquisitionum circa aequationes puras ulterior evolutio* enthalten. §359 enthält die berühmte, von Gauß im Druck hinzugefügte Behauptung, daß es fruchtlos sei, nach einer allgemeinen Formel für die Auflösung von Gleichungen höheren als vierten Grades zu suchen.

Die Paragraphen 361–364 stellen schließlich den Zusammenhang zwischen den Wurzeln von X und den trigometrischen Funktionen der Winkel her, kehren also zum Ausgangspunkt der Sektion VII zurück. Die Hauptschwierigkeit besteht darin, speziellen Wurzeln, ohne trigonometrische Tafeln zu benutzen, die zugehörigen Winkel zuzuordnen. Dies wird auf elementare Weise in §361 geleistet. §362 handelt von der Bestimmung der übrigen trigonometrischen Funktion aus sin und cos ohne Division. Die Paragraphen 363 und 364 enthalten einen kurzen Überblick des Falls von Gleichungen, welche direkt die trigonometrischen Funktionen als Wurzeln haben; solche Gleichungen sind sehr viel komplizierter als X. Die Darstellung ist sehr unvollständig, aber §364 enthält zwei detaillierte und hilfreiche Beispiele, die Fälle $n = 7, f = 8$ und φ die Cosinusfunktion sowie $n = 17, f = 8$ und φ der Sinus.

§365. In diesem vorletzten Paragraphen der *Disq. Arithm.* löst Gauß schließlich das Ausgangsproblem der Sektion VII. Das regelmäßige Siebenzehneck und, allgemeiner, das regelmäßige $(2^{2^\nu} + 1)$-Eck kann mit Zirkel und Lineal konstruiert werden, falls nur $2^{2^\nu} + 1$ eine Primzahl ist. Für $\cos(2\pi/17)$ gibt Gauß den folgenden expliziten Ausdruck an:

$$-\tfrac{1}{16} + \tfrac{1}{16}\sqrt{17} + \tfrac{1}{16}\sqrt{34 - 2\sqrt{17}}$$

$$+ \tfrac{1}{8}\sqrt{17 + 3\sqrt{17} - \sqrt{34 - 2\sqrt{17}} - 2\sqrt{34 + 2\sqrt{17}}}\ .$$

Gauß fügt hinzu, daß es fruchtlos wäre zu versuchen, den Kreis in den Fällen $n = 7, 11, 13, 19, \ldots$ mit Zirkel und Lineal teilen zu wollen, aber daß er in den *Disqu. Arithm.* nicht genügend Raum habe, dies zu beweisen. Keine der späteren Arbeiten Gauß' enthält einen Ansatz zu einem Beweis dieser Behauptung.

Es wurde oben bereits erwähnt, daß Gauß schon sehr früh einen Beweis der Konstruierbarkeit des Siebenzehnecks besaß. 1801, noch bevor die *Disqu. Arithm.* erschienen waren, schickte Gauß ein kurzes Manuskript mit einem elementaren Beweis der Konstruierbarkeit des Siebenzehnecks an die Akademie in St. Petersburg. Dieser Beweis stimmt natürlich im Prinzip mit dem Beweis der *Disqu. Arithm.* überein, vermeidet aber alle abstrakten Begriffe. Es ist wahrscheinlich, daß das St. Petersburger Manuskript sehr eng Gauß' ursprünglichem Beweis folgt. Dieses Manuskript war den Herausgebern der Gaußwerke nicht bekannt. Es ist erst 1976 mit einem kurzen russischen Kommentar erschienen [Oshigava].

§366 enthält eine Liste der 38 Zahlen, die kleiner als 300 sind und für die das regelmäßige *n*-Eck konstruiert werden kann: 2, 3, 4, 5, 6, 8, 10, 12, 15, 16, 17, 20, 24, 30, 32, 34, 40, 48, 51, 60, 64, 68, 80, 85, 96, 102, 120, 128, 136, 160, 170, 192, 204, 240, 255, 256, 257, 272.

6. Zwischenkapitel

Gauß' Stil

Die Braunschweiger Jahre zwischen 1798 und 1807 waren entscheidend für
Gauß' weitere professionelle Entwicklung. Er war sich nunmehr seiner Au-
ßerordentlichkeit bewußt, hatte gelernt, sich auf bestimmte Arbeitsgebiete
zu konzentrieren und sich mit anderen Wissenschaftlern auszutauschen.
Diese persönliche Entwicklung beschränkte sich nicht auf den wissenschaftlichen Sektor; analoge Entscheidungen mußten für seine Haltung gegenüber
dem Lehrbetrieb und für den direkten Austausch mit Studenten getroffen
werden. Es muß Gauß schnell klar geworden sein, daß er nur sehr selten von
Diskussionen mit Studenten oder Kollegen profitieren würde; er war fast
immer der Gebende und nur selten der Empfangende. Gauß hat dennoch
der Versuchung, sich abzukapseln, nicht nachgegeben. Er war sich der Verpflichtung des Genies, sich zu erklären und verständlich zu machen, wohl
bewußt; Mitteilbarkeit mag sogar bei der Auswahl seiner Arbeitsgebiete eine
Rolle gespielt haben. Als Partner oder Kollegen akzeptierte Gauß alle, die
sich um ein ehrliches Verständnis zu bemühen schienen. Das wird aus dem
Briefwechsel, besonders mit Schumacher und Gerling, sehr deutlich, aber es
gibt auch ganz explizite Äußerungen von Gauß in dieser Richtung, insbesondere die erst posthum veröffentlichte Arbeit *Zur Metaphysik der Mathematik*
(Werke XII). Heute würde man diese Arbeit der Grundlagenforschung und
der Didaktik zuordnen, denn es werden Fragen wie die Definition der Addi-
tion und Multiplikation diskutiert. Die Arbeit stammt vermutlich aus den
ersten Jahren des 19. Jahrhunderts, als Gauß sich noch auf die Laufbahn eines Lehrers vorbereiten zu müssen glaubte. *Zur Metaphysik der Mathematik*
ist lange nicht so tief wie die nur wenig jüngeren Arbeiten Bolzanos, aber
wegen der Sorgfalt und Gründlichkeit der Argumentation durchaus noch
lesenswert.

Gauß' positive und ermutigende Haltung gegenüber seinen Schülern
(worunter in diesem Zusammenhang auch andere, die seinen Rat suchten, zu
zählen sind, wie etwa die Repsolds in Hamburg, Schöpfer präziser optischer
Instrumente) wird oft vergessen, besonders weil Gauß den Ruf eines überaus
strengen Lehrmeisters und Kritikers der Arbeiten anderer hat. Privat war
er oft sehr hart und sogar schwankend und unzuverlässig in seinem Urteil –
man sieht hier, wenn man das so sagen kann, die Unsicherheit des Genies,

das nicht weiß, was für Maßstäbe es anlegen soll. Im Briefwechsel finden sich harte Bemerkungen über Lagrange, Legendre und Delambre, um nur einige Namen zu nennen; ihnen allesamt wirft Gauß Oberflächlichkeit, Plattheit, Mangel an Verständnis und Umständlichkeit vor.

Oben wurden bereits einige Bemerkungen zu Gauß' wissenschaftlichem Stil gemacht. Zu seinem literarischen Stil ist das folgende zu sagen. Fast alle seine frühen veröffentlichten Arbeiten erschienen in Latein, aber Gauß hat auch einige deutsche Arbeiten veröffentlicht. Der stilistisch viel weniger gut durchgearbeitete Nachlaß enthält Aufzeichnungen sowohl in Deutsch als auch in Latein. Sprachlich sind die *Disqu. Arithm.* wohl Gauß' anspruchvollstes Werk. Latein als Wissenschaftssprache war zu Beginn des 19. Jahrhunderts beinahe schon ein Anachronismus, aber als Leser der *Disqu. Arithm.* spürt man, daß die Sprache durchaus Gauß' Denkweise und Gedankenführung entgegenkam. Gauß' Stil ist „rein", ohne rhetorische Schnörkel. Das oft gerühmte Latein der *Disqu. Arithm.* ist das Ergebnis linguistischer Revisionen, die Gauß' Schulfreund Meyerhoff für ihn vornahm. Offensichtlich traute Gauß seinem eigenen Latein nicht.

Der Stil der deutschsprachigen Arbeiten Gauß' unterscheidet sich nicht grundlegend von dem der lateinischen Arbeiten, aber sie sind oft etwas weniger rigoros.[1] Das Deutsche überwiegt mit zunehmendem Alter. Im übrigen liebte Gauß das Lateinische nicht. An dieser Stelle sei auch auf die deutschen Zusammenfassungen der lateinischen Arbeiten hingewiesen. Diese Zusammenfassungen wurden von Gauß für die Mitteilungen der Göttinger Königlichen Gesellschaft angefertigt. Sie sind informell, geben aber oft einen guten Einblick in Gauß' Grundideen, ohne sich in technischen Einzelheiten zu verlieren. Als Beispiel folgt hier eine Passage aus der Zusammenfassung der Arbeit über die Gaußschen Summen aus dem Jahr 1808:

... Da in dem angeführten Werke [Disqu. Arithm.] *die Untersuchung so weit bereits geführt, und nur die Bestimmung des Zeichens für irgend einen Werth von* k *noch übrig war: so hätte man glauben sollen, dass nach Beseitigung der Hauptsache diese nähere Bestimmung sich leicht würde ergänzen lassen, um so mehr, da die Induction dafür sogleich ein äusserst einfaches Resultat gibt: für* $k = 1$ *, oder für alle Werthe, welche quadratische Reste von* n *sind, muss nemlich die Wurzelgrösse in obigen Formeln durchaus positiv genommen werden. Allein bei der Aufsuchung des Beweises dieser Bemerkung treffen wir auf ganz unerwartete Schwierigkeiten, und dasjenige Verfahren, welches so genugthuend zur Bestimmung des absoluten Werths jener Reihen führte, wird durchaus unzureichend befunden, wenn es die vollständige Bestimmung der Zeichen gilt. Den metaphysischen Grund dieses Phänomens (um den bei den französischen Geometern üblichen Ausdruck zu gebrauchen) hat man in dem Umstande zu suchen, dass die Ana-*

---

[1] Es scheint, als habe Gauß manche seiner Arbeiten direkt lateinisch konzipiert, während andere zuerst auf Deutsch abgefaßt wurden.

lyse bei der Theilung des Kreises zwischen den Bögen $\omega, 2\omega, 3\omega \ldots (n-1)\omega$ keinen Unterschied macht, sondern alle auf gleiche Art umfasst; und da hiedurch die Untersuchung ein neues Interesse erhält: so fand Hr. Prof. Gauss hierin gleichsam eine Aufforderung, nichts unversucht zu lassen, um die Schwierigkeiten zu besiegen. Erst nach vielen und mannigfaltigen vergeblichen Versuchen ist ihm dieses auf einem auch an sich selbst merkwürdigen Wege gelungen ... (G. W. II, S. 156).

Die nichtmathematischen wissenschaftlichen Arbeiten Gauß', etwa in der Geodäsie oder Astronomie, brauchen hier nicht diskutiert zu werden. In der Klarheit der Darstellung und in ihrer Präzision folgen sie dem Beispiel der mathematischen Arbeiten und dienten den Wissenschaftlern der folgenden Generationen als Vorbild.

Der Briefwechsel und die unvollendeten mathematischen Arbeiten sind etwas freier, mit mehr motivierenden Erklärungen, aber es wäre falsch, diesen Unterschied überzubewerten. Die Beweisführung Gauß' ist auch in den fragmetarischen Arbeiten sehr klar und außerordentlich korrekt, es fehlt jedoch oft der letzte begriffliche Schritt in der Problemerfassung, der dann zu der einzigartigen Klarheit und Einfachheit der von Gauß veröffentlichten Arbeiten führte. Vor allem in seiner Jugend, etwa im Tagebuch, benutzte Gauß das Lateinische auch für seine Notizen; man sieht, daß es für ihn eine lebendige Sprache war, die Gauß ohne viel Rücksicht auf grammatische Konventionen benutzte.

Obwohl Gauß mit seinen Äußerungen über Kollegen oft sehr hart war, sind seine veröffentlichten Buchbesprechungen durchweg milde und wohlwollend. Gauß ist nur dann negativ, wenn das besprochene Werk ganz offensichtlich ohne wissenschaftlichen Wert ist, und insbesondere, wenn die experimentellen Daten sorglos oder falsch benutzt werden. Gauß hat viele Buchbesprechungen verfaßt; in der nichteuklidischen Geometrie finden sich seine einzigen öffentlichen Äußerungen in Besprechungen [1].

Gauß hat verhältnismäßig viele mathematische Tafelwerke besprochen. Dies spiegelt Gauß' Interesse an numerischen Tabellen wider, insbesondere wenn sie von praktischem, wie etwa Logarithmentafeln, oder theoretischem Nutzen waren, wie etwa Faktorentabellen. Oft enthielten diese Besprechungen praktische Hinweise und Verbesserungsvorschläge. Unabhängig von deren konkretem Nutzen hatte Gauß seine Freude an Listen, selbst wenn sie nicht von wissenschaftlichem Interesse waren. In seinem Nachlaß fanden sich Listen historischer Daten, Geburtstage, Ereignisse aus der Bibel usw., die sich Gauß zum Zeitvertreib zusammengestellt hatte [2].

Band VI der Gaußwerke enthält die berühmten Besprechungen der Bücher von Schwab, Metternich und Müller, die Gauß dazu verwendet, um seine Überzeugung von der Möglichkeit der Existenz nichteuklidischer Geometrien durchblicken zu lassen. Als zweites Beispiel einer konstruktiven Besprechung sei Gauß' Besprechung von Seebers Untersuchungen der positiven ternären quadratischen Formen genannt, die 1831 in den *Göttingischen Gelehrten Anzeigen* erschien. Gauß benutzte diese Gelegenheit, um seine eigenen Ideen zu skizzieren und um einen Satz zu beweisen, der zwar von Seeber formuliert, aber nicht bewiesen worden war. Gauß fügte seiner Besprechung auch einige Bemerkungen zu dem Zusammenhang zwischen den ternären Formen und der Theorie der Kristallstrukturen hinzu. Offensichtlich war Gauß' Interesse an diesem Thema durch Seeber geweckt worden [3].

8. Kapitel

Das astronomische Werk.
Elliptische Funktionen

1809 erschien bei Perthes in Hamburg Gauß' *Theoria motus corporum coelestium in sectionibus conicis Solem ambientium*. Dieses Buch ist fast 300 Seiten lang im Format der gesammelten Werke und enthält eine Übersicht über Gauß' Werk auf dem Gebiet der theoretischen Astronomie, ohne jedoch stets die auch von ihm im konkreten Einzelfall benutzten Methoden zu beschreiben. *Th. mot.* erschien auf Lateinisch auf ausdrücklichen Wunsch von Perthes, der glaubte, ein lateinisches Buch habe bessere Verkaufsaussichten; da das ursprüngliche Manuskript in Deutsch abgefaßt worden war, war Gauß gezwungen, sein Buch zu übersetzen, was ihn viel Zeit und Mühe kostete.[1] Das Thema der *Th. mot.* ist die Bestimmung der elliptischen bzw. hyperbolischen Bahnen von Planeten und Kometen aus einem Minimum von Beobachtungsdaten und unter Vermeidung überflüssiger oder willkürlicher Hypothesen. Im Vorwort erwähnt Gauß das Beispiel der Ceres Ferdinandea, deren Entdeckung den ersten Anstoß gegeben hatte, die in der *Th. mot.* dargelegten Methoden zu entwickeln.

Th. mot. ist ein außerordentlich systematisches, fast schon pedantisch anmutendes Werk. Es besteht aus zwei „Büchern", von denen eines vorbereitendem Material und das zweite der Lösung des allgemeinen Problems gewidmet ist. Der Kern der *Th. mot.* ist die systematische Ableitung der Bahnbewegungen aus den Keplerschen Gesetzen. *Th. mot.* hat nicht die theoretische Bedeutung in der Astronomie, die *Disq. Arithm.* in der Zahlentheorie hat, denn die von Gauß hier benutzten Methoden waren im Prinzip alle wohlbekannt, aber Gauß' algebraische und analytische Fertigkeiten, gekoppelt mit seinen umfangreichen praktischen astronomischen Erfahrungen, erlaubten es ihm, das von ihm behandelte Gebiet in bis dahin einzigartiger Klarheit und Vollständigkeit darzustellen. Gauß vermied insbesondere jede vorzeitige Fixierung auf einen spezifischen Kegelschnitt, was wichtig ist, denn es ist praktisch unerhört schwierig, aus einigen wenigen Bahnbeobachtungen zu entscheiden, ob es sich um eine (elliptische) Planetenbahn oder um eine hyperbolische oder parabolische Bahn handelt.

---

[1] Eine Publikation auf Französisch lehnte Gauß wohl aus politischen Gründen ab.

Gauß auf der Terrasse der neuen Sternwarte (Städt. Museum Göttingen)

Gauß' Vorgänger in dem Versuch einer systematischen Behandlung dieses Problems war Laplace, aber die von ihm abgeleiteten Bewegungsgleichungen waren so kompliziert, daß man keine numerischen Ergebnisse erhoffen konnte. Laplace arbeitete direkt mit den Keplerschen Gesetzen und den Differentialgleichungen für das Zweikörperproblem. Gauß' Beitrag, auf den wir später noch etwas näher eingehen werden, bestand in dem Schritt, den Quotienten der aus den Sektorflächen und den von zwei Radiusvektoren gebildeten Dreiecken (und einem Segment der Peripherie) zu analysieren.

Die vier Abschnitte des Buchs I der *Th. mot.* handeln von den Beziehungen zwischen den verschiedenen Parametern, die die Bahnen der Himmelskörper um die Sonne beschreiben. Abschnitt 1 enthält die wichtigen Definitionen wie etwa Radiusvektor, wirkliche und mittlere Anomalie, Ekzentrizität und die trigonometrischen Formeln, die man braucht, um einen gegebenen Bahnpunkt zu identifizieren. Hinzu kommen praktische Hinweise, wie numerische Tafeln extrapoliert werden und wie man Parabeln durch Ellipsen und Hyperbeln approximiert.

Der zweite Abschnitt handelt von der Bestimmung des geozentrischen Locus eines Himmelskörpers als Funktion dreier Koordinaten. Gauß beginnt mit der Definition charakteristischer Parameter wie der Ekliptik; §48 enthält die Definition der sieben Elemente, die für die Bahnbestimmung benötigt werden. Dies sind mittlere Länge (oder Epoche), mittlere Bewegung, die große Halbachse, Ekzentrizität, Länge des aufsteigenden Knotens und Neigung der Bahn. In den folgenden Abschnitten leitet Gauß die trigonometrischen Zusammenhänge zwischen diesen Größen her. Wie in Abschnitt

I gibt Gauß auch hier Kriterien für die Identifizierung der verschiedenen Kegelschnitte an. Abschnitt 2 schließt mit der Differentialgleichung für die Bahn eines Himmelskörpers in geozentrischen Koordinaten und praktischen Anwendungen. Gauß diskutiert an dieser Stelle auch die Auswirkung von Beobachtungsfehlern.

Der dritte Abschnitt hat die Bahnberechnung aus mehreren Beobachtungen zum Gegenstand. Die Ableitungen sind alle elementar; um brauchbare Resultate zu erhalten, werden die Potenzreihenentwicklungen schon nach wenigen Termen abgebrochen, ohne daß die allerdings offensichtliche Konvergenz der Reihen diskutiert wird. Besonders eingehend wird der Fall der Bahnbestimmung aus zwei Elementen behandelt. Verschiedene Beispiele werden ausführlich durchgerechnet. Die einleitenden Sätze dieses Abschnitts beschreiben Gauß' Programm; Gauß hatte ähnliche Ziele in vielen seiner Arbeiten in der reinen Mathematik und in anderen Anwendungsgebieten:

... Die Diskussion der Beziehungen zwischen zwei oder mehr Positionen eines Himmelskörpers in seiner Bahn und im Raume führt zu einer Vielzahl eleganter Aussagen, mit denen man leicht einen ganzen Band füllen könnte. Aber unser Plan geht nicht so weit, als daß wir dieses fruchtbare Thema erschöpfen wollten, sondern hauptsächlich nur eben so weit, daß wir genügend Hilfsmittel bereitstellen für die Lösung des großen Problems der Bestimmung unbekannter Bahnen aus Beobachtungen: wir vernachlässigen deswegen alles, was zu weit von unserem Ziel abliegt, leiten aber sorgfältig alles ab, was unsrem Zwecke zuträglich ist ... .

Der vierte und letzte Abschnitt des ersten Buchs behandelt den Fall mehrerer Beobachtungen, die alle in einer Ebene mit der Sonne liegen. Die gebrauchten Hilfsmittel stammen aus der sphärischen Geometrie. Besonders nützlich ist das Modell einer Pyramide mit der Sonne im Apex (§112). Der Abschnitt ist kurz und schließt mit der Feststellung, daß die abgeleiteten Gleichungen für den Fall elliptischer Bahnen unbrauchbar sind.

Nach Abschluß dieser Vorbereitungen wendet sich nun Gauß in Buch II dem Hauptproblem der *Th. mot.* zu, der Bestimmung der Bahn eines Himmelskörpers aus tatsächlichen Beobachtungsdaten. Das Problem wird in zwei Schritten gelöst; zuerst wird die Bahn mit einem Minimum von drei oder vier Beobachtungen approximiert, und dieses Ergebnis wird dann durch die sukzessive Auswertung weiterer Beobachtungsdaten verbessert. Die beiden ersten Abschnitte in Buch II handeln von der Aufstellung der Ausgangsgleichung und die Abschnitte 3 und 4 von den Approximationen.

Wie bereits oben erwähnt, müssen für die Bahnbestimmung sieben Elemente berechnet werden. In Abschnitt 1 zeigt Gauß, wie sechs dieser Elemente aus einem Minimum von drei Beobachtungen approximiert werden können. Die Masse, die siebente Größe, muß unabhängig bestimmt werden. Drei Beobachtungen genügen, weil jede Beobachtung zwei unabhängige Parameter liefert, Länge und Breite. Wenn die betrachtete Bahn in der Ekliptik oder fast in der Ekliptik liegt, herrschen besondere Bedingungen, und man benötigt ein Minimum von vier Beobachtungen, denn die drei verschwindenden oder beinahe verschwindenden geozentrischen Breiten können nicht mehr als unabhängige Parameter benutzt werden. Dieser Fall wird im zweiten Abschnitt des zweiten Buches behandelt.

Die ersten Paragraphen des Buches II,1 handeln von sekundären Fragen, darunter den Konsequenzen der tatsächlichen Position des Beobachters auf der Erde und der Erddrehung. Da die Bahn des beobachteten Himmelskörpers nicht direkt berechnet werden kann – die Gleichungen sind zu kompliziert dafür – parametrisiert Gauß das Problem und zerlegt es in zwei Gleichungen, welche dann approximativ gelöst werden. An dieser Stelle benutzt Gauß die in Buch I hergeleiteten Hilfsmittel und leitet dann in §140 und 141 die genauen Bahngleichungen ab. Diese sind kompliziert und führen nach einigen Vereinfachungen zu Polynomen 8. Grades. Durch die direkte Benutzung astronomischer Zusammenhänge und den oben erwähnten Quotienten aus den durch Sektoren definierten Gebiete und den durch Radiusvektoren gebildeten Dreiecke vereinfacht Gauß diese Zusammenhänge und gelangt zu numerischen Resultaten, und zwar durch Iteration dieses Quotienten, welcher die Bahnkrümmung charakterisiert. Abschnitt II,1 nimmt fast ein Viertel der *Th. mot.* ein, die notwendigen Rechnungen sind außerordentlich kompliziert. Mathematisch benutzt Gauß lediglich algebraische Hilfsmittel und sphärische Trigonometrie. Abschnitt 1 schließt mit einer Reihe von Beispielen, die eingehend und unter Einschluß der durch die notwendigen Vereinfachungen bedingten Fehler diskutiert werden.

Im zweiten Abschnitt behandelt Gauß den Fall von vier unabhängigen Beobachtungen, von denen jedoch nur zwei vollständig zu sein brauchen. Methodisch führt Gauß nichts Neues ein, aber dieser Fall ist, wie oben bereits erwähnt, wichtig, wenn die Bahn des beobachteten Himmelskörpers in der Ekliptik oder fast in der Ekliptik der Erde liegt. In diesem Fall haben, falls man nur mit drei Beobachtungen arbeitet, kleine Beobachtungsfehler eine sehr starke Wirkung. Gauß illustriert diesen Fall an Hand der Bahn der Vesta, eines Planetoiden mit sehr kleiner Ekliptik.

Die beiden übrigen Abschnitte des Buchs handeln von der approximativen Verbesserung der mit den Methoden der beiden ersten Abschnitte berechneten Bahnen. In II, 3 veröffentlicht Gauß zum ersten Mal die Methode der kleinsten Quadrate, sein wirksamstes Hilfsmittel für die Bahnverbesserung. Gauß hatte diese Methode, die er in §186 als *das Prinzip, daß die Summe der Quadrate der Differenzen zwischen den beobachteten und den berechneten Größen ein Minimum sein muß* beschreibt, mit großem Erfolg bereits für seine Ceresberechnungen benutzt. Legendre hat die Priorität hinsichtlich der Veröffentlichung der Methode der kleinsten Quadrate, aber es ist klar, daß Gauß sie vor Legendre verwandte. Die *Th. mot.* enthält zwei neue Begründungen. Später werden wir uns diesem für Gauß zunehmend wichtigen Thema nochmals zuwenden (S. 134).

Der dritte Abschnitt ist kurz und enttäuschend, wenn man eine erschöpfende Erklärung der von Gauß verwandten Approximationsmethoden erwartet. Einige dieser Methoden hat Gauß in späteren Arbeiten erklärt, aber wenn man einen wirklichen Einblick in Gauß' Arbeiten auf diesem Gebiet gewinnen will, muß man die unvollendet gebliebenen Berechnungen der Pallasstörungen studieren.

Der gleichfalls kurze vierte Abschnitt enthält einige Bemerkungen über die von den großen Planeten verursachten Störungen der elliptischen Bahnen. Gauß geht nicht ins Detail, aber er hebt die Wichtigkeit dieser Frage für die genaue Berechnung der Planetenbahnen und für die Bestimmung der Massen der störenden Körper hervor [1].

Th. mot. schließt mit einer Anzahl Tafeln, die die Zusammenhänge zwischen den verschiedenen charakteristischen Bahnelementen zum Gegenstand haben.

Eine Behandlung der parabolischen Bahnen fehlt in der *Th. mot.* ganz. Dieses Problem war bereits von Olbers vollständig behandelt worden. Trotz dieses Mangels und trotz des Fehlens einer Behandlung der von Gauß benutzten Näherungsmethoden, war die *Th. mot.* sehr einflußreich und war jahrzehntelang das anerkannte Standardwerk auf dem Gebiet der theoretischen Astronomie.

Es wurde bereits erwähnt, daß Gauß oft im einzelnen nicht den Methoden der *Th. mot.* gefolgt ist. *Th. mot.* war als systematisches und definitives Werk angelegt; in seinen praktischen Arbeiten war Gauß natürlich opportunistisch und eher an Effizienz als an theoretischer Reinheit interessiert. Ein Vergleich mit der *Summarischen Übersicht (1808)*, die sehr viel stärker praxisorientiert ist, ist in dieser Hinsicht aufschlußreich.

Hier endet unsere Übersicht über Gauß' theoretisch-astronomisches Werk. Eine Übersicht über sein Werk auf dem Gebiet der praktischen und beobachtenden Astronomie folgt später (S. 140f.) [2]

Ehe wir uns dem nächsten Abschnitt in Gauß' Leben zuwenden, betrachten wir noch kurz einen bislang noch nicht besprochenen Teil seines mathematischen Werks, dessen Ursprünge bis in Gauß' Schulzeit in Braunschweig zurückreichen. In seiner Abhandlung in Band X, 2 der Gesammelten Werke faßt Schlesinger die Gaußschen Arbeiten auf diesem Gebiet unter dem Titel „Analysis" zusammen. Diese Arbeiten fallen in mehrere (miteinander zusammenhängende) Gebiete, deren wichtigste durch die Begriffe *arithmetisch-geometrisches Mittel* (abgekürzt „agM"), *hypergeometrische Funktion* und *elliptische Integrale* charakterisiert werden können. Die

---

[2] Wir fügen hier eine Bemerkung zu den Pallasstörungen an. Nach sehr langwierigen und schwierigen Rechnungen gab er schließlich auf. Der Grund für Gauß' Mißerfolg lag darin, daß er die Näherungen zu früh abbrach – nach dem dritten statt nach dem fünften Term [2]. Dem haftet eine gewisse Ironie an, denn Gauß' Fehler war sonst eher gewesen, daß seine Rechnungen unnötig detailliert gewesen waren. Felix Klein schreibt, er habe inmitten der Pallasberechnungen den folgenden Satz von Gauß' Hand gesehen: *Lieber der Tod als ein solches Leben* [3].

wichtigsten Arbeiten auf diesem Gebiet sind (wobei die posthum erschienenen, zum Teil unvollendeten Arbeiten mit einem Stern versehen sind):

Disquistiones generales circa seriem infinitam ... Pars prior, 1812
Determinatio seriei nostrae per aequationem differentialem secundi ordinis[*]
Methodus nova integralium valores per approximationem inveniendi, 1814
Theoria interpolationis methodo nova tractata[*]
Determinatio attractionis, quam in punctum quodvis positionis datae exerceret planeta, si eius massa per totam orbitam ratione temporis, quo singulae partes describuntur, uniformiter esset dispertita, 1818.

Außerdem enthalten die Bände III, VIII und X der Gaußwerke noch eine Anzahl kleinerer, erst posthum zur Veröffentlichung gelangter Arbeiten auf diesem Gebiet.

Schon aus dieser Liste wird klar, daß verhältnismäßig viele der Gaußschen Arbeiten auf diesem Gebiet nicht von ihm zu Lebzeiten veröffentlicht worden sind. Das macht es sehr schwierig, Gauß' Entwicklung im einzelnen zu verfolgen, und wir beschränken uns auch hier auf eine Erklärung seiner wichtigsten Ergebnisse. Schlesinger (dem wir mehr oder weniger folgen) war sehr viel ehrgeiziger und hat versucht, Gauß' Gedanken im einzelnen zu rekonstruieren.

Wie wir aus frühen Fragmenten und Notizen wissen, erwachte Gauß' Interesse an dem geometrisch-arithmetischen Mittel sehr früh, war aber wohl damals primär numerisch orientiert. Das arithmetisch-geometrische Mittel wird folgendermaßen definiert. Seien die Zahlen m, n gegeben. Das arithmetische Mittel m' wird durch $m' = (m + n)/2$ und das geometrische Mittel durch $n' = \sqrt{mn}$ definiert. Durch wiederholte Mittelbildung erhält man zwei Folgen von Zahlen mit dem gemeinsamen Grenzwert $M(m, n)$. Die Bezeichnung *arithmetisch-geometrisches Mittel* stammt von Gauß selber und tritt zum ersten Mal in einer Notiz auf, die laut Schlesinger wahrscheinlich vor 1797 und sicher nicht später als 1798 entstanden ist [4]. Diese Notiz handelt von der Reihe

$$Tm(1{\pm}x) = 1 + \tfrac{1}{2} - \tfrac{1}{16}x^2 + \tfrac{1}{32}x^3 - \tfrac{21}{1024}x^4 + \tfrac{31}{2048}x^5 {\pm} \ldots \ .$$

Diese Formel erhält man, wenn man das agM von 1 und $1 + x$ bildet. Gauß berechnet in diesem Fragment auch die inverse Funktion von $Tm(1 + x)$ und stellt den Zusammenhang zwischen beiden Reihen her. Spätere Fragmente handeln von dem Zusammenhang zwischen agM und elliptischen Integralen, einem Thema, auf das wir in Kürze zurückkommen werden.

Unabhängig von Gauß taucht das agM in der Literatur zuerst bei Lagrange (1784/85) auf. Lagrange's Ausgangspunkt ist die sogenannte Landensche Transformation

$$y' = \frac{\sqrt{(1{\pm}p^2y^2)(1{\pm}q^2y^2)}}{1{\pm}q^2y^2} \ ,$$

welche er auf den Integranden eines elliptischen Integrals anwandte. Lagrange erhielt auf diese Weise einen Algorithmus, welcher zu einer näherungsweisen Berechnung des Integrals

$$\int \frac{N\,dy}{(1\pm p^2 y^2)(1\pm q^2 y^2)}$$

führte, wobei N eine beliebige rationale Funktion von x ist. Ausdrücke dieser Art treten bei der Berechnung der Länge von Ellipsen- und Hyperbelsegmenten auf. Der Zusammenhang zwischen elliptischen (sowie lemniskatischen und höheren) Integralen und dem agM ist offensichtlich: man bildet das agM zwischen zwei geeigneten Funktionen und erhält damit eine bei der Berechnung elliptischer oder höherer Integrale auftretende unendliche Reihe.

Eine der ersten Entdeckungen Gauß' auf diesem Gebiet war die Beziehung

$$\frac{1}{M(1+x, 1-x)} = \frac{1}{\pi} \int\limits_0^\pi \frac{d\varphi}{\sqrt{1 - x^2 \cos^2 \varphi}}\ .$$

Gauß benutzte diesen Zusammenhang (mit einer neuen Herleitung) in seiner Arbeit von 1818, *Theoria attractionis*, für die Berechnung der säkularen Störungen, d.h. des nicht-periodischen Anteils der Störungen. Obwohl Gauß sich lange mit dem agM befaßte, ist dies die einzige von ihm veröffentlichte Arbeit, in der er das agM verwendete.

Es gibt eine ganze Reihe Fragmente, die von der Lemniskate [5] handeln. Gauß zeigt unter anderem die Darstellbarkeit der Lemniskate als Quotient zweier ganzer Funktionen P und Q, berechnet diese Funktionen explizit und identifiziert die beiden Lemniskatenperioden $2\tilde{\omega}$ und $2i\tilde{\omega}$. Die erste Periode ist reell, die zweite rein imaginär. P und Q sind im wesentlichen Spezialfälle von Jacobis Thetafunktionen.

sin lem, wie Gauß die Lemniskate nannte, war für Gauß von großem Interesse, nicht nur weil sie zu einer Reihe von Funktionalgleichungen führte, sondern auch, weil die Lemniskate einen natürlichen Einstieg in die Theorie der elliptischen Funktionen darstellte. Gauß fand die in diesem Zusammenhang signifikante Gleichung

$$\tilde{\omega} = \int\limits_0^1 \frac{dx}{\sqrt{1 - x^4}} = \frac{\pi}{M(1, \sqrt{2})}$$

durch Zufall im Jahr 1799. Er wurde darauf durch eine Identität in den Reihenentwicklungen geführt.

Diese Darstellung der Lemniskatenperiode gilt für den speziellen Fall $\mu = 1$, und Gauß' nächster Schritt hatte die Aufstellung der allgemeinen Gleichungen

$$\tilde{\omega} = \frac{\pi}{M(1, \sqrt{1 + \mu^2})} \quad \text{und} \quad \tilde{\omega}' = \frac{\pi}{\mu M\left(1, \sqrt{1 + \frac{1}{\mu^2}}\right)}$$

zum Ziel. Diese Formeln sind Teil der Theorie der Umkehrfunktion des allgemeinen elliptischen Integrals. Die nun folgende Funktion S definierte Gauß durch Partialbruchzerlegung, analog einer von ihm früher gefundenen Darstellung des sin lem:

$$S(\tilde{\omega}\psi) = \frac{4\pi}{\tilde{\omega}\mu} \sum_{n=1}^{\infty} (-1)^{n-1} \frac{\sin(2n - 1)\psi\pi}{\exp\left(\frac{2n-1}{2} \cdot \frac{\tilde{\omega}'}{\tilde{\omega}} \pi\right) + \exp\left(-\frac{2n-1}{2} \cdot \frac{\tilde{\omega}'}{\tilde{\omega}} \pi\right)}.$$

Wiederum in Verallgemeinerung des Lemniskatenfalls war Gauß dann in der Lage, S als Quotienten zweier „theta-artiger" Funktionen darzustellen, welche er explizit ausrechnete.

Die von Gauß verwandten Techniken waren nicht neu, aber seine Ergebnisse waren sehr viel tiefer als die seiner Zeitgenossen und Vorgänger und führten zur Lösung eines der klassischen und schwierigsten Probleme der Analysis des 18. Jahrhunderts. Gauß hat diese Arbeiten nie für die Veröffentlichung vorbereitet, und viele Fragen, darunter Konvergenzüberlegungen, werden nicht angeschnitten. Viele seiner Ergebnisse konnten erst nach Abschluß der Theorie der elliptischen Funktionen voll verstanden werden.

Es ist kein Zufall, daß Gauß nie die im Tagebuch versprochene *allgemeine und lückenlose Behandlung* veröffentlicht hat. Zeitmangel und die zunehmende Konzentration auf die Astronomie waren sicher Faktoren, aber Gauß' Fragmente sind auch mathematisch sehr unvollständig. Der für ein echtes Verständnis wesentliche Begriff der mehrwertigen Funktion fehlt ganz; die von Gauß angeschnittenen und diskutierten Probleme können erst mit der Einführung der Riemannschen Flächen befriedigend gelöst werden.

Gauß' Fragmente nehmen einen großen Teil der von Jacobi entwickelten und veröffentlichten Theorie der ϑ-Funktionen und deren Transformationseigenschaften vorweg [6]. Auch in diesen Fragmenten ist Gauß bei der Wahl der von ihm verwendeten mathematischen Methoden sehr konservativ und benutzt zum Beispiel sehr selten die komplexe Zahlenebene, obwohl das in diesem Zusammenhang nahe gelegen hätte.

Gauß nahm nie öffentlich zu den mit seinen Aufzeichnungen direkt konkurrierenden Arbeiten Abels und Jacobis Stellung. Es gibt jedoch private Bemerkungen, darunter über Abel, über den er in einem Brief schreibt, daß dessen Veröffentlichungen ihn der Mühe enthoben hätten, etwa ein Drittel seiner eigenen Ergebnisse auf diesem Gebiet zu publizieren [7]. Als das agM in seiner Berechnung der Pallasstörungen auftauchte, war das für Gauß besonders befriedigend – wiederum für ihn ein Beispiel dafür, daß die Geheimnisse der Natur durch subtile Methoden aus der reinen Mathematik zu entschlüsseln waren.

7. Zwischenkapitel

Modulformen.
Die hypergeometrische Funktion

Schon Gauß sah, daß ein Zusammenhang zwischen seinen analytischen Arbeiten und der Theorie der quadratischen Formen existiert. Fragmente aus den Jahren unmittelbar nach der Jahrhundertwende zeigen, daß Gauß mit den Anfangselementen der 100 Jahre später von Klein und Fricke zur Vollendung gebrachten Theorie der Modulformen vertraut war. Durch ihre tiefe Kenntnis der Theorie waren Klein und Fricke besonders gut zu einer eingehenden Untersuchung der Gaußschen Fragmente zu diesem Thema in der Lage.

Wahrscheinlich wurde Gauß durch seine Untersuchung der Eigenschaften des arithmetisch-geometrischen Mittels zur Theorie der Modulformen geführt. Die Brücke wird durch die Transformationen hergestellt, welche die unendlichen vielen „äquivalenten" Darstellungen des agM ineinander überführen.[1]

Man kann heute nicht mehr im einzelnen nachvollziehen, wie sich Gauß' Theorie entwickelte, denn wir können uns nur auf eine große Anzahl unzusammenhängender und zum Teil nicht klar interpretierbarer Fragmente stützen. Oft können diese Bruchstücke nicht einmal eindeutig datiert werden. Die hier gegebene Zusammenfassung stützt sich auf Schlesingers schon mehrfach erwähnte Arbeit in Bd. X, 2 der Gauß-Werke, die sich ihrerseits wieder stark auf Fricke und Klein stützt. Wichtig war für Gauß der Schritt von der Reduktionstheorie der quadratischen Formen zur Theorie der Modulformen. Das folgende zentrale Problem findet sich auf S. 386 in Bd. III der *G. W.* Seien (a, b, c) und (A, B, C) zwei äquivalente Formen mit der Diskriminante $-p$. Man betrachte nun die Funktion f mit $f(t) = f(u)$, falls $(t - u)/i$ eine ganze Zahl ist oder falls $t \equiv 1/u$. Gauß nannte diese von ihm nie explizit definierte Funktion *Summatorische Function*; sie ist die absolute Invariante der Modulgruppe aller linearen Substitutionen $t' = (\alpha t - i\beta)/(\delta + i\gamma t)$, $\alpha\delta - \beta\gamma = 1, \alpha, \beta, \gamma, \delta$ ganze Zahlen.

Mehrere Skizzen in Gauß' Aufzeichnungen zeigen, daß er sich des geometrischen Aspekts der Theorie wohl bewußt war. Man erhält die geometri-

---

[1] Offensichtlich ist eine Funktion nicht eindeutig als das agM zweier anderer Funktionen definiert. Man kann eine gegebene Funktion auf unendlich viele Arten als das agM zweier anderer Funktionen darstellen.

sche Darstellung der Modulfunktionen folgendermaßen. Eine spezielle Form wird mit einem Gitter auf der komplexen Zahlenebene dadurch identifiziert, daß man den Einheitsvektor als einen der Basisvektoren bestimmt. Man betrachtet dann Funktionen f des zweiten Basisvektors, die identisch auf zu äquivalenten Formen gehörigen Gittern sind. f ist eine summatorische Funktion im Gaußschen Sinn, wenn f invariant gegen die Aktionen der Modulgruppe ist. Unsere Abbildung folgt einer der besten Gaußschen Skizzen (siehe Bd. VIII, S.103), wurde aber in einigen Details von Schlesinger korrigiert. Die Ungleichungen [III] und [IV] beschreiben das Äußere der Kreise um $i/2$ und $-i/2$. Für [I] ist $-1<y<1$ zu lesen; [II] beschreibt das Äußere des Kreises um $i/4$ mit dem Radius $1/4$. Setzt man $t = x + iy$, so charakterisiert die Abbildung den Fundamentalbereich der Modulfunktion $j(t)$. Der schraffierte Bereich ist der geometrische Ort der Punkte $t = (1 + ib)/a$ für die reduzierte Form (a, b, c) mit der Determinante -1. Die Funktion $f(t)$ nimmt in diesem Gebiet jeden komplexen Wert genau einmal an. Dieses Ergebnis wurde von Dedekind in einer 1877 in Crelle's Journal erschienenen Arbeit veröffentlicht. S.102ff. der oben genannten Arbeit Schlesingers enthält eine eingehende Besprechung dieser Skizze Gauß'.

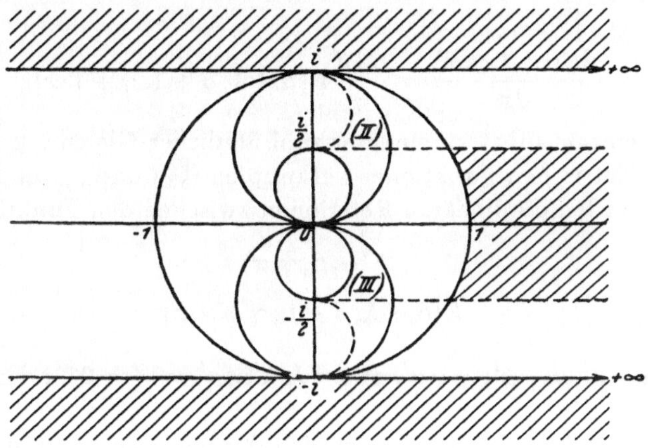

Es ist praktisch unmöglich, Gauß' Arbeiten auf diesem Gebiet knapp und zutreffend zusammenzufassen. Da Gauß der hier besonders wichtige Begriffsapparat fehlt, ist es unmöglich zu ermessen, was seine fragmentarischen Notizen und flüchtigen Bemerkungen wirklich bedeuten und bis zu welchem Grad sie wirklich das Werk Dedekinds, Frickes und Kleins vorwegnehmen. Die obige Diskussion soll lediglich als Beispiel für Gauß' Beiträge zu diesem Gebiet dienen. Es scheint jedoch, daß sowohl Dedekind als auch Fricke und Klein von den ihnen bekannten Fragmenten Gauß' in ihrem eigenen Werk beeinflußt worden sind.

Obwohl Gauß tiefe Einblicke hatte und sich durchaus des Zusammenhangs zwischen den verschiedenen von ihm berechneten Invarianten, der Theorie der Theta-Funktionen und der Theorie der elliptischen Integrale bewußt war, scheint er die Theorie der Modulfunktionen nicht als kohärentes eigenes Gebiet gesehen zu haben. Es zeigt sich hier wiederum – ähnlich wie in der analogen Situation der Theorie der Formen etc. in den *Disqu. Arithm.* – Gauß' Desinteresse an abstrakten generalisierenden Theorien.

Gauß' Beiträge zur Theorie der hypergeometrischen Funktion bauen auf Eulers Werk auf. Von seinen zwei Arbeiten erschien die erste im Jahr 1812 unter dem Titel *Disquisitiones generales circa seriem infinitam ... I.* Die Arbeit beginnt mit der Definition der unendlichen Reihe

$$F(\alpha,\beta,\gamma,x) = 1 + \frac{\alpha\cdot\beta}{1\cdot\gamma}x + \frac{\alpha(\alpha+1)\beta(\beta+1)}{1\cdot2\cdot\gamma(\gamma+1)}x^2 + \dots .$$

Auf die bereits von Euler zur Definition der hypergeometrischen Funktion verwendeten Differentialgleichung geht Gauß im ersten Teil der *Disq. gen.* nicht ein. Es folgen explizite Konvergenzbetrachtungen für die hypergeometrische Reihe, aus denen hervorgeht, daß sich Gauß nicht auf reelles x beschränkt. Als nächsten Schritt leitet Gauß die grundlegende Funktionalgleichung

$$\frac{dF(\alpha,\beta,\gamma,x)}{dx} = \frac{\alpha\cdot\beta}{\gamma}F(\alpha+1,\beta+1,\gamma+1,x)$$

ab. Diese Relation führt zu einer Anzahl ähnlicher Gleichungen, die F mit den trigonometrischen Funktionen verknüpfen (§§4 und 5). In den Paragraphen 7–11 werden die linearen Relationen zwischen den Funktionen

$$F(\alpha,\beta,\gamma,x)$$

$$F(\alpha+\lambda,\beta+\mu,\gamma+\nu,x)$$

$$F(\alpha+\lambda',\beta+\mu',\gamma+\nu',x) \ , \quad \lambda,\lambda'\mu,\mu',\nu,\nu' = 0 \quad \text{oder} \quad \pm1$$

untersucht. Gauß trachtete offensichtlich danach, eine vollständige Liste aller wichtigen Funktionalgleichungen dieser Art aufzustellen. Die Paragraphen 12 bis 14 handeln von der Kettenbruchentwicklung des Ausdrucks

$$\frac{F(\alpha,\beta+1,\gamma+1,x)}{F(\alpha,\beta,\gamma,x)} \ .$$

Sie sind methodisch und substantiell nur von begrenztem Interesse.

Die Paragraphen 15 bis 18 haben die Konvergenz der Reihe $F(\alpha,\beta,\gamma,1)$, α,β,γ reell, zum Gegenstand. Als nächsten Schritt führt Gauß die Funktion $\Pi(x)$ ein, eine durch die Funktionalgleichung $\Pi(x+1) = (x+1)\Pi(x)$ definierte, der Gammafunktion verwandte Funktion.

Die *Disq. gen. I* sind eine klar geschriebene und leicht zu lesende Arbeit; die Paragraphen 3 und 15–18 sind von besonderem Interesse.

Der zweite Teil der *Disq. gen.* wurde wohl direkt nach dem ersten Teil abgeschlossen, erschien aber erst posthum. Er besteht aus 19 im wesentlichen zur Veröffentlichung geeigneten Paragraphen. Gauß geht nun von der definierenden Differentialgleichung

$$0 = \alpha\beta F - (\gamma - (\alpha + \beta + 1)x)\frac{dF}{dx} - (x - x^2)\frac{d^2F}{dx^2}$$

und den entsprechenden passenden Randbedingungen aus. Da die vorliegende Funktion für $|x| \geq 1$ nicht länger eindeutig bestimmt, ist beschränkt sich Gauß auf den Fall $|x| < 1$. Hauptthema der Arbeit ist die Diskussion verschiedener interessanter Transformationen sowie die Bestimmung des Funktionswertes von F in bestimmten Punkten. Aus dem Zusammenhang wird offensichtlich, daß Gauß zu diesem Zeitpunkt die Integration von Funktionen in der komplexen Ebene voll beherrschte, daß ihm aber die Begriffe der analytischen Fortsetzung und der Monodromie fehlten.

Schlesinger glaubt, daß die Arbeiten zur hypergeometrischen Funktion die Einleitung zu einer von Gauß geplanten umfassenden Abhandlung über die Theorie der transzendenten Funktionen darstellen. Die hypergeometrische Funktion spielt eine zentrale Rolle in Gauß' analytischem Werk, da die hypergeometrische Reihe in so vielen speziellen Fällen in der Theorie der elliptischen Integrale und des agM auftaucht.

Innerhalb einer vollständigen Diskussion von Gauß' analytischem Werk muß auch Gauß' Integralbegriff besprochen werden. Wir behandeln dieses Thema im Rahmen von Gauß' Arbeiten in der angewandten Mathematik, wo eine solche Diskussion ihren natürlichen Platz hat.

9. Kapitel

Landvermessung und Geometrie

Gauß' wissenschaftliche Tätigkeit in den Jahren zwischen 1818 und 1832 wurde von dem großen Projekt der Vermessung des Königreichs Hannover überschattet. Gauß stand diesem Projekt, welches sich insgesamt über fast 20 Jahre erstreckte, während seiner ersten Phase persönlich vor.

Vermessungsprojekte dieser Art waren hauptsächlich von praktischem Nutzen, obwohl es auch einige interessante theoretische Aspekte gab wie etwa die Bereitstellung von Daten für eine genaue Bestimmung der Gestalt der Erde. Diese Frage war jedoch im wesentlichen bereits im 18. Jahrhundert gelöst worden und hatte zu der allgemeinen Anerkennung von Newtons Gravitationstheorie beigetragen. [1] Aus wirtschaftlichen und militärischen Gründen wurden diese Vermessungen öffentlich gefördert, denn als Ergebnis erhoffte man sich gute und zuverlässige Landkarten.

Technisch basierten die Vermessungen auf einem sehr einfachen Prinzip. Als Ausgangsgröße diente eine sehr genau vermessene Basislinie, von der aus dann das zu vermessende Gebiet durch ein Netz von Dreiecken überzogen wurde, deren Eckpunkte durch Sichtlinien verbunden werden konnten. Die eigentliche Vermessung bestand aus der Etablierung eines solchen Netzes und der genauen Bestimmung der Winkel. Offensichtlich mußte jeder der trigonometrischen Punkte aus mindestens zwei Richtungen sichtbar sein. Es war von Vorteil, dieses Minimum so oft wie möglich zu überschreiten, denn zusätzliche Vermessungen konnten zur Kontrolle der Winkelbestimmung herangezogen werden. Je nach Topographie konnte die Bestimmung trigonometrischer Punkte sehr zeitraubend sein; die Messungen selber und die Reduktion der Messungen waren ebenfalls sehr mühsam, zumal es keine mechanischen oder gar elektronischen Hilfsmittel gab.

Ein Teil des Königreichs Hannover war bereits unter Napoleon vermessen und mit dem niederländischen Netz verknüpft worden. Diese Vermessung war jedoch nicht zum Abschluß gebracht worden, viele der Daten waren unzuverlässig, und die Lage einzelner trigonometrischer Punkte war in Vergessenheit geraten. [2] Nach 1815 begannen alle größeren mitteleuropäischen Staaten Vermessungsprojekte, wobei für Hannover der Anstoß von Schumacher kam, der mit der Vermessung des Königreichs Dänemark befaßt war und 1818 bei Gauß anfragte, ob dieser an einer Zusammenar-

beit und der südlichen Fortsetzung des dänischen Netzes interessiert sei. [3][1]
Gauß, der v. Zach früher bei einigen Messungen geholfen hatte, machte sich
Schumachers Idee sofort zu eigen und faßte eine umfangreiche und detaillierte Eingabe an seine Regierung ab. Diese entschied schnell und ernannte
Gauß zum Leiter der Unternehmung. Neben den notwendigen Geldern wurden Gauß auch einige Soldaten als Assistenten zur Verfügung gestellt. Gauß
war sich zu diesem Zeitpunkt sicherlich nicht darüber im klaren, daß dieses Projekt ihn für die nächsten zehn Jahre beschäftigen würde, aber die
Messungen waren sehr viel zeitraubender als erwartet, und es gab viele un-
vorhergesehene Schwierigkeiten.

Ursprünglich war nur geplant gewesen, das dänische Netz mit dem
bereits vorhandenen hannoverschen Netz zu verknüpfen, aber dieser Plan
wurde schnell zugunsten einer ganz neuen Vermessung Hannovers aufgege-
ben. Später wurde dann entschieden, noch die freie Stadt Bremen miteinzu-
zubeziehen. Dies stellte sich als besonders schwierig heraus, weil das Land
um Bremen ganz flach und praktisch auf Meereshöhe ist.

Die frühere französische Vermessung des Königreichs war aus topogra-
phischen Gründen nicht zum Abschluß gelangt. Besonders in seinen westli-
chen und küstennahen Gebieten war das Königreich Hannover flach und (damals) dicht bewaldet. Die Bestimmung trigonometrischer Punkte ist darum
sehr schwierig und in vielen Richtungen unmöglich. Besonders problematisch ist die Lüneburger Heide südlich von Hamburg, also zwischen Gauß'
Basis bei Göttingen und dem dänischen Netz.

Gauß war nicht nur dem Namen nach Leiter des Projektes, sondern
leitete persönlich mehrere Jahre lang die im Sommer stattfindenden Messungen. Während dieser Sommermonate verbrachte er kaum eine Nacht in
seinem eigenen Bett (und oft nur wenige Nächte im selben Bett); er war
dauernd unterwegs, übernachtete in unbequemen Dorfgasthöfen, tagsüber
unermüdlich auf der Suche nach geeigneten trigonometrischen Punkten und
am Abend mit der mühsamen Auswertung seiner Messungen beschäftigt.
Wir sehen Gauß in der sommerlichen Hitze, als Professor durchaus im dunk-
len Anzug und mit der berühmten Samtkappe auf dem Kopf, schwitzend,
mit den Bauern um den Preis von die Aussicht versperrenden Bäumen
feilschend. Fast jeden Abend waren dann noch Briefe an Schumacher zu
schreiben, mit komplizierten Instruktionen, wohin die Antwort zu schicken
sei, und Diskussionen des weiteren Ausbaus des hannoverschen Netzes. Die
Messungen wurden mit Hilfe einiger weniger Heliotropen gemacht, eines von
Gauß selber entwickelten Instruments, das mit Hilfe beweglicher Spiegel das
gebrochene Sonnenlicht über weite Strecken zu werfen half; auf diese Weise
konnte Gauß auch an bewölkten Tagen messen. Aus der Korrespondenz mit

---

[1] Das Königreich Dänemark umfaßte damals die deutschen Provinzen Schleswig und
Holstein, welches letztere eine gemeinsame Grenze mit Hannover hatte. Schumacher stand
in dänischen Diensten und bekleidete Stellungen an der Universität Kopenhagen und der
dänischen Sternwarte Altona bei Hamburg.

Schumacher, Olbers und Bessel bekommt man einen lebendigen Eindruck von den Schwierigkeiten, mit denen Gauß zu kämpfen hatte. Eine Zeitlang war es nicht einmal klar, ob es ihm gelingen würde, ein vollständiges Netz zu knüpfen; die Briefe beschreiben Augenblicke, als Gauß fast bereit war aufzugeben, und das Gefühl des Triumphs, wenn der Fall eines Baums einen wesentliche Durchblick eröffnete. Der Brief an Schumacher vom 30. August 1822 steht für viele ähnliche Äußerungen Gauß':

... Ich habe hier von einem Tag auf den andern auf Ihren Besuch gehofft und hoffe noch darauf, da ich unter 8 Tagen nicht von hier weg kann; es werden noch zwei Richtungen festgelegt werden müssen, die nach Wulsode, wo H. Müller jetzt ist, und die nach Kalbsloh, wohin er von da in einigen Tagen abgehen wird. Letztere ist deswegen nothwendig, weil die Möglichkeit des Durchhaus von Hauselberg nach Scharnhorst noch sehr problematisch ist, indem vielleicht das Terrain des Hassels selbst noch zu hoch ist. Von Kalbsloh aus ist diese Möglichkeit viel wahrscheinlicher, allein ich substituire doch ungern Kalbsloh für Hauselberg, da man am ersten Platze Wulfsode nicht sehen kann.

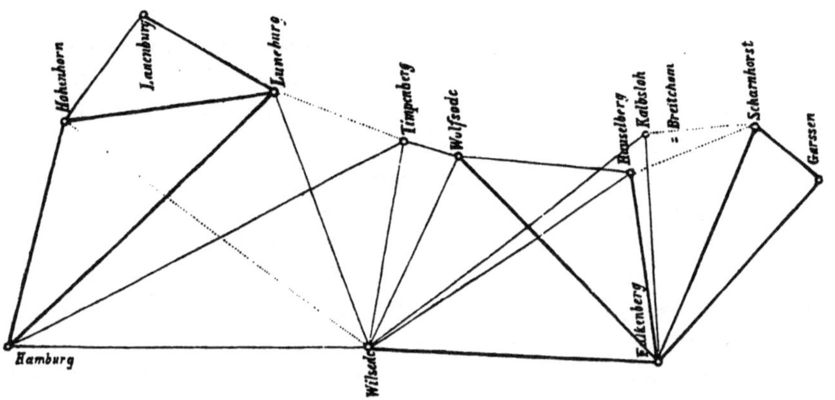

Wohin ich von hier gehe, ist noch ungewiß; ich hätte mich daher erst gern noch hier mit Ihnen besprochen. Nach meiner vorläufigen Rechnung liegt Wilsede 12,3 Meter über dem Fußboden der Göttinger Sternwarte. Haben Sie die Zenithdistanzen auf Michaelis gemessen, so können Sie nun schon vorläufig alles auf die Meeresfläche beziehen. Die Distanz Wilsede von Hamburg wird 42454 Meter ± seyn.

Zwei wichtige theoretische Arbeiten verdanken ihre Entstehung der hannoverschen Landvermessung, nämlich *Bestimmung des Breitenunterschieds zwischen den Sternwarten von Göttingen und Altona durch Beobachtungen am Ramsdenschen Zenithsektor* (1828) und *Untersuchungen über Gegenstände der Höheren Geodäsie I & II* (1843 bzw. 1846). Diese Veröffentlichungen waren sehr einflußreich in der theoretischen und praktischen

Geodäsie, sind aber heute nur noch für den Spezialisten von Interesse. Deswegen wird hier nur eine sehr knappe Zusammenfassung gegeben.

Die *Untersuchungen* waren wohl ursprünglich als Vorstufe für ein umfangreiches geodätisches Werk à la *Th. mot.* gedacht. Teil I handelt von dem speziellen Fall der konformen Abbildung eines Ellipsoides auf eine Kugel.Eine Beherrschung dieses Falls erlaubt die Verwendung sphärischer Geometrie in der Geodäsie. Kleine Gebiete auf dem Ellipsoid werden durch

$$f(v) = \alpha v - i \log k$$

auf die Kugel abgebildet, wobei i die imaginäre Einheit und v ein beliebiger Punkt auf dem Ellipsoid ist. Die Konstanten α und k sind so zu wählen, daß die Verzerrung des Ausgangsgebiets zu einem Minimum wird. Die von Gauß benutzten mathematischen Methoden stammen aus der sphärischen Trigonometrie und der komplexen Analysis. Zwei numerische Beispiele, eines mit Daten aus der hannoverschen Messung und eines mit schweizer Daten, ergänzen Gauß' theoretische Ausführungen. Teil I der *Untersuchungen* endet mit der Bestimmung des Azimuths am anderen Ende, der geographischen Länge und des Längenunterschieds zwischen zwei Punkten aus der Länge einer Seite eines sphärischen Dreiecks, dem Azimuth an einem Ende und seiner geographischen Länge. Die Arbeit ist leicht zu verstehen und offensichtlich für Leser mit nur geringen mathematischen oder theoretischen Kenntnissen geschrieben.

Teil II der *Untersuchungen* handelt von der Lösung des oben genannten Problems für ein Dreieck auf dem Ellipsoid anstatt der Kugel. Durch die Verwendung von Mittelwerten für die Breiten und Azimuthe und von Hilfsmitteln aus Trigonometrie und Analysis leitet Gauß (siehe §33) sechs Formeln ab, die dieses Problem mechanisch durch in einem Anhang zusammengestellte Tafeln lösen. Diese Methode wurde dann von Geodäten noch bis zur Jahrhundertwende benutzt.

Die erhaltenen Fragmente des geplanten umfangreichen geodätischen Werks enthalten nichts, was für uns von größerem Interesse wäre.

In *Bestimmung des Breitenunterschiedes* ... verwendet Gauß extrem genaue Messungen und einen Vergleich der Zenithdistanzen. Die beiden Sternwarten Altona und Göttingen liegen fast auf der selben geographischen Länge, und die Bestimmung des Breitenunterschieds versah Gauß mit einer weiteren Kontrolle für seine geodätischen Messungen. Die Messungen selber waren kompliziert, nicht jedoch deren Auswertung, für die Gauß die Methode der kleinsten Quadrate benutzt. Die Arbeit schließt mit Bemerkungen zur Irregularität der Erdoberfläche. In einem Anhang berechnet Gauß die Abflachung der Erde, wiederum mit Hilfe der Methode der kleinsten Quadrate.

Das wichtigste theoretische Ergebnis von Gauß' Beschäftigung mit der Landvermessung war die Theorie der konformen Abbildung, die Gauß in der von uns später besprochenen sogenannten Kopenhagener Preisarbeit abgeleitet hat. Weniger direkt ist der Zusammenhang zwischen Geodäsie und Grundlagen der Geometrie sowie der Differentialgeometrie.

Das klassische Problem in den Grundlagen der Geometrie war die Frage der Natur von Euklids Parallelenaxiom. Dieses Axiom war das einzige der euklidischen Axiome, welches nicht durch eine endliche geometrische Konstruktion verifiziert werden konnte. Die Ansätze, dieses Axiom zu „verstehen", gehen bis in die Antike zurück; in der Renaissance und dann im 18. Jahrhundert war immer wieder versucht worden, das Parallelenaxiom aus den anderen euklidischen Axiomen abzuleiten und damit überflüssig zu machen. Diese Ansätze, obwohl natürlich nie erfolgreich, waren nicht ganz fruchtlos, denn sie führten immer wieder zu Resultaten, die tatsächlich Theoreme innerhalb der nichteuklidischen Geometrie sind. Darunter befand sich das Postulat der Existenz einer absoluten Länge, welches von Lambert in der zweiten Hälfte des 18. Jahrhunderts abgeleitet wurde. Da ein solches Postulat absurd zu sein schien, wurde es als Hinweis auf die „Richtigkeit" (und Abhängigkeit) des Parallelenaxioms angesehen. Lambert selber hatte seine Zweifel darüber und scheint davon überzeugt gewesen zu sein, daß ein konsistentes Axiomensystem ohne das Parallelenaxiom aufgestellt werden könne.

Sowohl Kästner in Göttingen als auch Pfaff in Helmstedt waren an diesen Fragen interessiert, und es ist denkbar, daß Gauß als Student diese Probleme mit ihnen und möglicherweise mit dem Astronomen Seyffer diskutierte. Der Briefwechsel mit Bolyai sowie einige Äußerungen Bolyais nach Gauß' Tod enthalten einige Hinweise darauf. [4]

Gauß und Bolyai machten Versuche, das Problem mit Hilfe einer geometrischen Konstruktion, die das Parallelenaxiom nicht benutzte, zu entscheiden. Auch nach seiner Rückkehr nach Siebenbürgen arbeitete Bolyai auf diesem Gebiet und präsentierte sein Ergebnis 1804 in einem langen Brief an Gauß: Er glaubte, gefunden zu haben, daß das Parallelenaxiom aus den übrigen euklidischen Axiomen folgt und bewies dies durch die folgende Konstruktion: Auf einer gegebenen Geraden werden in gleichen Abständen Senkrechte derselben Länge errichtet und miteinander verbunden. In der euklidischen Geometrie liefert das offensichtlich eine Parallele zu der ursprünglich gegebenen Geraden, und Bolyai versuchte zu zeigen, daß, wenn man dies nicht annimmt, man zu einem Widerspruch gelangt. Gauß' Antwort ist voller Komplimente, weist den Freund aber auf einen wesentlichen Fehler in seiner Gedankenführung hin – ohne dies rechtfertigen zu können, hatte Bolyai eine unendliche Konstruktion, welche das Parallelenaxiom impliziert, durch eine endliche Konstruktion ersetzt. Gauß gab in seiner Antwort keinen Hinweis darauf, ob er mit Bolyais Schlußfolgerung übereinstimmte oder nicht; wenn man die folgenden Sätze unvoreingenommen liest, kann man annehmen, daß sie Bolyai eher in seiner Überzeugung bestärkten:

... Du willst nun mein aufrichtiges unverholenes Urtheil. Und dies ist, daß Dein Verfahren mir noch nicht Genüge leistet. Ich will versuchen, den Stein des Anstoßes, den ich noch darin finde (und der auch wieder zu derselben Gruppe von Klippen gehört woran meine Versuche bisher scheiterten) mit sovieler Klarheit als mir möglich ist ans Licht zu ziehen. Ich habe zwar noch immer die Hoffnung, daß jene Klippen einst, und noch vor meinem Ende, eine Durchfahrt erlauben werden. Indess habe ich jetzt so manche andere Beschäftigungen vor der Hand ... (Brief No. XXVII vom 25.11.1804 an Bolyai).

Es überrascht daher, wenn Gauß 1846 erklärt, er sei schon seit 50 Jahren von der Existenz nichteuklidischer Geometrien überzeugt gewesen (siehe S. 146). Die ersten uns bekannten klaren und eindeutigen Aussagen stammen aus dem Jahr 1816, als Gauß anläßlich einer Buchbesprechung verschiedene falsche Ableitungen des Parallelenaxioms diskutierte. Da Gauß stets sehr vorsichtig mit seinen öffentlichen Äußerungen war, ist dies ein recht sicheres Anzeichen dafür, daß er nunmehr von der Möglichkeit der Existenz nichteuklidischer Geometrien überzeugt war. Was das im einzelnen bedeutet, muß im Augenblick noch offen bleiben.

Wir kennen Gauß' Vorgehensweise nicht, aber es scheint, daß er, durch die Ableitung geometrischer und vor allem trigonometrischer Eigenschaften, ein für ihn aller Wahrscheinlichkeit nach konsistentes Modell der hyperbolischen oder, wie er es nannte, der *transzendenten* Geometrie entwickelte.[2] Soweit wir sehen können, war Gauß an der philosophischen Frage der Unabhängigkeit des Parallelenaxioms nicht interessiert; sein Hauptinteresse galt der Bestimmung der wahren geometrischen Natur des physischen Raums. Gauß' Zeitgenossen unterschieden nicht klar zwischen diesen beiden Fragen und waren in der Regel, wie etwa W. Bolyai, eher an den philosophischen Aspekten des Problems interessiert. Gauß selber war sich durchaus dessen bewußt, daß das empirische Problem mit den zur Verfügung stehenden experimentellen Möglichkeiten nicht behandelt werden konnte. Es gibt Hinweise darauf, daß Gauß höffte, daß sich die Natur tatsächlich als nichteuklidisch herausstellen würde. [5][3]

---

[2] Dies heißt natürlich nicht, daß Gauß im modern logischen Sinn ein Modell aufstellte und dessen Konsistenz untersuchte. Gauß leitete Aussagen und Sätze analog zum euklidischen Fall ab und überzeugte sich allmählich davon, daß das eine konsistente Geometrie lieferte. Bolyai und Lobatschewsky, auf deren Werk wir später zurückkommen werden, gingen ähnlich vor.

[3] Die oft erwähnte Geschichte, Gauß habe die Frage der Natur des Raumes durch die Vermessung eines sehr großen Dreieckes klären wollen, ist mit Sicherheit unrichtig. Das große Dreieck Inselberg/Hohenhagen/Brocken war wichtig für Gauß als Kontrolldreieck, aber er war sich im klaren darüber, daß für Dreiecke dieser Größenordnung die Größenordnung des Messungsfehlers größer als die durch die Krümmung des Raumes bedingte Abweichung von 180 sein würde. [6] Lobatschewsky schlug übrigens die Vermessung eines aus Sternen bestehenden Dreieckes zu diesem Zweck vor.

Wie radikal Gauß' Perspektive war, kann man etwa daran sehen, daß noch Kant in seiner *Kritik der Reinen Vernunft* die These verfocht, daß der euklidische Raumbegriff denknotwendig sei. [7] Gauß erwähnte Kants Position mehrmals, natürlich ohne mit ihr übereinzustimmen, was ihn aber nicht bewog, seine hohe Schätzung der Philosophie Kants zu ändern. Das steht ganz im Gegensatz zu der Haltung einer ganzen Reihe von positivistisch orientierten Physikern, die auf Grund der allgemeinen Relativitätstheorie das gesamte System Kants ablehnten.

Die Existenz einer absoluten Länge war wohl einer der Gründe, die für Gauß die nichteuklidische Geometrie so schmackhaft machten. In einem Brief an Gerling schrieb er: ... *könnte man als Raumeinheit die Seite desjenigen gleichseitigen Dreiecks annehmen, dessen Winkel* $= 59°59'59,999''$. Gauß war generell an der Definition absoluter Einheiten interessiert; besser bekannt sind seine diesbezüglichen Bemühungen in der Theorie des Magnetismus und in der Unterscheidung zwischen Rechts und Links. [8] Gauß erwartete sicherlich von der Natur, daß es möglich sein müsse, für eine so wichtige Dimension wie die Länge auch eine absolute Größe zu finden.

Gauß hat jedoch keine zusammenfassende Arbeit über seine Gedanken zur nichteuklidischen Geometrie verfaßt. Im Briefwechsel mit Schumacher und Gerling war er, vor allem in den späteren Jahren, sehr explizit, bat aber gleichzeitig um Vertraulichkeit. Gerling wies Gauß auf zwei Schriften des Juristen F. A. Taurinus hin, in denen dieser verschiedene Konsequenzen ableitete, die man durch die Streichung des Parallelenaxioms erhält. Gauß äußerte sich positiv dazu.

Gauß hat es wohl aus verschiedenen Gründen vorgezogen, seine Gedanken zu diesem Fragenkomplex nicht zu veröffentlichen. Sein wichtigster Grund war wohl, daß er nicht in seines Erachtens völlig irrelevante philosophische Diskussionen hereingezogen werden wollte.[4] Man kann kaum bezweifeln, daß Gauß, wenn er eine Möglichkeit gesehen hätte, die ihn so sehr interessierende Frage der Natur des physischen Raumes zu entscheiden, er auch seine theoretischen Gedanken dazu publik gemacht hätte. Gauß hat viele Aufzeichnungen hinterlassen, die von Problemen der transzendentalen Trigonometrie handeln und die zeigen, wie interessiert er an den Konsequenzen des Fortfalls des Parallelenaxioms war. Gauß sah das Problem sehr viel anders als wir heute: er verglich die Geometrie mit der Mechanik und nannte sie eine Experimentalwissenschaft, wobei er die Wichtigkeit der Intuition für ihr Verständnis hervorhob. [9] In einem Brief drückte Gauß seine Überzeugung aus, daß vollendetere Wesen als wir – Engel vielleicht – die wahre Natur des Raums intuitiv erkennen könnten; selbst wir Sterbliche können dies vielleicht nach dem Tod. [10] Die erste mathematisch korrekte

---

[4] Gauß' Satz, er fürchte sich vor dem Geschrei der Böotier, wird oft in diesem Zusammenhang zitiert und überinterpretiert. Offensichtlich sprachen Gauß und seine Studienfreunde oft von den *Böotiern* und Gauß' Gebrauch dieses Worts in diesem Zusammenhang ist wohl ein Relikt aus Studententagen.

und recht vollständige Sammlung nichteuklidischer geometrischer Eigenschaften wurde 1831 von Janos Bolyai veröffentlicht, dem Sohn von Gauß' Freund. Die Arbeit erschien als Anhang des *Tentamen*, eines Lehrbuchs von Wolfgang Bolyai, welches dieser unmittelbar nach seiner Veröffentlichung nach Göttingen schickte. [11] Gauß' Reaktion ist bezeichnend – er lobt Janos' mathematisches Werk und dessen Mut, solch kontroverses Material zu veröffentlichen, streift aber die für ihn zentrale Frage nach der Natur der wahren Geometrie überhaupt nicht.

Gauß' letzte wichtige Stellungnahme zu diesem Thema wurde durch Lobatschewskys zwischen 1841 und 1846 erschienene Arbeiten ausgelöst. Gauß las einige der Lobatschewskyschen Arbeiten in der russischen Originalfassung und andere in deutscher Übersetzung. Er erkannte unmittelbar ihren Wert und ihre Bedeutung und lobte in einem Brief an Schumacher ihren *echt geometrischen* Charakter (siehe auch S. 146).

Von etwa 1815 an erscheint Gauß' Haltung in diesen Diskussionen merkwürdig starr und desinteressiert. Häufig bemerkt er, daß, was immer ihm andere als neue Ergebnisse ihrer Forschertätigkeiten zuschickten, ihm längst bekannt gewesen sei. Janos Bolyai war besonders betroffen, als Gauß seinem Vater schrieb, daß ihm Janos' Ergebnisse seit 30–35 Jahren bekannt seien – eine Aussage, die sicher in dieser Form nicht richtig ist (siehe den Brief an Bolyai vom 6. März 1832). In diesem Zusammenhang macht Gauß das oft zitierte ominöse Diktum, daß er Janos' Arbeit *nicht loben darf; ... sie loben hiesse mich selbst loben: denn der ganze Inhalt der Schrift ... kommen fast durchgehends mit meinen eigenen ... Meditationen überein.*

Gauß' Interesse an der nichteuklidischen Geometrie wurde durch seine Beschäftigung mit geodätischen Fragen wiedererweckt. Es bestehen tatsächlich Verbindungen zwischen diesen beiden Gebieten, aber auch zwischen Geodäsie, Differentialgeometrie und der Theorie der konformen Abbildungen. Die beiden wichtigsten Arbeiten hiezu sind *Allgemeine Auflösung der Aufgabe die Theile einer gegebenen Fläche so abzubilden, dass die Abbildung dem Abgebildeten in den kleinsten Theilen ähnlich wird* (G. W. IV, 1822) und *Disquisitiones generales circa superficies curvas* (G. W. IV, 1827). Die erstere dieser beiden Arbeiten verdankt ihrer Entstehung einem Wettbewerb der Dänischen Akademie der Wissenschaften und wird im folgenden als *Kopenhagener Preisschrift* zitiert.[5]

Analytische Geometrie und Differentialrechnung wurden bekanntlich zu etwa derselben Zeit entwickelt. Die ersten tieferen Beiträge zur Differentialgeometrie gehen dann auf Euler zurück. Unter dessen unmittelbaren Nachfolgern ist Legendre der bedeutendste. Die Abwicklung 3-dimensionaler Objekte, etwa Zylinder, in der Ebene und das allgemeine Kartographie-

---

[5] Auf Anforderung von Schumacher wurde die Preisaufgabe von Gauß formuliert, der jedoch dann keine Arbeit einreichte. Als nach zwei Jahren keine befriedigende Lösung eingetroffen war, reichte Gauß seine Arbeit ein, die dann auch den ausgesetzten Preis gewann.

Problem, d.h. die Bestimmung der bestmöglichen Projektion der Erde in die Ebene, zählen zu den klassischen differentialgeometrischen Problemen.

Gauß leistete erhebliche Beiträge zu diesen beiden Themenkomplexen, aber sein wirklich bleibendes Werk in der Differentialgeometrie handelt von der Identifizierung und Untersuchung gewisser Invarianten, die zu den inneren Eigenschaften der betrachteten geometrischen Objekte gehören. Unter diesen ist das Krümmungsmaß am bekanntesten. Gauß schuf damit eine völlig neue Art von Differentialgeometrie. Er hat auf diesem Gebiet seine bedeutendsten Entdeckungen selber veröffentlicht, so daß auf den Nachlaß hier nicht eingegangen zu werden braucht.

Das Ausgangsproblem der Kopenhagener Preisschrift war die Ermittlung aller möglichen für die Kartographie brauchbaren Projektionen. Genau gesagt bestand das Problem darin, ein beliebiges gegebenes Gebiet so in ein anderes Gebiet abzubilden, daß das Bild dem Original „in den kleinsten Teilen ähnlich" wird. Unter den speziellen Lösungen befinden sich die stereographische Abbildung der Kugel, die seit der Antike bekannt war, und Mercators Abbildung. Das Problem war von Lambert allgemein für den Fall der Abbildung der Kugel in die Ebene gelöst worden. Gauß' Arbeit löst das Problem für Abbildungen zwischen zwei beliebigen Gebieten; die gewünschte Abbildung muß konform sein. In seinem Beweis zieht Gauß Integraltransformationen heran, mit deren Hilfe er das Quadrat eines Linienelements auf eine Form reduziert, die durch die Arbeiten Eulers und Lagranges vertraut und einer weiteren Behandlung zugänglich gemacht worden war.

Gauß geht ganz direkt vor und beginnt mit der folgenden Ähnlichkeitsbedingung (in §4): ... *dass alle von Einem Punkte der ersten Fläche ausgehende und in ihr liegende unendlich kleine Lienien den ihnen entsprechenden Linien der zweiten Fläche proportional sind, und zweitens, dass jene unter sich dieselben Winkel machen, wie diese.* Als Nebenergebnis erhält Gauß eine sehr einfache Bedingung dafür, daß zwei Flächen aufeinander abgewickelt werden können. Die Kopenhagener Preisschrift schließt mit der Diskussion dreier Beispiele, der konformen Abbildung von Ebenen in Ebenen, der konformen Abbildung einer Kugel in eine Ebene und der konformen Abbildung eines Drehungsellipsoids auf eine Kugel.

Die analytischen Hilfsmittel, die Gauß in der Kopenhagener Preisschrift benutzt, sind die sogenannten Cauchy-Riemannschen Differentialgleichungen [12] und die bereits erwähnten Transformationen der Quadrate der Linienelemente. Die Preisschrift enthält somit die erste zusammenhängende Behandlung der konformen Abbildung und eine Darstellung der Elemente der Theorie der isometrischen Abbildungen.

Gauß' differentialgeometrisches Hauptwerk sind die 1827 abgeschlossenen und 1828 veröffentlichten *Disqu. gen.* Dies ist eine einflußreiche, aber kurze Arbeit und kann, trotz des analogen Titels, nicht mit den *Disq. Arithm.* und deren Rolle in der Geschichte der Zahlentheorie verglichen werden. Gauß führte in den *Disq. gen.* mehrere neue Begriffe in die Diffe-

Gauß im Jahr 1828 (Lithographie von S. Bendixen)

rentialgeometrie ein, darunter das bereits oben erwähnte Krümmungsmaß.
Wie Gauß selber schrieb, stammen seine wichtigsten Anregungen aus der
Astronomie (und der sphärischen Trigonometrie) sowie der theoretischen
Geodäsie. Insgesamt beschränkt sich Gauß auf den dreidimensionalen Fall
und den euklidischen Raum E^3. Zur Definition des Krümmungsmaßes $K(A)$
in einem Punkt A einer gegebenen Hyperfläche M in E^3 wurde Gauß durch
astronomische Überlegungen geführt; die *Gaußsche Krümmung* wird folgendermaßen (in moderner Terminologie) definiert:

$$|K(A)| = \lim_{\varepsilon \to 0} \frac{\text{Fläche}(\varsigma(D_\varepsilon))}{\text{Fläche}(D_\varepsilon)} \quad ,$$

wobei D_ε eine kompakte ε-Umgebung von A in M ist und $\varsigma(D_\varepsilon)$ die entsprechende Hyperfläche auf S^2. K steht tatsächlich für die Totalkrümmung (*cur-*

vatura totalis oder *integra*) der betrachteten Fläche. Gauß schreibt die Formel für das Krümmungsmaß folgendermaßen (in Abschnitt 10 der *Disq. gen.*):

$$k = \frac{DD'' - D'^2}{(A^2 + B^2 + C^2)^2},$$

wobei A, B, C, D, D', D'' für bestimmte Differentiale stehen. Schreibt man diese Formel aus, so wird sie sehr kompliziert und unübersichtlich. Gauß berechnet nun das Krümmungsmaß explizit und leitet die folgende berühmte Gleichung ab:

$$4(EG - F^2)k = E\left(\frac{dE}{dq} \cdot \frac{dG}{dq} - 2\frac{dF}{dp} \cdot \frac{dG}{dq} + \left(\frac{dG}{dp}\right)^2\right)$$

$$+F\left(\frac{dE}{dp} \cdot \frac{dG}{dq} - \frac{dE}{dq} \cdot \frac{dG}{dp} - 2\frac{dE}{dq} \cdot \frac{dF}{dq} + 4\frac{dF}{dp}\frac{dF}{dq} - 2\frac{dF}{dp}\frac{dG}{dp}\right)$$

$$+G\left(\frac{dE}{dp} \cdot \frac{dG}{dp} - 2\frac{dE}{dp}\frac{dF}{dq} + \left(\frac{dE}{dq}\right)^2\right)$$

$$-2(EG - F^2)\left(\frac{d^2E}{dq^2} - 2\frac{d^2F}{dpdq} + \frac{d^2G}{dp^2}\right),$$

wobei E, F und G die betrachtete Fläche charakterisierende Parameter sind. Diese Gleichung ist als *Gaußsche Gleichung* bekannt; sie kann auf jede Fläche M angewandt werden, welche das Bild einer Einbettung $f : U \rightarrow E^3, U$ eine offene Teilmenge von R^2, ist. Die geometrische Bedeutung dieser Gleichung beschrieb Gauß mit seinem berühmten *Theorema egregrium*:

Wenn eine Fläche in E^3 in eine andere Fläche in E^3 abgewickelt (d.h. isometrisch abgebildet) werden kann, so stimmt das Gauß'sche Krümmungsmaß in identischen Punkten überein.

Dieser Satz führte Gauß zu seinem in der deutschsprachigen Zusammenfassung seiner Arbeit ausgedrückten differentialgeometrischen Programm (*G. W.* IV, S. 344-345):

Diese Sätze führen dahin, die Theorie der krummen Flächen aus einem neuen Gesichtspunkte zu betrachten, wo sich der Untersuchung ein weites noch ganz unangebautes Feld öffnet. Wenn man die Flächen nicht als Grenzen von Körpern, sondern als Körper, deren eine Dimension verschwindet, und zugleich als biegsam, aber nicht als dehnbar betrachtet, so begreift man, dass zweierlei wesentlich verschiedene Relationen zu unterscheiden sind, theils nemlich solche, die eine bestimmte Form der Fläche im Raume voraussetzen, theils solche, welche von den verschiedenen Formen, die die Fläche annehmen kann, unabhängig sind. Die letztern sind es, wovon hier die Rede ist: nach dem, was vorhin bemerkt ist, gehört dazu das

Krümmungsmaass; man sieht aber leicht, dass eben dahin die Betrachtung der auf der Fläche construirten Figuren, ihrer Winkel, ihres Flächeninhalts und ihrer Totalkrümmung, die Verbindung der Punkte durch kürzeste Linien u. dgl. gehört. Alle solche Untersuchungen müssen davon ausgehen, dass die Natur der krummen Fläche an sich durch den Ausdruck eines unbestimmten Linearelements in der Form $\sqrt{(E dp^2 + 2F dp \cdot dq + G dq^2)}$ *gegeben ist.*

Gauß' weitere Ergebnisse handeln von den Eigenschaften gewisser Geodätischer auf einer Hyperfläche in E^3, darunter dem wohlbekannten Gaußschen Lemma, welches die Existenz eines orthogonalen Netzes von Kurven auf M zum Gegenstand hat. In seiner Zusammenfassung hebt Gauß unter anderem auch hervor, daß die totale Krümmung eines „geodätischen Dreiecks" der Abweichung seiner Winkelsumme von 180 entspricht. Dies ist heute als der Satz von Gauß-Bonnet bekannt. *Disqu. gen.* endet mit einer Verallgemeinerung eines Satzes von Legendre über das Verhältnis zwischen den Winkeln eines sphärischen Dreiecks; dies wurde von Gauß auch für nicht-sphärische Dreiecke untersucht. Ein wichtiger Sonderfall sind die geodätischen Dreiecke; Gauß berechnete die notwendigen Korrekturen für sein großes Dreieck Brocken/Hohenhagen/Inselberg, bemerkt aber gleichzeitig, daß das nur eine Rechenübung war. Am 1. März 1827 schreibt er an Olbers:

... In praktischer Rücksicht ist dies zwar ganz unwichtig, weil in der That bei den größten Dreiecken, die sich auf der Erde messen lassen, diese Ungleichheit in der Vertheilung unmerklich wird, aber die Würde der Wissenschaft erfordert doch, daß man die Natur dieser Ungleichheit klar begreife ...

Die *Disqu. gen.* enthalten eigenartigerweise keinen expliziten Hinweis dieser Art.

Stilistisch sind die *Disqu. gen.* vielleicht die vollkommenste der kürzeren Arbeiten Gauß'. Sie ist knapp, aber begrifflich klar und reich an gut ausgearbeiteten Ideen. Gauß konnte sie mit Recht als eine abgerundete Zusammenfassung seiner geometrischen Ideen ansehen. Das Fehlen einer der nichteuklidischen Geometrie gewidmeten Arbeit ist nicht erstaunlich, wenn man sich die Substanz der *Disqu. gen.* ansieht: Gauß benutzte hier alle Quellen, die seine geometrische Intuition speisten – Analysis, Astronomie, sphärische Geometrie und Geodäsie. Die gewonnenen Ergebnisse spiegeln die ganze Breite der Ideen Gauß' auf diesem Gebiet wider und hatten einen tiefen Einfluß auf die weitere Entwicklung der Differentialgeometrie.

Gauß ging in seinen Ergebnissen weit über Euler hinaus. Schon bei Euler findet sich der Begriff des Krümmungsmaßes, aber dies ist bei Euler eine globale Eigenschaft, die nicht für die Beschreibung etwa der Erdkrümmung zu gebrauchen ist. Gauß' Hauptanstöße kamen wohl aus der Geodäsie, aber die Reichweite seiner Ergebnisse war sehr viel größer.

Wir gehen hier noch kurz auf Gauß' Arbeiten zu einem verwandten Thema ein, der Variationsrechnung. Dieses Thema wurde im 18. Jahrhundert eingehend im Zusammenhang mit den Extremalproblemen der mathematischen Physik behandelt. Aus mathematischen wie auch aus philosophischen Gründen war die Variationsrechnung eines der im Mittelpunkt des Interesses stehenden wissenschaftlichen Themen des 18. Jahrhunderts.

Die beiden wichtigsten mathematischen Hilfsmittel für die Lösung von Extremalproblemen sind partielle Integration und Integraltransformationen, aber man hat zwei grundlegende Probleme zu bewältigen. Zum einen ist es oft nicht klar, wie ein Extremalproblem mathematisch zu formulieren ist und welche Formulierung zu brauchbaren Lösungen führt. Die Ableitung richtiger oder passender Randbedingungen ist besonders schwierig. Das zweite grundsätzliche Problem besteht darin, die gewünschte Variation mit den zur Verfügung stehenden Mitteln der Differential- und Integralrechnung mathematisch korrekt auszuführen. Es gibt zwei grundverschiedene Ansätze, nämlich die Variation des Integrationsgebiets und die Variation der unabhängigen Variablen. Die Variation des Integrationsgebiets ist mathematisch einfacher, scheidet aber aus, wenn man ein geometrisches Problem behandelt. Lagrange löste das allgemeine Problem der Variation der Variablen, und zwar ist der Ausdruck

$$J = \iint V(x, y, z, p, , q, \ldots) dx\, dy$$

zu variieren, wo z eine Funktion der unabhängigen Variablen x, y ist. p und q sind partielle Differentiale.

Unter einigen vereinfachenden Ableitungen leitete Lagrange die folgenden Formeln ab:

$$\delta J = \iint \Omega \omega \, dx\, dy + \iint \left(\frac{\partial (A + V\delta x)}{\partial x} + \frac{\partial (B + V\delta y)}{\partial y} \right) dx\, dy,$$

wobei wir

$$\delta \int Z = \int \delta Z, \quad \delta x = d\delta x, \quad \delta d^2 x = d^2 \delta x$$

für die formale Differentiation hinsichtlich der unabhängigen Variablen x, y, z, $dx, dy, dz, \ldots$ schreiben, und

$$\omega = \delta z - p\delta x - q\delta y, \quad \Omega = N - \frac{\partial P}{\partial x} - \frac{\partial Q}{\partial y}, \quad A = P\omega + \ldots \quad , \quad B = Q\omega + ..$$

mit

$$\frac{\partial V}{\partial z} = N, \quad \frac{\partial V}{\partial p} = P, \quad \frac{\partial V}{\partial q} = Q.$$

Keine der Arbeiten Gauß' handelt ausschließlich von der Variationsrechnung. Seine beiden wichtigsten Arbeiten auf diesem Gebiet sind *Principia generalia theoriae figurae fluidorum in statu aequilibrii*(1829/1830), eine Arbeit, die der mathematischen Physik zuzuordnen ist, und die oben besprochenen *Disquisitiones generales circa superficies curvas* von 1828.

Mathematisch reduziert sich das Problem der *Prin. gen.* auf die Variation des Ausdrucks

$$W = \frac{1}{2} \iint [z^2 - g^2(x,y)] dx\, dy$$

$$+ (\alpha^2 - 2\beta^2) \iint \sqrt{1 + g_x^2 + g_y^2}\, dx\, dy + \alpha^2 \iint [z - g(x,y)] dx\, dy,$$

wobei α und β konstant sind und $z = g(x,y)$ zweimal stetig differenzierbar ist, und des Ausdrucks

$$S' = \iint [z - g(x,y)] dx\, dy,$$

wobei sowohl über z als auch das Integrationsgebiet integriert wird.

Wie schon Euler und Lagrange vor ihm, ging Gauß mit dem δ-Symbol recht unbedenklich und ohne es exakt zu definieren um. Gauß' Ergebnisse waren korrekt, aber er war gezwungen, mit sehr scharfen Nebenbedingungen zu arbeiten, um dies auch sicherzustellen. Poisson veröffentlichte 1816 eine präzise Definition des δ-Symbols (ohne dabei vertrautes Terrain in der Analysis zu verlassen), aber Gauß, dessen Arbeiten später entstanden sind, scheint Poisson's Definition nicht gekannt zu haben.

Physikalisch bedeutet die Variation von W, daß ein Minimum hinsichtlich infinitesimaler Änderungen in der Form der Flüssigkeit konstanten Volumens gesucht wird. S' ist eine Formel für das Volumen der untersuchten Flüssigkeit. Konkret wird eine homogene inkompressible Flüssigkeit in einem Behälter untersucht, deren Gleichgewichtsbedingungen durch das Prinzip der virtuellen Verrückungen gegeben sind.

Obwohl bereits damals eine umfangreiche Literatur zur Variationsrechnung existierte, machte Gauß nur sehr wenige historische Bemerkungen und ging auch nicht auf das zeitgenössische Werk Ohms ein, der die Details der Theorie der Variation der Integrationsfläche entwickelte. [15]

Im einzelnen löste Gauß das Problem in drei Schritten:

1. Formulierung der ersten Variation.
2. Transformation der ersten Variation durch partielle Integration.
3. Ableitung einer partiellen Differentialgleichung und ihrer Randbedingungen.

Die zentrale Frage des zu Grunde liegenden physikalischen Systems betrifft die Optimierung der Oberfläche U, welche durch die Funktion $z(x,y)$ in kartesischen Koordinaten dargestellt wird. Gauß geht geometrisch vor: U wird dadurch variiert, daß jeder Punkt (x,y,z) durch einen Punkt in seiner Umgebung ersetzt wird. Man erhält für die Variation von U, unter Benutzung der Richtungscosinus χ, η, ς der äußeren Normalen, die folgende Formel:

106

$$\delta = \int dU \left((\eta^2 + \varsigma^2)\frac{\partial x}{\partial x} + \varsigma\eta\frac{\partial \delta y}{\partial x} - \varsigma\chi\frac{\partial \delta z}{\partial x} \right)$$

$$+ \int dU \left(-\chi\eta\frac{\partial \delta x}{\partial y} + (\varsigma^2 + \chi^2)\frac{\partial \delta y}{\partial y} - \eta\varsigma\frac{\partial \delta z}{\partial y} \right).$$

Wie auch sonst, betrachtet Gauß hier nur die erste Variation. Die Formel ist trotzdem so kompliziert, weil Gauß gleichzeitig die erste Variation und die Berechnung der Hyperfläche vornimmt. Gauß verknüpft hier diese beiden nicht miteinander zusammenhängenden Probleme; wenn man stattdessen gleich von den von Gauß schon 1813 abgeleiteten Formeln für gekrümmte Hyperflächen ausgeht, erhält man natürlich dasselbe Ergebnis.

Partielle Integration liefert dann direkt

$$\delta U = \iint \left(\frac{\partial A}{\partial x} + \frac{\partial B}{\partial y} \right) dx\,dy + \iint C\,dx\,dy,$$

wobei A, B, C homogene Funktionen von x und y sind. Durch rein geometrische Argumente kann man diesen Ausdruck in ein Linienintegral entlang der Grenze von U umwandeln. Dies ist eine Verallgemeinerung von Greens Satz, die als Gaußscher Divergenzsatz bekannt ist. [14][6]

Der dritte und letzte Teil der *Prin. gen* handelt von der resultierenden Differentialgleichung und ihren Randbedingungen und ist in unserem Zusammenhang nicht von Interesse.

Die vorstehende Zusammenfassung bleibt aus denselben Gründen unbefriedigend, deretwegen auch Gauß' Arbeiten relativ wenig beachtet wurden. Gauß unterscheidet nicht zwischen allgemeiner Theorie und konkretem physikalischem Problem. Im Gegenteil, die damit einhergehenden technischen Komplikationen scheinen dieses Gebiet für Gauß besonders attraktiv gemacht zu haben.

Bolzas Zusammenfassung in Bd. X, 2 der Gesammelten Werke enthält wertvolle und umfangreiche zusätzliche Informationen zu diesem Teil von Gauß' Werk. Der physikalische Gehalt der *Prin. gen.* wird im Rahmen von Gauß'physikalischem Werk besprochen werden.

---

[6] Gauß' explizite Formel, die Greens Satz als Spezialfall enthält, lautet

$$\iint \left(\frac{\partial A}{\partial x} + \frac{\partial B}{\partial y} \right) dx\,dy = \int (AY - BX)dP,$$

wobei P die Kurve entlang der Grenze von U ist. In diesem Sinn hängt Gauß' Theorie von der speziellen Form von U ab. Gauß' Formel liefert den Greenschen Satz für den Fall, daß U eine zweidimensionale Ebene ist.

10. Kapitel

Vom Ruf nach Berlin
bis zum Ende der zweiten Ehe

Gauß' geodätische Arbeiten trugen viel dazu bei, seinen Namen auch außerhalb seiner engeren Fachwelt bekannt zu machen. Aber das ist nicht der einzige Grund, weshalb man diese Arbeiten nicht als unwesentliche Zeitverschwendung abtun sollte. Ähnlich wie die Astronomen ihn unter die Ihren zählen, hat Gauß bei den Geodäten einen hohen Ruf als ein Mann, der neue Maßstäbe in der Genauigkeit der Beobachtungen und der theoretischen Behandlung geodätischer Probleme setzte. Seine Gründlichkeit und sein Erfindungsreichtum, insbesondere die Entwicklung des Heliotropen, wurden von seinen Kollegen und Nachfolgern tief bewundert.

Schumachers *Astronomische Zeitschrift* war während dieser Periode ein wichtiges Kommunikationsmittel für Gauß. Er veröffentlichte in ihr eine Anzahl astronomischer und geodätischer Arbeiten; außerdem stand er Schumacher mit Ratschlägen zur Seite und begutachtete Manuskripte für ihn. Schumacher seinerseits hielt Gauß mit neuesten wissenschaftlichen und persönlichen Nachrichten auf dem laufenden. 1824 benutzte Gauß die *Zeitschrift* zu einem – besonders für ihn – außergewöhnlichen Schritt, der Veröffentlichung einer förmlichen Ehrenerklärung für den ungarischen Astronomen Pasquich [1]. Pasquich, Direktor der Budapester Sternwarte, war von einem seiner Assistenten der Fälschung von Beobachtungsergebnissen bezichtigt worden. Pasquichs moralischer und wissenschaftlicher Ruf stand in Frage, und eine Zeit lang schien es, daß er fristlos entlassen werden würde. Gauß' Votum war entscheidend, und als er nach gründlicher Untersuchung des Falls seine Überzeugung ausdrückte, daß die Anwürfe gegen Pasquich ungerechtfertigt seien, akzeptierte die astronomische Welt dieses Urteil sofort. Gauß war weder persönlich noch wissenschaftlich an dieser Affaire interessiert, entschloß sich aber zu seiner öffentlichen Stellungnahme nach Diskussionen mit Olbers, Schumacher und Bessel.[1]

Zwischen 1822 und 1824/25 fanden nochmals ernsthafte Verhandlungen mit Berlin statt. Auf preußischer Seite waren wiederum die Gebrüder Humboldt die treibenden Kräfte, der Wissenschaftler und Forschungsrei-

---

[1] Pasquich nutzte Gauß' Geste nicht viel. Er verlor seine Stelle trotzdem, empfing aber eine angemessene Pension.

sende Alexander und der Politiker Wilhelm. Gauß' zweite Frau Minna und deren Familie standen Berlin sehr positiv gegenüber und drängten Gauß, dem Ruf zu folgen. Die Situation war damals besonders günstig, denn wegen des Todes des permanenten Sekretärs der Akademie [2] war es möglich, ein besonders gutes Angebot zu machen. Unter den deutschen Staaten hatte Preußen damals eine führende Rolle, und es erschien nur natürlich, daß der führende Mathematiker und Naturwissenschaftler Deutschlands in Berlin residieren sollte. Die Verhandlungen waren langsam und kompliziert, teils, weil die Berliner Bürokratie sehr schwerfällig war, teils, weil Gauß seine Verhandlungen nicht direkt führte, sondern sich von Lindenaus, des ehemaligen Vorstehers der Seeberger Sternwarte und damaligen leitenden Ministers des Fürstentums Sachsen-Coburg-Gotha, als seinens Bevollmächtigten bediente. Lindenau befand sich in keiner beneidenswerten Situation, denn Gauß stellte keine expliziten Bedingungen; andererseits war auch Berlin nicht sehr definitiv. Alle wichtigen Entscheidungen, sogar Gauß' Gehalt, mußten vom König selbst entschieden werden [3]. Kurz vor dem Abbruch der Verhandlungen beschrieb der preußische General von Müffling in einem Brief an Lindenau die für Gauß avisierte Stellung folgendermaßen:

... Darüber, dass er bei der Universität nicht angestellt wird, waren wir bereits alle einig. Da nun aber der Minister zur Herbeischaffung der Summe, welche noch an seiner Stellung fehlt, einen Titel haben muss, so hat er den Antrag an den König gemacht, den ich auch unterstützt habe, dass der Hr. Gauss ihm, dem Minister, in allem, was das mathematische Studium betrifft, rathgebend oder leitend für öffentliche Angelegenheiten oder Institute, als Observatorien, polytechnische Institute p.p. beistehe und sich unterzöge. Dies ist auch genehmigt, so dass von dieser Seite nun nichts mehr entgegensteht. Ausserdem würde noch eine billige Reise- und Versetzungskostenvergütung zu erlangen sein.

Was die Stellung betrifft, so glaube ich, dass neben der als Akademiker sich keine ehrenvollere finden lässt, und wenn der Hofrath Gauss sich mit dem Minister zu benehmen weiss, so bekommt er einen grossen Einfluss auf das ganze mathematische Unterrichtswesen des Staates, wo er also ein grosses Feld hat und ausserordentlich nützlich werden kann. Der Minister und die ersten Räthe werden ihm mit grossem Vertrauen entgegenkommen, alles übrige hängt von ihm selbst ab. Kommt es dazu, ein polytechnisches Institut zu bilden, wozu ich einen Plan entworfen habe, so würde er einen grossen Einfluss darauf üben, und dies ist zugleich eine Gelegenheit zu seiner Verbesserung ... (Brief vom 28. November 1824).

Nachdem Berlin sein Angebot gemacht hatte, informierte Gauß die hannoversche Regierung, um ihr die Möglichkeit eines Gegenangebots zu geben. Zu diesem Zeitpunkt erschien es als wahrscheinlich, daß Gauß in preußische Dienste überwechseln würde. Aber es kam anders, denn nach kurzer Bedenkzeit entschied sich die hannoversche Regierung, Gauß' Gehalt dem Berliner

Angebot anzupassen. Zusätzlich wurde ihm versichert, daß die Ausstattung der Sternwarte verbessert werden würde. Das gab dann den Ausschlag, und Gauß entschloß sich, in Göttingen zu bleiben – eine Entscheidung, die seine „patriotischen" Freunde, und darunter befanden sich neben Lindenau auch Olbers und Bessel, überraschte und enttäuschte. Für sie war Berlin das natürliche Domizil Gauß', denn sie sahen ein starkes Preußen als die Wiege eines wiedergeborenen und geeinten Deutschlands.

Gauß' Gründe sind oft mißverstanden worden, und noch Kummer nahm an, Gauß habe sich einiger weniger Taler wegen gegen Berlin entschieden [4]. Es gibt Hinweise darauf, daß Gauß nach Berlin gegangen wäre, wenn Berlin schneller und Hannover weniger schnell reagiert hätte. Aber abgesehen von all dem ist klar, daß Gauß das Berliner Angebot nur mit gemischten Gefühlen hatte betrachten können. Dort wollte man Gauß als Aushängeschild und vielleicht, um junge Kollegen zu beeinflussen. Man erwartete von ihm administrative Schritte, die zu einer allgemeinen Reform und zu einer Hebung der Standards der Universitätsausbildung führen würde. Im Nachhinein ist es offensichtlich, daß es für Gauß richtig war, in Göttingen zu bleiben. Daß seine äußeren Bedingungen dort dann noch verbessert wurden, unterstrich die Richtigkeit seiner Entscheidung. Gauß' Zeitgenossen und die unmittelbar nachfolgenden Generationen verstanden das nicht und sahen die Situation anders; sie reflektierten damit das Vertrauen des 19. Jahrhunderts in die Bedeutung administrativer Schritte und progressiver Organisatoren [5].

Die Geschichte des Berliner Rufs ist noch von einem anderen Gesichtspunkt aus interessant. In den Verhandlungen mit Gauß war die preußische Bürokratie schwerfällig, während Hannover, bei all seiner reaktionären Konservativität, viel flexibler und aufgeschlossener war. Über Gauß' Wünsche wurde in London entschieden, aber die positive Antwort der englischen Regierung kam sofort, ganz im Gegensatz zu Berlin. Die alte Ordnung schien wieder einmal ihre Überlegenheit zu beweisen, und die moderne Effizienz und Organisation, die Berlin verkörperte, versagte kläglich. Rückblickend überrascht es, daß Gauß überhaupt das Berliner Angebot ernsthaft erwog, aber Berlin war zu wichtig, als daß er es ohne Diskussion hätte abtun können; die Präferenz seiner Familie spielte dabei sicher auch eine Rolle [6]. Später wird klar werden, daß Gauß nicht völlig gegen die Versuchungen und Tendenzen seiner Zeit gefeit war, aber in seiner Entscheidung folgte er seinen originären Prinzipien und blieb der Welt, wie er sie noch von den ersten Jahrzehnten seines Lebens kannte, treu.

Als der führende Mathematiker und Astronom Deutschlands wurde Gauß oft um Rat gefragt, wenn vakante Stellen zu besetzen waren [7]. Sein enges Verhältnis zu Schumacher sorgte dafür, daß Gauß über bevorstehende Wechsel, offene Stellen und zur Verfügung stehende Kandidaten stets gut informiert war. Gauß' Empfehlungen wurden in der Regel sehr ernst genommen, nicht nur wegen seiner hohen wissenschaftlichen Autorität, sondern auch, weil sein Urteil, auch in Personalfragen, scharf und zutreffend war. Gauß war sehr wohl in der Lage, zwischen der wissenschaftlichen Qualifikation eines Kandidaten und seiner Eignung als Lehrer und Administrator zu unterscheiden. Auf diese Weise übte Gauß einen bedeutenden Einfluß auf die Entwicklung der deutschen Universitäten und besonders der Sternwarten während einer sehr kritischen Wachstumsperiode aus. Dies war die Ära, in der das Niveau des deutschen Bildungswesens scharf anstieg und die Grundlagen für die führende Rolle der deutschen Universitäten in der zweiten Hälfte des 19. Jahrhunderts gelegt wurden. Gauß' Einfluß reichte jedoch über akademische Institutionen hinaus und erstreckte sich auch auf technische und wirtschaftliche Entwicklungen. Obwohl sich also Gauß entschloß, in dem kleinen und isolierten Göttingen zu bleiben, waren die effektiven Auswirkungen seiner Tätigkeit kaum geringer, als wenn er den Berliner Ruf angenommen hätte, und für ihn eine administrativ und institutionell einflußreiche Position geschaffen worden wäre.

Es war vornehmlich der private Sektor, auf dem Gauß es lernte, „ein Kind seiner Zeit" zu werden. Voranstehend wurden bereits die zu seiner zweiten Ehe führenden Umstände beschrieben. Obwohl es nicht ganz richtig wäre, diese zweite Ehe als unglücklich zu bezeichnen, fand Gauß in ihr nie den Frieden und die Erfüllung seiner Ehe mit Johanna, und sicherlich nicht in der in der Erinnerung verklärten Form. Nach drei Geburten zwischen 1811 und 1816 verlor Minna Gauß ihre Gesundheit und die Fähigkeit, ihrem Haushalt vorzustehen und ein aktives gesellschaftliches Leben zu führen. Sie siechte langsam dahin und starb schließlich 1831, wohl an der Schwindsucht. Zu Beginn ihrer Ehe war Minna sehr unabhängig; sie war gebildet, sozial ihrem Mann überlegen und verkörperte für ihn die Hoffnung auf inneres Gleichgewicht und häuslichen Frieden. Dieses innere Glück wurde Gauß nie wieder zuteil: Minnas Krankheit, Probleme mit den Kindern und das Fortschreiten der Zeit machten das unmöglich. Minna lebte in einer Gauß fremden Welt, in der er indes schnell heimisch wurde. Als sie 1811 heirateten, war Gauß noch der geniale junge Naturwissenschaftler, der sich aus ärmlichen Verhältnissen hochgearbeitet hatte und voller Dankbarkeit gegenüber all denen war, die ihm auf seinem Weg geholfen hatten. Mit seiner Ehe wurde Gauß der Schwiegersohn eines angesehenen Universitätsprofessors und Geheimen Rats, mit einer finanziell unabhängigen Frau von gesichertem gesellschaftlichem Rang [8]. In vielem veränderte sich Gauß nicht, aber die zweite Ehe hinterließ doch sehr tiefe Spuren. Ein Aspekt wird nachstehend behandelt werden, nämlich seine finanziellen Transaktionen und Spekulationen, zumeist in Regierungsanleihen und den Schuldverschreibungen privater Eisenbahngesellschaften.

Gauß war sehr am Fortkommen seiner Söhne interessiert – man sieht hier das Erwachen des Familiensinns, einer für ihn ganz neuen Haltung. Gauß' Bemühungen waren nur zum Teil erfolgreich, und manche seiner Erfahrungen waren bitter und demütigend. Sein ältester Sohn Joseph, offensichtlich ein kompetenter Ingenieur, war Assistent seines Vaters in einer Phase der hannoverschen Landvermessung und bekleidete später eine verantwortliche Stellung in diesem Unternehmen. Er wurde dann Offizier in hannoverschen Diensten, wurde aber als Bürgerlicher nur sehr langsam befördert, obwohl sein Vater mehrmals für ihn einzutreten versuchte [9]. Hannover war gesellschaftlich besonders konservativ, und Gauß wurden die Grenzen seines Einflusses sehr deutlich. Nach seinem Ausscheiden aus dem Militärdienst schloß sich Joseph einem privaten Eisenbahnunternehmen in Hannover an und wurde nach einiger Zeit zu einem der Direktoren dieser Firma. Sein Verhältnis zum Vater war nicht sehr eng, aber Gauß scheint, vor allem im Alter, die Verehrung seines Sohnes und dessen Familie genossen zu haben und erwähnt Joseph öfter wohlwollend in seinem Briefwechsel. Zu seines Vaters 75. Geburtstag schenkte ihm Joseph ein Ölbild seines damals dreijährigen Sohns, eine eigenartige Geste, die die gesellschaftlichen Veränderungen während Gauß' Leben ironisch beleuchtet [10]. Gauß' Verhältnis zu seinen beiden jüngeren Söhnen war problematischer und nicht so leicht mit dem keimenden Ideal der Familienharmonie zu vereinbaren. Sowohl Eugen als auch Wilhelm wanderten nach längerem Konflikt mit dem Vater nach Amerika aus. Die Entfremdung und Trennung war besonders im Falle Eugens sehr schmerzlich. Eugen war ein begabter junger Mann, wurde jedoch von seinem Vater gezwungen, Jura, für das er kein Interesse aufbrachte, zu studieren. Eugen konnte sich seinem Vater nicht direkt widersetzen, aber der Konflikt wurde sichtbar, als Eugen als Student in Göttingen in disziplinarische Schwierigkeiten geriet und in Glücksspielen hohe Summen verlor. 1830 kam es zur Krise, Eugen verzweifelte und verließ Göttingen mit unbekanntem Ziel. Vater und Sohn sahen sich zum letzten Mal in Bremen, wo Eugen aufgefunden wurde, aber die Begegnung führte offensichtlich nicht zur Versöhnung. Beiden Seiten erschien Amerika als der beste Ausweg, und Eugen schiffte sich nach Philadelphia ein.[2] Diese letzte Konfrontation war sicher schmerzlich für den Vater, denn bis dahin hatte er versucht, sich so wenig wie möglich emotional zu engagieren und die direkte Auseinandersetzung zu vermeiden. Er verließ sich wiederholt auf das Urteil seines wohlmeinenden, aber nicht besonders scharfsichtigen Freundes Gerling, dessen Empfehlungen er wichtiger zu nehmen schien als seine eigenen Reaktionen [11]. Der Briefwechsel über die Probleme mit Eugen und später auch Wilhelm hinterläßt das Gefühl völliger Hilflosigkeit – Gauß schien weder fähig noch bereit, seine Kinder zu verstehen. Er selber war natürlich in einer ganz anderen Welt aufgewachsen, aber er war nun ein Gefangener

---

[2] Viele der mit Eugens Schwierigkeiten und Auswanderung zusammenhängenden Einzelheiten sind uns nicht bekannt, denn nur wenige damit befaßte Briefe sind erhalten geblieben. In anderen Briefen äußert sich Gauß nur sehr verklausuliert, so daß wir nicht genau wissen, was damals vor sich ging. Es scheint, daß Gauß seinen Sohn vor die Wahl zwischen Auswanderung und totaler Demütigung – der Vater scheint sich geweigert zu haben, die Spielschulden Eugens zu bezahlen – stellte; Eugen entschied sich für Auswanderung.

112

der bürgerlichen Wertordnung, obwohl diese Werte ihm selber recht fremd waren. Es entmutigte ihn sehr, daß die Söhne aus der zweiten Ehe nicht in der Lage waren, die elterlichen Hoffnungen zu erfüllen.

Auf der Rückreise von Bremen plante Gauß, seinen ältesten Sohn Joseph, der in Peine stationiert war, zu besuchen, aber der Konflikt mit Eugen hatte Minnas Krankheit verschlimmert, und von Göttingen aus bestürmte sie ihren Mann, stattdessen den jüngeren Sohn Wilhelm zu besuchen.[3] Wilhelm war an Landwirtschaft interessiert, eine in den Augen der Eltern nicht sehr zukunftsreiche Karriere, und hatte eine Stelle als Eleve auf einem der großen hannoverschen Güter. Obwohl er gern arbeitete, fühlte sich Wilhelm nie wohl in seinen Stellungen, und seine Vorgesetzten waren oft nicht mit ihm zufrieden. Der Briefwechsel mit Gerling enthält Einzelheiten über Gauß' Versuche, neue Stellungen für seinen schwierigen und leicht entmutigten Sohn zu finden, aber das größte Problem war, daß keine Aussicht auf finanzielle Unabhängigkeit und den Erwerb eines sich tragenden Bauernguts bestand. Aus diesen Gründen entschloß sich Wilhelm, sein Glück in der neuen Welt zu versuchen und emigrierte 1832, nachdem er noch schnell und gegen den Willen seines Vaters eine Nichte Bessels geheiratet hatte [12]. Der Abschied von Eugen war stürmisch gewesen; bei dem sehr viel weicheren Wilhelm kamen die Konflikte nicht an die Oberfläche. In beiden Fällen bedeutete Auswanderung Trennung auf immer, aber aus späteren Jahren sind einige Briefe zwischen Vater und den Söhnen erhalten [13]. Einer der Gründe, weswegen der Konflikt mit Eugen so bitter war, lag darin, daß er sich während der letzten Phase von Minnas Krankheit abspielte; die Ehe mit Minna kam zu ihrem Ende, als auch die Träume und Hoffnungen für das Leben der beiden Söhne zu ihrem Ende kamen. Therese, Minnas jüngstes Kind, blieb in Göttingen und führte ihrem Vater den Haushalt bis zu dessen Tod im Jahr 1855, während Joseph und Minna, die beiden überlebenden Kinder aus der ersten Ehe, das bürgerliche und vorhersehbare Leben führten, das die Eltern für Eugen und Wilhelm erhofft hatten. Gauß' zweite Ehe wurde von diesen Sorgen um die Kinder, aber noch stärker von den gesundheitlichen Problemen Minnas, überschattet. Minnas Krankheit hatte wohl eine psychische Komponente; obwohl sie materiell unabhängig war, scheint Minna nie Johannas glückliche und selbstsichere innere Unabhängigkeit besessen zu haben. Während der Ehe mit Gauß scheint Minnas Unsicherheit immer mehr zugenommen zu haben; die etwas affektierte Heiterkeit ihrer ersten Briefe schlägt in Verzweiflung um. Wir belegen dies mit zwei Zitaten, zuerst aus einem Brief aus dem Jahr 1811, als Gauß von Lindenau auf dem Seeberg besuchte, und dann aus einem Brief, den sie 1830 nach Bremen schickte, als Gauß sein letztes Gespräch mit Eugen hatte.

... Dein Brief machte auch den Kindern große Freude, Joseph fragte wol 10 mal, von Vater, wann kommt er wieder? auch Minna schien grossen

---

[3] Wir zitierén aus diesem Brief, s. S. 113

*Theil daran zu nehmen, die fragt aber besonders, bringt mir Vater auch
etwas mit?*

*Könnte ich es Dir sagen lieber Junge, wie manchen traurigen Augen-
blick ich schon während Deiner Abwesenheit gehabt habe, auch abgerechnet
Vater seine Krankheit. Carl – bester Carl, hast Du mich auch wahrlich lieb?
ich fühle es, meine öftere Verstimmung muss Dich oft kränken; aber bei Gott
es liegt nicht bei mir sie zu verbannen; – auch diese übertriebene Empfind-
lichkeit, ich kann nicht Herr ihrer werden, gewiss – o gewiss es (ist) jetzt
Folge zu grosser Reizbarkeit der Nerven, aber es wird, es muss anders werden, denn bei Gott, ich fühle mich selbst höchst unglücklich dadurch. Habe
nur noch Geduld guter Junge und entzieh mir Deine Liebe darum nicht, es
wird, es muss anders werden, mit diesem trüben Sinn mag ich nicht leben.*

*... Ein Glück, dass der Schluss der Ferien und Deine Mutter Dich
wieder hier zu uns treiben, sonst fürchte ich giebt Dir H von Lindenau so viel
zu schauen und zu horchen, dass Du darüber das Wiederkommen vergessen
könntest. Glaube aber ja nicht, dass ich es Dir missgönne, ich freue mich
so herzlich, wenn Du zufrieden bist, und das bist Du dort gewiss. O Gott im
Himmel vermöcht ich Dich doch ganz so glücklich zu machen, wie Du es von
mir erwartetest, bei Gott, mir fehlt nicht der Wille – aber die Kraft, möge
der Himmel mir geben, dass die Kinder gute Menschen werden, so habe ich
wenigstens einen Theil meiner Bestimmung erfüllt ....*

Nun zum zweiten Brief:

*Obgleich ich Himly fest in die Hand habe versprechen müssen, gar nicht
zu schreiben, so kann ich es mir doch ohnmöglich versagen, an Dich, guter
Carl, mein Versprechen zu brechen. – Wie unaussprechlich hat es mich
beglückt, dass Deine Gesundheit leidlich ist, ach es ist ja jetzt mein höchstes
Gut. Meine Gesundheit ist in den Hauptpunkten bedeutend besser, aber deswegen darfst Du nicht darauf rechnen mich im Äusseren eben verändert zu
finden. Kummer und Krankheit haben mich zu tief heruntergebracht, als
dass nicht erst eine längere Zeit dazu gehören sollte, bevor die tiefen Fur-
chen wieder ausgeglichen sind. – Aber es wird auch kommen. – Was Du über
Eugen schreibst, hat mich recht getröstet, Gott nimmt sich unser noch an,
wenigstens habe ich es mit dem heißesten Dank gegen Gott erkannt, dass
er Dich ein Schiff finden liess, wie konnten wir es denn erwarten, dass sich
gerade ein gleich Seegel fertiges fand. – Ach ja es ist das Letzte was Du für
ihn thust. – Gott stehe ihm bei. Ist es doch als fühlte ich es ganz neu, es ist
kein gestorbener, es ist ein verlorner Sohn Dass Du Dich mein bester Carl
da etwas länger aufhalten musst, begreife ich wol, glaube nicht, dass Du erst
den Tag Deiner Wiederkunft schreiben musst, der Tag Deiner Wiederkehr
ist immer ein Festtag und wird Licht in diese dunkle Nacht bringen, die mich
umgiebt. Nun noch eine Bitte, guter guter Carl, schlag sie nicht ab, richte
Deine Reise so ein, dass Du Wilhelm besuchst, die Ihssen hat geschrieben,
so dringend darum gebeten, sie und iehr Mann wären überzeugt, dass es so*

gut auf ihn würken würde, Du würdest Dich auch über ihn freun, Carl, Carl, thue es mir zum Trost, wir bedürfen ihn ja wol beide. – Joseph kann kein Hindernis geben, der ist erzogen und brav und gut, – aber Wilhelm soll erst noch werden ... Er hat an Dich geschrieben, ein Brief voll der heiligsten Betheurungen, wie es ein heisses Bestreben sein sollte Dir und mir Freude zu machen. Ihssens versichern, wie sie sich jetzt doppelt seiner annehmen würden. Ach Karl könntest Du meine Bitte abschlagen? Gott ich bin so tief so tief gebeugt, ach ich flehe zu Dir, versage nicht, was Du so leicht erfüllen kannst. – Bei Gott, ich will ja dann auch thun was in meinen Kräften ist, um mich aus dieser Kummer vollen Grabesnacht zu erheben. Ich kann nicht mehr bester Carl, Gott nehme Dich in seinen Schutz – Carl, Carl verwirf mein Flehen nicht.

Als Minna starb, war Gauß ein anderer Mensch als bei Johannas Tod, 22 Jahre zuvor. Damals gab er sich einer hoffnungslosen Verzweiflung hin; jetzt war kein Grund und kein Anlaß für extreme Gefühlsausbrüche mehr da. Vier Tage nach Minnas Tod schrieb Gauß das folgende an Olbers: *Eine schwere Zeit für mein Haus sind alle die Monate gewesen, die seit meinem letzten Briefe an Sie verflossen sind. Ach wie lange und wie hart hat die arme Dulderin gedrückt werden müssen, bis ihr Herz brechen konnte. Endlich ist es gebrochen. Am 12. Abends ist sie von dem Jammer des Lebens geschieden, und heute hat die Erde ihre irdischen Überreste wieder aufgenommen. Meine beiden Töchter waren da und sind mir eine wahre Stütze, meinen ältesten Sohn, welcher jetzt im Lüneburgischen eine Nachlese zu den vorjährigen Messungen hält, hoffe ich in ein paar Wochen hier zu sehen. Mein jüngster Sohn in Poppenhagen fängt eben an, sich von einer lebensgefährlichen Krankheit, die ihn vor etwa 6 Wochen befiel, zu erholen.*

Wegen der Wiederbesetzung von Bohnenbergers Stelle hatte man um meinen Rath ersucht, ich hatte Gerling dazu vorgeschlagen, welchem auch unter sehr vortheilhaften Bedingungen die Vokation nach Tübingen zugekommen ist ... (Brief an Olbers vom 16. September 1831)

Als Johanna 1809 starb, stand Gauß am Beginn einer vielversprechenden Laufbahn und konnte trotz der Unsicherheit der Zeiten Erfolg und Anerkennung erwarten. Nur zwei Jahre zuvor war er Direktor der Göttinger Sternwarte geworden. Sein Ruhm wuchs, eine neue Sternwarte war versprochen, und die neue politische Ordnung, obwohl er sie nicht gutheißen konnte, hatte ihm die nötige wissenschaftliche und soziale Freiheit gebracht. Arbeit und Forschung waren in einem glücklichen Gleichgewicht zwischen Theorie und praktischen Anwendungen. Die Gesamtsituation war dennoch nicht stabil – der Bau der Sternwarte ging sehr langsam voran, Jerômes Regime in Westphalen hing völlig von Napoleon und dessen militärischen Erfolgen ab, und niemand wußte, wie sich all dies auf Gauß' äußere Lage auswirken würde und in welche Richtung sich seine wissenschaftlichen Interessen entwickeln würden.

Die Lage 1831 war grundverschieden. Gauß war nun ein berühmter Mann, aber es war nicht zu erwarten, daß die Zukunft noch viele Überraschungen bringen würde. Die 20 Jahre der zweiten Ehe waren sehr ereignisreich gewesen, aber entscheidend sind nicht die verschiedenen Tätigkeiten, die Gauß in dieser Periode ausübte, sondern der Umstand, daß er nun etabliert war, als Universitätsprofessor, Direktor der Sternwarte und einflußreicher Bürger in Göttingen; anders als im Jahr 1811 konnte er nun seiner sicher sein, aber was von der Zukunft noch übrig blieb, war bereits Teil der Vergangenheit.

Konventionell gesehen, war diese zweite Ehe gut oder sogar glücklich, aber wir können heute nicht mehr sagen, inwieweit Minnas Krankheit die Ehe und das Verhältnis zwischen den Eheleuten belastete. In dem zweiten der vorstehend zitierten Briefe kommen Minnas Schuldgefühle sehr klar zum Ausdruck.

Ohne jetzt allzu psychologisch und spekulativ zu werden, fällt doch auf, daß Gauß während dieser Jahre viel von seinem Optimismus verlor und oft deprimiert war. Von außen gesehen, ist dies für ihn eine Periode rastloser Tätigkeit, voller fruchtbarer und interessanter theoretischer und praktischer Arbeit. 1815 reiste Gauß mit seinem Sohn Joseph und einem Assistenten nach München, um verschiedene optische Werkstätten zu besuchen und Instrumente für die neue Sternwarte einzukaufen. In den folgenden Jahren machte er Reisen nach Bremen, Berlin und Süddeutschland. 1817 zog Gauß' alte und fast blinde, seit 1808 verwitwete Mutter nach Göttingen zu ihrem berühmten Sohn. Trotz alledem ist unser Bild Gauß' während dieser Periode unklar und verschwommen, als spiele sich die Hauptaktion hinter einem Schleier ab. Gauß, obwohl dauernd beschäftigt, erscheint als merkwürdig passiv, sicher nicht der Herr seines Geschicks. Im November 1831, wenige Monate nach Minnas Tod, schrieb er an Gerling:

... Lebensfreude und Lebensmut waren schon lange von mir gewichen, und ich weiss nicht, ob sie je wiederkehren werden. Was mich so schwer drückt ist das Verhältnis zu dem Taugenichts in A(merika), der meinen Namen entehrt. Sie wissen, welche Nachricht ich von ihm vor 4 Monaten erhalten habe. Ich sehe, dass es wohl gut gewesen wäre, wenn ich ihm damals in dem Sinne geantwortet hätte, wie Sie rieten, um ihm sofort jede Erwartung abzuschneiden; aber ich vermochte nicht, ihm überhaupt zu antworten. Jetzt ist nun eine neue Epistel angekommen. Unschätzbar wäre es, wenn ich Sie, mein teurer Freund, zur Stelle hätte, wie in so vielen anderen Rücksichten, so auch in der, dass Ihre bewährte Freundschaft und Ihr ungetrübter Blick meinem befangenen einen Stützpunkt geben könnte. Aber das Schicksal hat es nicht gewollt, mir diese Lebensfreude zu gewähren. Lassen Sie mich dann aber doch aus der Ferne, so gut es geht, Ihre Freundschaft in Anspruch nehmen, da aus naheliegenden Gründen hier niemand sich dazu eignet, mich darüber zu beraten. Ich lege den Brief selbst bei. Ich bitte Sie, liebster Gerling, mir Ihre Ansicht offen mitzuteilen, und enthalte mich, um

116

Ihr Urteil ganz unbefangen zu erhalten, den Eindruck anzugeben, den er bei mir gemacht hat ... [4]

Auf dem persönlichen Gebiet bezeichnen Minnas Tod, oder vielmehr ihr langsames Sterben über zehn Jahre hinweg, der Bruch mit Eugen und der Verlust Wilhelms das Ende jedweder Hoffnungen, die Gauß 1809 nach Johannas Tod noch gehabt haben mag.

Es ist wohl kein Zufall, daß die Korrespondenz mit Bessel bald nach Minnas Tod zum Erliegen kam; auch die Freundschaft mit Bessel kam damals zu ihrem Ende. Es ist nicht ganz klar, was eigentlich passierte, aber es ist bekannt, daß Gauß beleidigt war, weil Bessel, im Einklang mit seinen Prinzipien, ihm nicht kondolierte. Bessel war ein emotionaler und unberechenbarer Mensch, und es wäre falsch, Gauß allein das Ende der Freundschaft anzulasten. Über die Jahre wurde Gauß immer unnahbarer und war immer weniger dazu bereit, gleichrangige Partner in wissenschaftlichen Diskussionen zu akzeptieren. Unter seinen regelmäßigen Korrespondenten waren nur Olbers und Bessel kritisch, aber der erstere war ein alter Mann, bescheiden und tolerant. Gauß verdankte ihm viel und vergaß das nie. Bessel war in der umgekehrten Position und verdankte Gauß viel, aber war dabei oft auch rechthaberisch, und man mußte selbst mit seinen Briefen an ihn auf der Hut sein [14]. In vielem verkörperte Bessel die Tendenzen und den Geist des 19. Jahrhunderts; er war auch führend an den Versuchen beteiligt, Gauß nach Berlin zu bringen und für ihn eine einflußreiche Rolle in Preußen zu sichern. Der Abbruch des Briefwechsels mit Bessel zeigt, wie starr Gauß geworden war und wie sehr er vor neuen Erfahrungen zurückschreckte. Auch im Verhältnis zu seinen Kindern reduzierte Gauß die persönliche Komponente auf ein Minimum und stellte sich als der strenge Vater dar, der zum Wohle der Kinder starr und unzugänglich war. Diese Haltung war natürlich nicht ohne ihren Preis. Gauß' Hang zur Introspektion wurde wohl dadurch noch verstärkt; dies ist die Periode, während der Gauß damit anfing, Besucher mit Kindheitsanekdoten über sich selber zu unterhalten [15]. Selbst mathematische Diskussionen wurden nicht mehr geführt; es häufen sich vielmehr die bekannten Bemerkungen, darunter über das Werk Jacobis, Abels und Eisensteins, daß ihm dies alles schon bekannt sei und er es nur noch nicht zur Veröffentlichung aufgeschrieben habe [16]. Es muß hier gesagt werden, daß der Nachlaß zeigt, daß Gauß überraschend viel wußte, aber nur weniges war wirklich ausgearbeitet, und es waren in der Regel mathematische Gründe, warum Gauß weder veröffentlichte noch veröffentlichen konnte [17].

Neue Anstöße zu kreativer Arbeit und wissenschaftlicher Zusammenarbeit mit Schülern und Kollegen kamen für Gauß ganz unerwartet aus der Physik und aus der Zusammenarbeit mit Wilhelm Weber. Die Hoffnungslosigkeit und Isolation dieses Lebensabschnittes ist aus persönlichen und

---

[4] Eugen wurde Soldat im amerikanischen Heer und bat seinen Vater, ihn von der fünf Jahre währenden Dienstverpflichtung freizukaufen. Gauß lehnte ab.

wissenschaftlichen Gründen gut zu verstehen, hat aber das historische Bild Gauß' übermäßig stark und scharf geprägt. Gegen seine eigenen Erwartungen war er eines Neubeginns fähig, der aktiven und fruchtbaren Kooperation mit einem jungen Kollegen, welche die fünf Jahre zwischen 1832 und 1837 ausfüllte und so viele Themen für den Rest seines intellektuellen Lebens bereitstellte, daß ein Zusammenbruch nicht mehr zu befürchten war, selbst als wiederum persönliche und intellektuelle Isolation drohten.

11. Kapitel

Physik

1831 wurde Wilhelm Weber als Professor der Physik Gauß' Kollege in Göttingen. Gauß und Weber hatten sich erstmals 1828 in Berlin anläßlich der Jahrestagung der Gesellschaft der deutschen Naturforscher und Ärzte getroffen. Der damals kaum 24-jährige Weber war Privat-Docent in Halle und beeindruckte Gauß mit seinem Vortrag. Er war dann Gauß' erste Wahl als Nachfolger des verstorbenen Tobias Mayer des Jüngeren [1].

Wissenschaftlich und persönlich war Webers Kommen ein Glücksfall für Gauß. Weber führte Gauß in ihm ganz neue Gebiete der Physik, besonders der Experimentalphysik, ein; eine sonst möglicherweise sehr schwierige und unergiebige Periode im Leben Gauß' wurde damit intellektuell und wissenschaftlich fruchtbar.

Gauß war immer an Physik interessiert gewesen, aber abgesehen von mit Astronomie und Vermessungswesen zusammenhängenden Fragen waren seine bisherigen Arbeiten sehr theoretisch und mathematisch. Zwei wichtige Arbeiten waren 1829 erschienen, *Über ein neues Grundgesetz der Mechanik* und *Principia generalia theoriae figurae fluidorum in statu aequilibrii*. Es gibt, wie wir sehen werden, auch noch weitere, spätere theoretische Arbeiten, aber diese stehen in einem offensichtlichen Zusammenhang mit unter Gauß' Beteiligung durchgeführten Experimenten. Gauß war sehr interessiert an der Organisation und Durchführung von Großexperimenten, was ihn auch in dieser Hinsicht eher als ein Kind des 19. denn des 18. Jahrhunderts ausweist.

Über ein allgemeines Grundgesetz der Mechanik ist eine rein theoretische Arbeit. Sie ist nur vier Druckseiten lang und erschien in einer mathematischen Zeitschrift, dem damals neugegründeten *Crelle's Journal für die reine und angewandte Mathematik*. Unter Benutzung von auf Maupertuis und d'Alembert zurückgehende Ideen leitet Gauß ein neues und umfassendes Extremalprinzip der Mechanik ab, das Prinzip des kleinsten Zwanges. Die Grundannahme dieses Prinzips ist, daß in einem mechanischen System jede Bewegung stets so weit wie möglich mit der freien, ungezwungenen Bewegung des Systems übereinstimmt, daß also, mit anderen Worten, stets der kleinste Zwang herrscht. Dieser Ansatz erlaubt es Gauß, statische und dynamische Probleme gleichzeitig zu behandeln. Die in einem System auftretenden Zwänge werden durch die Summe der Produkte der Quadrate der Verrückung in jedem Punkt und durch ihre Masse bestimmt. Gauß erklärt in seiner Arbeit den Zusammenhang seines Prinzips mit dem nah verwandten Prinzip d'Alemberts der virtuellen Verrückungen. In seiner Einführung erläutert Gauß sein Interesse an Extremalprinzipien und gibt eine informelle Begründung seines Ansatzes. Die Arbeit endet mit einer überraschenden Bemerkung über die Analogie seines neuen Prinzips zu der Methode der kleinsten Quadrate und allgemein der Analogie zwischen den Gesetzen der Natur und der Arbeit des Mathematikers.

Die *Principia gen.*, ebenfalls eine rein theoretische Arbeit ohne offensichtlichen Zusammenhang mit Experimenten, sind weniger grundlegend. Gauß selber nannte diese Arbeit eine Übung in theoretischer Physik; eines seiner Ziele war anscheinend, zu zeigen, wie man physikalische Probleme mit mathematischen Methoden behandeln kann.

Die *Prin. gen.* handeln von den auf molekulärer Ebene wirkenden Kräften, die zur Erklärung von Kapillaritätserscheinungen herangezogen werden. Gauß baut in seiner Arbeit auf Laplace auf, weist aber gleich zu Beginn darauf hin, daß dieser mit zwei Voraussetzungen arbeitet, von denen er nur eine begründen kann, nämlich die das Gleichgewicht einer Flüssigkeit beschreibende Differentialgleichung. Die andere Annahme betrifft den Winkel, unter dem eine im Gleichgewicht befindliche Flüssigkeit die Wand des Behälters berührt. Laplace war nicht in der Lage, diese Annahme zu beweisen, und arbeitete statt dessen mit einer plausiblen heuristischen Überlegung. Aufbauend auf Fourier wendet Gauß das Prinzip des kleinsten Zwanges auf virtuelle Verrückungen an und beweist damit Laplaces Ergebnisse in strenger Form. Mathematisch gehört die Arbeit in das Gebiet der Variationsrechnung; physikalisch stellt sie eine Anwendung des Gaußschen Prinzip des kleinsten Zwanges dar und ist ein Beispiel dafür, daß Gauß' Prinzip tatsächlich stärker als d'Alemberts Prinzip ist. Gauß selbst scheint sich darüber nicht im Klaren gewesen zu sein. In seiner Zusammenfassung für die Göttingsche Gelehrte Anzeigen schrieb er:

> *... Wenn man durch s das Volumen der Flüssigkeit, durch h die Höhe ihres Schwerpunkts über einer beliebigen horizontalen Ebene, durch T den Inhalt desjenigen Theils der Oberfläche der Flüssigkeit, welche das Gefäss berührt, und durch U den Inhalt des anderen (freien) Theiles dieser Oberfläche bezeichnet: so ist im Zustande des Gleichgewichts das Aggregat*

$$sh + (\alpha\alpha - 2\beta\beta)T + \alpha\alpha U$$

> *ein Minimum, wo α und β gewisse Constanten bedeuten, welche von dem Verhältnis der Schwere zu der Intensität der Molecularanziehung der Theile der Flüssigkeit gegen einander und der Theile des Gefässes gegen die Flüssigkeit abhängen. Wir sehen hier also, als die Frucht einer schwierigen und subtilen Untersuchung einen Ausdruck für das Gesetz des Gleichgewichts*

hervorgehen, der, selbst dem gemeinen Verstande begreiflich, die Vermittlung des Conflicts zwischen den verschiedenen hier ins Spiel tretenden Kräften klar vor Augen legt. Wäre die Schwere die einzige wirkende Kraft, so würde beim Gleichgewicht der Schwerpunkt der ganzen Flüssigkeit so tief wie möglich liegen, also h ein Minimum sein müssen. Setzt man hingegen die Schwere und die Anziehung des Gefässes ganz zur Seite, so dass bloss die gegenseitige Anziehung der Theile der Flüssigkeit selbst in Betracht kommt, so muss diese eine sphärische Gestalt annehmen, also $T+U$ ein Minimum sein. Wäre endlich weder Schwere noch gegenseitige Anziehung der Flüssigkeitstheile vorhanden, so würde die Flüssigkeit sich über die ganze Oberfläche des Gefässes verbreiten, also T ein Maximum oder $-T$ ein Minimum sein müssen. Man findet es begreiflich, dass beim Zusammenwirken der drei Kräfte ein aus jenen drei Grössen Zusammengesetztes ein Kleinstes werden soll, wiewohl sich von selbst versteht, dass die eigentliche feste Begründung jenes Lehrsatzes nur auf die vollständigen strengen mathematischen Schlussreihen gestützt werden kann, die von der Natur der Molecularanziehung wesentlich abhängig sind.

Als einfache Folgerungen erhält man Formeln für das Steigen und Fallen von Flüssigkeiten in kapillarischen Behältern. Gauß behandelt auch den Einfluß der Reibung, die Situation für kompliziert geformte Behälter usw.

Es wurde bereits erwähnt, daß als mathematische Arbeit die *Princ. gen.* der Variationsrechnung zuzuordnen sind. Es besteht jedoch auch ein Zusammenhang mit Gauß' anderen potentialtheoretischen Arbeiten.

Mit Webers Kommen beginnt Gauß' systematische Beschäftigung mit experimentellen und praktischen Problemen der Physik. Gauß' eigentliche Forschung war jedoch weiterhin theoretisch orientiert; auch in der Astronomie und Geodäsie hatte ja die praktische Arbeit zu wichtigen theoretischen Ergebnissen geführt. Ein großer Teil der Arbeiten Gauß' in der Physik ist angewandte Potentialtheorie [2]; für Gauß wurde das Coulombsche Gesetz zu einem wesentlichen Hilfsmittel bei der mathematischen Durchdringung der Naturgesetze, vergleichbar mit der Rolle der kleinsten Quadrate. Die Analogie zur Astronomie liegt auf der Hand, wo die durch die Keplerschen Gesetze beschriebenen Planetenbewegungen das klassische Beispiel für die mathematische Beschreibung eines komplizierten Naturvorgangs sind.

Es gibt noch andere Gründe, deretwegen die Potentialtheorie zu einem so wichtigen Hilfsmittel in Gauß' Händen wurde. Wie bereits erwähnt, war Gauß mit mit den Techniken für die Integration komplizierter Ausdrücke vertraut. Diese Fertigkeit war besonders wichtig in der Potentialtheorie, wo er die Beherrschung dieser analytischen Techniken mit einer starken geometrischen Intuition verband. Ein Detail aus der *Theoria attractionis* unterstreicht dies: Im Lauf seiner Untersuchungen wird er auf zwei Ellipsoide geführt, deren gegenseitige Anziehung zu bestimmen ist [3]. Statt dieses Problem direkt anzugehen, zeigt er, daß die ursprünglich beliebigen Ellipsoide ohne Beschränkung der Allgemeinheit in konfokale Ellipsoide transformiert werden können, was zu einer knappen und korrekten Lösung des Problems führt. Reihenentwicklungen sind eine oft verwendete und wichtige Technik in der Potentialtheorie. Es überrascht deswegen nicht, daß Gauß oft Gebrauch von den von Legendre erstmals eingeführten Kugelfunktionen macht. Gauß interessierte sich sehr für diese und andere spezielle Funktionen; unter den posthum veröffentlichten Arbeiten findet sich eine geometrische Interpretation der speziellen Funktionen (siehe Band V der *G. W.*), die Gauß ausgehend von elektrodynamischen Überlegungen entwickelte. Er bemerkt, daß die einzelnen Terme in der Reihenentwicklung einer Kugelfunktion als dipolischer, quadrupolischer usw. Beitrag interpretiert werden können. Der Zusammenhang zwischen Potentialtheorie und komplexer Analysis war noch nicht bekannt, aber Gauß war wohl vertraut mit der Tatsache, die heute als Cauchyscher Integralsatz bezeichnet wird. Das überrascht nicht, denn Gauß beherrschte sowohl die Integration im Reellen als auch die geometrische Darstellung der komplexen Ebene. Vor Gauß war nicht klar gewesen, welch eine zentrale Rolle das Coulombsche Gesetz in der Potentialtheorie einnimmt; Gauß trug viel zu einem tieferen Verständnis der Situation bei, obwohl auch für ihn, wie wir unten bei der Besprechung seiner komplizierten elektrodynamischen Formeln sehen werden, noch viel offen blieb.

Gauß setzte das Werk Laplaces fort und bewies in seiner 1840 erschienenen „magnetischen“ Arbeit *Allgemeine Lehrsätze ...* , daß

$$V = -4\pi\varrho$$

innerhalb eines Körpers mit Masse M und Dichtigkeit ϱ; außerhalb dieses Körpers gilt $V = 0$.

Wir können mit ziemlicher Sicherheit annehmen, daß Gauß Greens Arbeit *An Essay on the Applications of Mathematical Analysis to the Theories of Electricity and Magnetism* (1828) nicht kannte; er kannte das Werk Poissons, aber Gauß veröffentlichte die erste richtige und vollständige Ableitung der obigen Formel.

1832 begann Gauß mit seinen Untersuchungen des Erdmagnetismus. Das Interesse an der Phänomenologie und dem Verständnis des Erdmagnetismus war damals groß; auch Gauß hatte sich schon früher damit beschäftigt, aber erst 1832, wohl auf einen Vorschlag Alexander von Humboldts hin, entwickelte er aktives Interesse. Humboldt bat ihn um Unterstützung für seinen Plan, ein globales Netz magnetischer Beobachtungsstationen aufzubauen. Für ein solches Experiment benötigte man ein Übereinkommen hinsichtlich Meßtechniken und -genauigkeit; als Ergebnis durfte man Informationen über die Verteilung des Erdmagnetismus, örtliche und zeitliche Intensitäts-, Deklinations- und Inklinationsschwankungen erwarten. Man konnte erwarten, daß diese Daten zu einem Verständnis des Ursprungs des Erdmagnetismus beitragen und die Basis für eine befriedigende Theorie darstellen würden. Ein solches Programm war für Gauß offensichtlich attraktiv.

122

Da Gauß' experimentelles Werk auf theoretischen Grundlagen aufbaut, beginnen wir mit einer Zusammenfassung seiner drei theoretischen Arbeiten zu diesem Thema. Es sind dies *Intensitas vis magneticae terrestris ad mensuram absolutam revocata* von 1832, *Allgemeine Theorie des Erdmagnetismus* von 1839 und *Allgemeine Lehrsätze in Beziehung auf die im verkehrten Verhältnisse des Quadrats der Entfernung wirkenden Anziehungs- und Abstossungskräfte* von 1840. Hier sei auch der umfangreiche *Atlas des Erdmagnetismus* erwähnt, der 1840 erschien und Gauß, Weber und Gauß' Assistenten C.B.Goldschmidt als Autoren hat.

Es genügt hier, sich auf die *Allgemeine Theorie des Erdmagnetismus* zu beschränken, denn diese Arbeit enthält eine vollständige Beschreibung des Vorgehens Gauß'. Die Arbeit beginnt mit einer Diskussion der damals gängigen Theorien des Erdmagnetismus, worunter sich auch die Annahmen der Existenz eines einzelnen Magneten im Mittelpunkt der Erde oder zweier separater Magnete im Erdinneren befanden. Gauß geht auf diese Theorien nicht im einzelnen ein, sondern definiert stattdessen den Erdmagnetismus empirisch als die Kraft, die eine magnetische Nadel in eine bestimmte Richtung drückt.

Sei μ der magnetische Fluß im Abstand ϱ von der Quelle der magnetischen Kraft. Dann wird das magnetische Potential durch

$$V = -\int \frac{d\mu}{d\varrho}$$

definiert. Gauß leitet verschiedene Darstellungen für V her und gibt eine intuitive Beschreibung für die Werte von V auf der Erdoberfläche. Als nächsten Schritt definiert er die magnetischen Pole und zeigt, daß nur zwei existieren können. Es folgen eine Diskussion und analytische Definition der magnetischen Feldlinien. Bis zu diesem Punkt sind Gauß' Ergebnisse nicht neu, aber seine Ableitung ist begrifflich und mathematisch sehr viel klarer als frühere Arbeiten zu diesem Thema; bis Gauß war es nicht einmal klar, ob man nicht mehr als zwei Pole annehmen konnte. Gauß' nächstes Ergebnis war neu und von großer experimenteller Tragweite. Es handelt von der Bestimmung der Stärke der horizontalen Komponente und dem Inklinationswinkel der magnetischen Kraft; Gauß zeigt, daß diese beiden Größen das magnetische Feld völlig bestimmen. Er zeigt speziell, daß man die westliche (bzw. östliche) Komponente der magnetischen Feldstärke aus ihrer nördlichen (bzw. südlichen) bestimmen kann, wenn nur die letztere für die gesamte Oberfläche der Erde bekannt ist. Man kann auch umgekehrt vorgehen, wenn nur die nördliche (bzw. südliche) Komponente für einen einzigen Längenkreis zwischen Nord- und Südpol bekannt ist. Gauß leitete diese überraschenden Resultate dadurch ab, daß er die horizontalen Komponenten als Funktionen der geographischen Breite und Länge darstellte. Die Situation ist nicht völlig symmetrisch, weil die Meridiane alle in die Pole laufen. Gauß' Zeitgenossen verstanden dieses Ergebnis nicht; Humboldt zum Beispiel hielt Gauß' Meßdaten lange Zeit für unvollständig [3].

Gauß berechnete die vertikale Komponente des magnetischen Potentials durch Entwicklung in eine Potenzreihe nach dem reziproken Radius der Erde. Man erhält Kugelfunktionen, die mit Hilfe der Laplace-Gleichung

$$0 = \frac{d^2V}{dx^2} + \frac{d^2V}{dy^2} + \frac{d^2V}{dz^2}$$

berechnet werden, wobei x, y, z rechtwinklige Koordinaten in einem beliebigen Punkt sind. Diesem Vorgehen liegt die Annahme zu Grunde, daß die magnetische Kraft ihren Ursprung im Erdinnern hat. Gauß' vertikale Komponente ist dann eine Funktion des Abstandes von der Erdoberfläche. Damit schließt der theoretische Teil der Arbeit; als praktische Konsequenz erwähnen wir hier, daß Gauß damit die Lage des magnetischen Südpols (der natürlich unweit des geographischen Nordpols gelegen ist) bestimmen konnte. Der Amerikaner Cpt. Wilkins fand 1841 sehr zu Gauß' Befriedigung den magnetischen Südpol in unmittelbarer Nähe des von Gauß bestimmten Punkts. *Allgemeine Theorie* schließt mit umfangreichen Tafeln und Abbildungen des magnetischen Felds.

Allg. Theorie ist Gauß' wichtigster Beitrag zur Theorie und Praxis des Magnetismus. Die demselben Thema gewidmete ältere Arbeit ist weit weniger klar und baut sehr direkt auf Poissons Werk auf. In der *Allg. Theorie* erscheint Gauß' Theorie des Magnetismus als mathematische Theorie, als eine Anwendung der Potentialtheorie. *Intensitas vis magneticae terr.* enthält den vielleicht originellsten und berühmtesten Beitrag Gauß' zum Magnetismus, nämlich die Definition der absoluten magnetischen Feldstärke. Gauß geht davon aus, daß Magnetismus nur durch seine Wirkungen zu beschreiben ist und die magnetische Feldstärke als eine Einheit, die eine zweite magnetische Einheitsladung im Abstand 1 mit Stärke 1 abstößt. Gauß erkannte als erster die Notwendigkeit einer solchen Definition; Gauß' Zeitgenossen war nicht klar, daß eine solche Definition nötig war, denn man versuchte in der Hauptsache, das Wesen des Magnetismus zu verstehen und, darauf aufbauend, eine brauchbare Theorie zu entwickeln.

Sowohl aus intellektuellen als auch aus praktischen Gründen war Gauß daran interessiert, eine theoretisch saubere und praktisch-experimentell relevante Theorie zu entwickeln; wie in der Astronomie und Geodäsie vervollständigte er seine theoretischen Überlegungen durch umfangreiche Beobachtungen und Messungen. Schon vor Webers Kommen sammelte Gauß diese Daten; das gemeinsame Studium des Erdmagnetismus wurde zu der fruchtbarsten wissenschaftlichen Kooperation in Gauß' Leben.

Gauß' erste Beobachtungen hatten die örtliche Deklination in Göttingen sowie deren Schwankungen über kurze Zeitperioden zum Gegenstand. Wie bereits oben erwähnt, genügte es, die horizontale Komponente der magnetischen Kraft zu bestimmen. Dazu maß Gauß Produkt und Quotient aus magnetischer Feldstärke und magnetischem Moment; auf diese Weise geht die Dimension der magnetischen Nadel nicht explizit in die Rechnung ein.

Das Produkt aus Feldstärke und Moment wird aus der Oszillationszeit τ der Nadel, von der man annimmt, daß sie sich frei um eine vertikale Achse dreht, berechnet. Gauß bezieht sogar die (in der Regel vernachlässigbare) Torsion des Fadens, an dem die Nadel hängt, in seine Rechnung ein. Für die Bestimmung des Quotienten aus Feldstärke und Moment benötigt man eine Hilfsnadel, die sich ebenfalls frei um eine vertikale Achse dreht. Man bestimmt den Quotienten aus Feldstärke und magnetischem Moment aus der durch die Hilfsnadel auf die ursprüngliche Nadel bewirkten Ablenkung. Das erklärt Gauß' Vorliebe für schwere Nadeln mit langen Schwingungszeiten; im übrigen war dies das einzige Detail, worin man später von Gauß' Versuchsanordnung abgewichen ist.[1]

Die Intensitätsschwankungen des Erdmagnetismus nicht nur in örtlicher, sondern auch in zeitlicher Hinsicht waren damals ein neuentdecktes Phänomen, für das noch keine befriedigende Erklärung gefunden worden war. Das erste Ziel Gauß' und seiner Zeitgenossen bestand darin, einen Atlas des magnetischen Felds der Erde herzustellen und Informationen über lokale, globale und zeitliche Schwankungen und Störungen zu sammeln. Alexander von Humboldt stellte einen Beobachtungskalender auf mit Datenvorgaben für die systematische Messung der magnetischen Deklination an möglichst vielen Beobachtungsstationen. Gauß arbeitete mit Humboldt zusammen, änderte aber sehr bald dessen Plan in einigen wesentlichen Punkten.

Gauß' Beschäftigung mit diesem Thema führte zur Einrichtung eines magnetischen Observatoriums, zur Gründung des *Magnetischen Vereins* und zur Zusammenstellung und Veröffentlichung des *Atlas des Erdmagnetismus.* Göttingen wurde dadurch zum Zentrum der internationalen Forschung auf diesem Gebiet. Das Observatorium, das Gauß nach seinem Besuch von Humboldts Observatorium entwarf, wurde 1833 fertiggestellt. Es lag in unmittelbarer Nähe der Sternwarte und war völlig eisenfrei; alle Nägel waren aus Kupfer und nichtmagnetisch. Türen und Fenster waren so angelegt, daß das Gebäude weitgehend zug-und staubfrei war. Sobald ihm dieses Observatorium zur Verfügung stand, war Gauß in der Lage, der Fachwelt eine große Anzahl von Meßdaten höchster Genauigkeit zukommen zu lassen. Er änderte dann auch Humboldts Schema von 44-stündigen Messungen mit 20-minütigen Pausen ab und maß stattdessen in fünfminütigen Intervallen. Das machte das Messen selber sehr viel leichter, führte aber auch zu einer größeren Meßgenauigkeit und erlaubte es, viele kurze, aber signifikante

---

[1] Über dieses verhältnismäßig unwichtige Detail gibt es eine häßliche Kontroverse zwischen dem sonst milden Wilhelm Weber und dem Physiker J.v.Lamont. Gauß benutzte ca. 25 Pfund schwere Nadeln, während Lamont den Gebrauch von 2 g schweren oder noch leichteren Nadeln empfahl. Schumacher, natürlich auf des Meisters Seite, scheint Weber in seiner sehr dezidierten Stellungnahme bestärkt zu haben [4].

Störungen zu identifizieren. Im Jahr 1837 begannen Gauß und Weber mit der Veröffentlichung der Zeitschrift *Resultate aus den Beobachtungen des magnetischen Vereins im Jahr ...*, womit weltweit Beobachtungsdaten den interessierten Wissenschaftlern zugänglich gemacht wurden. Das Ergebnis dieser Bemühungen war dann der geomagnetische Atlas, den Gauß, Weber und Goldschmidt zusammenstellten. Die Zeitschrift behandelt die Jahre 1836 bis 1841.

Gauß war sehr aktiv als Organisator dieses Forschungsprojekts, welches an Größenordnung die hannoverschen Messungen weit übertraf. Er stand im Briefwechsel mit vielen anderen an der Messung beteiligten Wissenschaftlern, tauschte Ergebnisse aus, diskutierte die Anlage der Messungen und erörterte und verbesserte Fehler. Gauß war sich seiner führende Stellung wohl bewußt und machte, wenn nötig, seine Autorität geltend. Diese Haltung wird ganz deutlich in einem Brief an Alexander von Humboldt aus dem Jahr 1833, noch bevor sein eigenes Observatorium fertig war:

... Dass die unbedeutenden Versuche, die ich vor 5 Jahren bei Ihnen zu machen das Vergnügen hatte, mich der Beschäftigung mit dem Magnetismus zugewandt hätten, kann ich zwar nicht eigentlich sagen, denn in der That ist mein Verlangen danach so alt, wie meine Beschäftigung mit den exacten Wissenschaften überhaupt, also weit über 40 Jahr; allein ich habe den Fehler, dass ich erst dann recht eifrig mich mit einer Sache beschäftigen mag, wenn mir die Mittel zu einem rechten Eindringen zu Gebote stehen und daran fehlte es früher. Das freundschaftliche Verhältniss, in welchem ich zu unserem trefflichen Weber stehe, seine ungemein grosse Gefälligkeit, alle Hülfsmittel des Physikalischen Cabinets zu meiner Disposition zu stellen und mich mit seinem eignen Reichthum an praktischen Ideen zu unterstützen, machte mir die ersten Schritte erst möglich, und den ersten Impuls dazu haben doch wieder Sie gegeben, durch einen Brief an Weber, worin Sie (Ende 1831) der unter Ihren Auspicien errichteten Anstalten für Beobachtung der täglichen Variation erwähnen ... (Brief vom 13. Juni 1833).

In der Zusammenfassung des theoretischen Beitrags in Gauß' geomagnetischem Werk wurde ein wichtiger Punkt noch nicht erwähnt. Sowohl in *Intensitas* als auch in *Allg. Theorie* findet man explizit die Feststellung, daß die Verteilung einer gegebenen Masse über ein Gebiet in eindeutiger Weise das Potential dieser Masse in allen Punkten dieses Gebiets bestimmt. Riemann nannte diese Hypothese das *Dirichletsche Prinzip*, unter welchem Namen sie in die Literatur eingegangen ist. Gauß war natürlich noch nicht mit den später diskutierten Existenzfragen befaßt [5] und sah nicht die Notwendigkeit eines Beweises.

Mit seinen geomagnetischen Forschungen ergänzte Gauß seine geodätischen Arbeiten und leistete einen weiteren Beitrag zu der wissenschaftlichen Beschreibung der Erde. Gauß wurde durch die elektromagnetischen Forschungen seiner Zeitgenossen Oersted, Ampère und Faraday zu weiteren

Forschungen angeregt. Im zweiten Teil des oben zitierten Briefs an Humboldt berichtet er über seine und Webers Experimente mit einem elektromagnetischen Telegraphen. Gauß und Weber entwickelten zwei verschiedene Typen von Telegraphen; der eine benutzte eine galvanische Zelle zur Herstellung eines Stroms, der andere einen magnetischen Induktor. Der letztere war sehr viel robuster und erzeugte deutliche Ausschläge der Magnetnadel. Die erste praktisch funktionierende Leitung wurde im Jahr 1838 errichtet und führte von der Sternwarte zu Webers Labor über eine Entfernung von etwa 1,5 km. Gauß war sich völlig darüber im klaren, daß diese Erfindung große Anwendungsmöglichkeiten hatte, war aber nie in der Lage, die dazu nötigen umfangreichen Experimente zu machen. Unter anderem schlug er auch vor, Eisenbahnschienen als positive Leiter für Telegraphenlinien zu verwenden.[2]

Gauß drang nicht tief in die Elektrodynamik ein – er ist auf diesem Gebiet ein von interessanten Ideen und Phänomenen faszinierter Außenseiter. Im Nachlaß finden sich einige interessante Aufzeichnungen, aber keine nur einigermaßen abgerundete Theorie. In einem Brief an Olbers äußert sich Gauß zur Idee des Elektromotors, glaubte aber, daß sich ein solcher Motor praktisch nicht verwirklichen lasse (siehe Brief an Olbers vom 1. November 1837 und nachfolgende Korrespondenz).[3]

In Fragmenten zur Natur des elektromagnetischen Feldes versucht Gauß, die elektromagnetische Fernwirkungstheorie zu beschreiben, eine Theorie, die dann von Weber und Carl Neumann weiterentwickelt wurde und die schließlich durch Maxwells Theorie des Elektromagnetismus verdrängt wurde. Am Anfang dieses Jahrhunderts zeigte Schwarzschild, daß Gauß' Ansatz in eine konsistente, der Maxwellschen Theorie äquivalente Theorie entwickelt werden kann [6]. Gauß geht von einer (nicht ganz richtigen) Differentialgleichung aus, welche die Wirkungen zweier elektrischer Ladungen aufeinander beschreibt. Mathematisch ist dies eine Anwendung potentialtheoretischer Ideen.

---

[2] Man darf nicht vergessen, daß Gauß schon bei der hannoverschen Landvermessung umfangreiche Erfahrungen mit optischen und akustischen Signalen gemacht hatte. Gauß und Weber gelten als die Erfinder des Telegraphen, aber die Idee war damals keineswegs neu. Experimente lassen sich bis in die 90er Jahre des vorigen Jahrhunderts belegen; sogar Gauß' Vorschlag, das ungeheure russische Reich mit einem Telegraphennetz zu überziehen, war nicht neu. Gauß' Freunde und Kollegen hielten nicht viel von diesen Experimenten; Humboldt, in einem Brief an Bessel, nannte sie einen *Irrweg.*

[3] Diese Bemerkungen entzündeten sich an einem Zeitungsbericht über einen Elektromotor, der angeblich in Nordamerika entwickelt worden war. Gauß glaubte, daß ein solcher Motor höchstens die Stärke einer Maus haben könne.

Gauß' persönliche Interessen nach dem Tod der zweiten Frau

Wie zu erwarten war, führte der Tod der zweiten Frau nicht zu einer nennenswerten Unterbrechung der von Gauß durchgeführten Beobachtungen. Praktische Arbeit dieser Art war eine willkommene Ablenkung; sie nahm jetzt einen großen Teil der Gauß für wissenschaftliche Arbeiten zur Verfügung stehenden Zeit ein. Dennoch war Gauß nicht einseitig. Webers Schwester, die ihrem unverheirateten Bruder den Haushalt führte, berichtet, welch ein höflicher und gesellschaftlich gewandter Mann Gauß gewesen sei. Er war vielseitig und lebendig im Gespräch und bestand darauf, daß in ihrer Anwesenheit keine wissenschaftlichen Themen diskutiert würden. Er war eben ein wirklicher Weltmann [1].

Es ist heute schwer zu entscheiden, was Gauß' wirkliche Interessen während dieser Zeit waren, ob seine Reaktionen im Briefwechsel und in Gesprächen mit Besuchern nur höfliche Antworten oder Ausdruck echten Interesses waren. Es gibt einige wenige Fälle, wo man sieht, daß Gauß offensichtlich emotional beteiligt war, aber er suchte das möglichst zu vermeiden. Er war sehr leicht irritiert, wie wir in den Konflikten mit seinem Sohn Wilhelm und mit Alexander von Humboldt gesehen haben. Wilhelm war nachgiebig und wich einer offenen Konfrontation aus, aber der Vater verzieh ihm offensichtlich nicht seine Unabhängigkeit und seinen Starrsinn. Das Verhältnis zwischen Vater und Sohn war nie gut, bevor Wilhelm auswanderte und ein neues Leben als Farmer in Louisiana begann. 1838 meldete Gauß Olbers stolz die Geburt seines ersten Enkels, eines Bürgers der neuen Welt [2].

Während Gauß durchaus darauf bedacht war, daß ihn die Streitigkeiten mit seinen Söhnen nicht seinen inneren Frieden kosteten, exponierte er sich sehr stark in seiner Auseinandersetzung mit Humboldt um die Anlage der magnetischen Beobachtungen. Das wird aus der Korrespondenz mit Schumacher ganz deutlich [3]. Es dreht sich hier nicht darum, ob Gauß recht hatte oder nicht – er hatte im großen und ganzen recht – sondern darum, daß ihm einige dieser Details so wichtig waren, daß er sich nicht scheute, mit einem sonst hochverehrten Mann und Wissenschaftler einen bitteren Konflikt zu riskieren.

Gauß im Alter von etwa 55 Jahren (Skizze von J.B. Listing). Nachlaß Gauß, Posth. 26, Niedersächsische Staats- und Universitätsbibliothek Göttingen

Obwohl Gauß fortfuhr, theoretisch zu arbeiten, waren ihm nun Beobachtungen der wichtigste Teil seiner wissenschaftlichen Tätigkeit. Er wurde sehr einseitig, und man kann heute kaum noch sagen, was seine politischen und philosophischen Überzeugungen waren. Politisch erscheint er uns heute als Opportunist, dem hauptsächlich daran lag, daß die Politik seiner wissenschaftlichen Arbeit nicht in die Quere kam. Gauß kam aber wohl auch nie über seine ersten Erfahrungen hinweg und war sich immer bewußt, daß die Freigiebigkeit und der gute Wille seines Fürsten es ihm erlaubt hatten, Wissenschaftler zu werden und die Armut und Hoffnungslosigkeit seiner Herkunft hinter sich zu lassen. Gauß war natürlich in der Lage, die Nachteile und die Enge des Feudalsystems zu erkennen; er war sich auch bewußt, daß er der offensichtliche Nutznießer von durch die französische Revolution eingeleiteten Entwicklungen war. Für Gauß führte dies zu einer damals wohl nicht seltenen Ambivalenz gegenüber den Strömungen seiner Zeit. Gauß fühlte sich der alten Ordnung verpflichtet; dies war für ihn verknüpft mit einem altmodischen deutschen Patriotismus. Viele der modernen politischen Entwicklungen kamen aus Frankreich und standen in Verbindung mit den demütigenden Niederlagen gegen Napoleon. Andrerseits war Gauß mit zunehmendem Alter sich sehr seines eigenen Wertes als Wissenschaftler bewußt. Er war *Princeps mathematicorum*, der erste der Mathematiker, ein Attribut, das er gerne annahm. So gesehen, war Gauß Aristokrat. Das drückt sich in seinen Bewertungen des Werks anderer, aber auch in der Selbsteinschätzung seines eigenen Werks aus. In seinen Verhandlungen mit der Obrigkeit, wenn es etwa um neue Instrumente oder teure Großversuche ging, war Gauß sehr bestimmt und anspruchsvoll und verhandelte geschickt und mit der nötigen Festigkeit oder sogar Arroganz [4].[1]

Gauß' Verhalten ist in sich widersprüchlich, und er vermittelt nicht den Eindruck einer in sich geschlossenen, abgerundeten Persönlichkeit. Es scheint, daß unterschiedliche Situationen unterschiedliche Reaktionen auslösten; oft sind Gauß' private Äußerungen ganz verschieden von seinen für die Öffentlichkeit bestimmten Äußerungen; die Zeit, die politisch so turbulent war und kaum persönliche oder soziale Sicherheit bot, half nicht eben, starke Charaktere und Persönlichkeiten reifen zu lassen.

Gegenüber dem Staat, der Obrigkeit, fühlte Gauß eine ganz starke Verpflichtung, guter Bürger zu sein und als Wissenschaftler zum Gemeinwohl beizutragen. An seinen Kollegen und deren Urteil lag ihm wenig – Gauß war sich darüber im klaren, daß er nicht viel von ihnen lernen konnte. Er bewahrte eine ähnliche Distanz gegenüber seiner Familie; nach dem Tod Johannas akzeptierte er mehr und mehr die Unausweichlichkeit seiner Isolation. Politisch war Gauß im großen und ganzen konservativ, aus den oben geschilderten Gründen, aber auch wegen seiner antifranzösischen Haltung, aus der er nie einen Hehl machte.

Egoismus und Opportunismus sind sicher zu starke Worte, um gewisse Aspekte des Verhaltens Gauß' zu beschreiben. Ganz frei davon war er nicht, aber wenn man bedenkt, bis zu welchem Maß er bereit war, sich in von anderen gestellte Probleme zu versenken, wird klar, daß dies unentbehrliche Selbstschutzmechanismen waren. Andrerseits verstand es Gauß aber auch, potentiell unergiebige Themen und Probleme so umzuformen, daß sie sich in fruchtbarer Weise in seinen Ansatz der Mathematisierung der Natur einordneten.

Jean Paul und Sir Walter Scott gehörten zu den von Gauß sehr gern gelesenen Schriftstellern. Es mag überraschen, daß Gauß sich überhaupt mit zeitgenössischer Literatur abgab, aber sowohl Scott als auch Paul vermei-

---

[1] Mehr als alles andre erklärt dies wohl Gauß' Entscheidung, den Ruf nach Berlin nicht anzunehmen. In diesem Sinn hatte Kummer Recht, wenn er sagte, daß Gauß wegen einiger Taler nicht nach Berlin gekommen sei.

den explizite Diskussionen zeitgenössischer Probleme. Das gilt insbesondere für Jean Pauls spätere Romane, in welchen der Dichter ironische Idyllen vorführt, die offensichtlich einen Bedarf nach Frieden und einem unpolitischen Leben stillten. Gauß hatte dagegen nichts für die klassische deutsche Literatur und Romantik mit ihrer verklärenden Interpretation der Natur und der Vergangenheit übrig [5].[2]

---

[2] Jean Paul wuchs, wie Gauß, in sehr ärmlichen Umständen auf. Seine ersten, politisch progressiven, Rousseau folgenden Veröffentlichungen waren nicht erfolgreich. Seine späteren idyllischen und oft skurrilen Romane machten ihn zum Bestsellerautor und zum Liebling der literarischen Salons.

12. Kapitel

Die Göttinger Sieben

Nach der Niederlage Napoleons und der Neuordnung Europas durch den
Wiener Kongreß herrschte politisch Ruhe . Die erste größere Krise ereignete
sich 1830 in Frankreich und endete mit der Vertreibung Karls X und der Etablierung des Bürgerkönigs Louis Philippe. Die Unruhen in Frankreich fanden
Widerhall in verschiedenen anderen europäischen Staaten und führten zur
Gründung Belgiens, welches vordem Teil der Niederlande gewesen war. Wie
in verschiedenen anderen deutschen Städten fanden auch in Göttingen De-
monstrationen statt, aber sie berührten Gauß nicht. Gauß mißbilligte die
Studentenunruhen, deren Ziele er nicht verstand und denen er keinerlei Er-
folgsaussichten beimaß [1].

Gauß schätzte die Situation falsch ein, denn die Regierungen in Hannover und London nahmen die Unmutsäußerungen der Bevölkerung durchaus
ernst. Ohne daß tatsächlich ein sehr großer Druck bestanden hätte, wurde
eine neue, gegenüber ihrer Vorgängerin sehr viel freiheitlichere und demo-
kratischere Verfassung erlassen. Hannover, welches, trotz der Verbindung
mit England, vordem in dieser Hinsicht das Schlußlicht im Deutschen Bund
gewesen war, hatte jetzt ebenfalls eine liberale Verfassung, vergleichbar mit
denen anderer deutscher Mittelstaaten.

Diese neue Verfassung führte dann zur Krise von 1837/38 und damit
zu wichtigen Veränderungen im Leben Gauß'. 1837 starb König Wilhelm IV
von England. Seine Nichte Victoria folgte ihm als englische Königin, aber die
durch das salische Recht geregelte Thronfolge in Hannover erlaubte keine
weibliche Erbfolge. Damit kam die Personalunion zwischen Hannover und
England zu ihrem Ende; ein Onkel der Königin, der Herzog von Cumberland,
wurde neuer König von Hannover.[1]

Die Krise kam schnell; es war gerade noch Zeit genug, die Hundert-
jahrfeier der Universität in der Gegenwart des neuen Königs zu begehen.

---

[1] Sein Schatten über dem englischen Thron war der Hauptgrund dafür, daß die Geburt
Victorias mit so großer Erleichterung in England begrüßt wurde. Herzog Ernst August
war der verhaßteste unter den allgemein unbeliebten Söhnen Georgs III. Der neue König
war politisch sehr reaktionär; wäre ihm die englische Thronfolge zugefallen, hätten die
damals ohnehin starken republikanischen Strömungen noch größeren Auftrieb erhalten.
Siehe dazu etwa Lytton Stracheys Biographie der Königin Victoria [London 1921].

Reden wurden gehalten, feierliche Gottesdienste abgehalten und Orden verteilt, aber Berichte von den Feierlichkeiten erwähnen den Schatten, der über allem lag. Kurz nach dem Jubiläum setzte der König die Verfassung außer Kraft und annullierte den Eid, den die Beamten seines Landes, darunter auch die Universitätsangehörigen, auf sie geleistet hatten. Die Gründe für diesen Schritt des Königs sind nicht ganz klar, aber mindestens eine Klausel in der Verfassung war für ihn untragbar. Sie schloß automatisch körperlich behinderte Prinzen von der Thronfolge aus. Des Königs einziger Sohn war blind [2].

Die Suspendierung der Verfassung führte sofort zu einer Konfrontation zwischen König und Bevölkerung, und die Universität wurde zu einem der Zentren des Protests. Sieben Professoren, darunter der Orientalist Ewald, welcher durch seine Heirat mit Minna der Schwiegersohn Gauß' war, und Wilhelm Weber, unterzeichneten einen formalen Protest, in dem sie erklärten, daß der König sie nicht von dem Eid auf die Verfassung von 1831 entbinden könne. Alle Sieben wurden ihrer Stellen enthoben; die „Rädelsführer", darunter weder Weber noch Ewald, mußten das Land über Nacht verlassen. Proteste flammten in ganz Deutschland auf, und alle Sieben erhielten gute Angebote von anderen Universitäten. Weber kehrte in seine Heimat Sachsen, nach Leipzig, zurück, und Ewald nahm ein Angebot aus Tübingen an, nachdem er einen zweijährigen Forschungsaufenthalt in London verbracht hatte. Auch das politisch damals nicht besonders progressive Preußen trug seinen Teil bei und berief die Brüder Grimm nach Berlin und den Juristen Albrecht nach Königsberg [3]. König Ernst August war ungerührt; schließlich war es genauso einfach, neue Professoren zu finden wir Balletteusen.

Für die Gründe von Gauß' Untätigkeit während dieser Krise gibt es unterschiedliche Erklärungen. Oft wird sie als Ausdruck seiner konservativen Haltung oder sogar als opportunistischer Verrat an seinen Freunden und Kollegen interpretiert. Ursprünglich hatten die Sieben gehofft, Gauß würde sich ihnen anschließen; seine Stimme hätte dem Protest sicher mehr Gehör verschafft. Unabhängig von Gauß' politischer Haltung konnte man jedoch nicht erwarten, daß sich dieser dem Protest anschließen würde. Gauß war nicht bereit, sich öffentlich zu exponieren und sich in einer Sache zu engagieren, die ihn nicht unmittelbar betraf. Der Verlust Webers war irreparabel, aber selbst er rechtfertigte in Gauß' Augen nicht den Mißbrauch seines Ansehens für politische Zwecke.

Der Briefwechsel mit Schumacher zeigt Gauß' Haltung während des Konflikts auf. Schumacher war ein im heutigen Sinn konservativer Mann und äußerte sich mehrmals über die Torheit des Protests; Gauß war hingegen sehr viel zurückhaltender in seiner Wertung. Gegenstand des Briefwechsels ist nicht der Konflikt selbst, sondern vielmehr die den Protest begleitenden Unruhen und deren Auswirkungen auf Gauß. Schumacher befürchtete, daß Gauß Göttingen verlassen und eine Stelle in Paris annehmen würde; Gauß anwortete darauf das folgende:

Auf Ihren Brief vom 8. mein theuerster Freund, der aber erst heute in meine Hände gekommen ist, eile ich Ihnen sogleich zu antworten, dass der mich betreffende Zeitungsartikel (...), insofern eine der vielen Unwahrheiten ist, die jetzt die öffentlichen Blätter füllen, als ich mich wirklich bisher gegen Niemand über das geäussert habe, was ich zu thun oder nicht zu thun willens sei. Ich wünsche und hoffe, dass die Universität als Corpus, sich nicht in die politischen Wirrnisse mischen möge. Indessen wissen Sie, dass zwei mir sehr nahe stehende Personen insofern hineingezogen sind, als sie sich haben bewegen lassen, die bekannte Vorstellung mit zu unterzeichnen. Die dehalb beim Universitätsgericht eingeleitete Untersuchung betrifft indessen nur, wenn ich recht unterrichtet bin, die unbefugte Verbreitung, und an dieser haben die zwei angedeuteten gewiss auch nicht den entferntesten Theil gehabt. Ich kann daher nicht glauben, dass jene Unterzeichnung für sie unangenehme Folgen haben werde, und so lange diese zwei kräftigen Magnete unverrückt und unbeschädigt sind, behält Göttingen für mich viel mehr Reiz als Paris. Ob aber, wenn je Umstände eintreten sollten, die mir das Leben in Göttingen verbitterten, ich Paris anderen Orten vorziehen würde, ist etwas was jetzt hier nicht in Frage zu kommen braucht ... (Brief an Schumacher vom 13. Dezember 1837).

Gauß' Hoffnung, daß Weber und Ewald bleiben könnten, ging nicht in Erfüllung. Der nächste Brief an Schumacher akzeptiert das Unabänderliche und enthält Meßdaten für den Stern 57 δ Arietis. Irgendwelche Pläne, aus Göttingen wegzuziehen, werden nicht erwähnt. Gauß versuchte jedoch, für Ewald und Weber die Erlaubnis zu bleiben zu erwirken, aber ohne Erfolg. Die Bedingungen für eine Begnadigung waren demütigend; Gauß machte auch keinerlei Versuche, Ewald und Weber zu überreden, gegen ihre Überzeugungen zu handeln und den Protest zu widerrufen. Man darf nicht vergessen, daß Gauß zu diesem Zeitpunkt schon über 60 war und daß ihn eine ganze Generation von seinen jüngeren Kollegen trennte [4].

Gauß' Verhalten in der hannoverschen Verfassungskrise machen ihn nicht automatisch zum Konservativen; in anderen Situationen erscheint er in einem ganz anderen Licht. Er zeigte positives Interesse, als 1833 die Universität Marburg Gerling als ihren Repräsentanten in das hessische Parlament in Kassel sandte [5]; andrerseits hatte er keine Sympathien für die Revolution 1848/49, setzte sich aber für Eisenstein und Jacobi ein, die beide liberaler Umtriebe verdächtigt wurden [6]. Gauß teilte auch nicht Schumachers Antisemitismus, obwohl er ihm nie offen widersprach, selbst als Schumacher abfällige Bemerkungen über den von Gauß sehr geschätzten Jacobi machte. Überhaupt war Gauß sehr frei von persönlichen Vorurteilen – auch seine Abneigung gegen Napoleon und Frankreich machte ihn nicht blind gegen die Verdienste der französischen Mathematiker.

9. Zwischenkapitel
Die Methode der kleinsten Quadrate

Die Periode unerwarteter Produktivität und fruchtbarer Zusammenarbeit mit Wilhelm Weber kam so mit dem Jahr 1837 zu ihrem Ende. Gauß und Weber waren weiterhin gemeinsam Herausgeber der geomagnetischen Zeitschrift, aber die räumliche Trennung ließ eine echte Zusammenarbeit nicht zu. 1849, nach einer weiteren politischen Krise, kehrte Weber nach Göttingen zurück, aber Gauß war inzwischen sehr alt und nicht mehr als Forscher aktiv. Die letzten 17 Jahre in Gauß' Leben, zwischen 1838 und 1855, blieben frei von den schmerzlichen Umwälzungen der früheren Jahre, aber sie waren auch nicht mehr wirklich produktiv, obwohl Gauß niemals untätig war. Seine wissenschaftlichen Ergebnisse werden nachstehend zusammengefaßt werden, aber wir haben jetzt auch den Punkt erreicht, wo ein Versuch angebracht ist zu verstehen, wie Gauß seine eigene Forschung sah und was sein erkenntnistheoretischer Ansatz war.

Eines der zentralen Hilfsmittel in seiner Forschung war die Methode der kleinsten Quadrate. Ursprünglich wurde diese Methode von Gauß benutzt, ohne daß er ihr eine zentrale Rolle zuerkannt hätte. Selbst hinsichtlich der Priorität der Entdeckung war er nicht sehr interessiert und glaubte, Tobias Mayer der Ältere habe diese Methode schon verwendet. Die Durchsicht der Papiere Mayers zeigte, daß das nicht der Fall war, aber auch dann konnte Gauß nicht die Priorität der Veröffentlichung behaupten – diese gehörte offensichtlich Legendre, obwohl Gauß die Methode vielfach vor 1806, dem Erscheinungsjahr von Legendres Veröffentlichung, benutzt hatte [1].

Gauß gab im Laufe der Jahre mehrere grundverschiedene Begründungen der Methode. Wir beschränken uns hier auf seinen „reifsten" Ansatz [2], welchen er in den beiden Arbeiten *Theoria combinationis observationum erroribus minimis obnoxiae I & II* von 1821 und 1823 entwickelte. Teil I besteht aus einer systematischen und theoretischen Behandlung der Fehlerrechnung als Teil der Wahrscheinlichkeitsrechnung. Es gibt nach Gauß zwei wesentlich verschiedene Arten von Fehlern, systematische und Zufallsfehler. In unserem Zusammenhang sind nur die Zufallsfehler, denen eine bestimmte Wahrscheinlichkeit zugeordnet werden kann, von Interesse. Formal definiert Gauß die Funktion $\varphi(x)$ als den relativen Fehler in der Beobachtung x. Der Ausdruck $\varphi(x)dx$ bezeichnet dann die Wahrscheinlichkeit des Fehlers zwischen x und dx. φ wird durch die Bedingung

$$\int_{-\infty}^{\infty} \varphi(x)dx = 1$$

normiert. Inhaltlich ist dann die entscheidende Bedingung, daß

$$\int x^2 \varphi \, dx$$

zu einem Minimum wird. Dies bedeutet, daß man als angemessenes Gewicht das Quadrat des Fehlers benutzt. Hier weicht Gauß von Laplace ab, der dafür den Absolutbetrag des Fehlers verwendete. Das ist der Grund, warum man die von Gauß benutzte Methode die Methode der kleinsten Quadrate nennt. Rechnerisch ist dieser Ansatz sehr viel leichter zu behandeln als Laplaces.

Nach der Entwicklung dieser theoretischen Basis besteht die nächste Aufgabe darin, eine passende Funktion φ zu finden. Üblicherweise wird man die Fehlerverteilung nicht von vornherein kennen, und man muß eine Wahl zwischen verschiedenen, die Normierungsbedingung erfüllenden Funktionen ψ treffen. Nach einigen heuristischen Überlegungen führt Gauß an dieser Stelle die Normalverteilung e^{-x^2} als eine besonders natürliche Verteilung für die Beobachtungsfehler ein. Der erste Teil von Gauß' Arbeit endet mit einigen komplizierten, astronomisch motivierten Überlegungen, die hier nicht von Interesse sind.

Der zweite Teil der *Theoria combinationis* besteht aus Anwendungen der Methode der kleinsten Quadrate, hauptsächlich auf astronomische Probleme. Gauß leitet auch einen komplizierten, aber nicht schwierigen Eliminationsprozeß für die Bestimmung der besten Beobachtungen ab. Ein weiteres Thema ist die Verwendung neuer Beobachtungsdaten in einem fortgeschrittenen Stadium der Auswertung; Gauß zeigt, wie man diese neuen Daten benutzen kann, ohne die vorangegangenen Rechnungen zu verlieren. Die Arbeit schließt mit einer Diskussion des Verhältnisses zwischen beobachteten und berechneten Fehlern und der Genauigkeit, mit der der Durchschnittsfehler bestimmt werden kann.

Ein Anhang handelt von einem in der Geodäsie auftretenden Problem, nämlich der Situation, daß nicht bekannt ist, auf welche Weise die beobachteten Parameter von anderen, nicht bekannten Größen abhängen; nur deren gegenseitige Abhängigkeit ist bekannt. Gauß löst auch dieses Problem mit Hilfe der Methode der kleinsten Quadrate und arbeitet zwei Beispiele aus. Eines dieser Beispiele benutzt Gauß' eigene Messungen, das andere von der holländischen Triangulierung stammende Messungen. Gauß erwähnt ausdrücklich, wie wichtig es ist, wirkliche Daten zu verwenden, und daß normalerweise die so gewonnenen Winkel sich nicht zu $180°$ addieren.

In keiner seiner Arbeiten geht Gauß auf die Möglichkeit ein, daß auch andere statistische Verteilungen existieren könnten. Der Grund dafür ist vielleicht, daß die von ihm gewonnenen Ergebnissse sehr befriedigend waren.

Im ganzen hat Gauß drei verschiedene Begründungen für die Methode der kleinsten Quadrate gefunden. Legendre leitete die Methode in seiner

1806 erschienenen Broschüre über Kometenbahnen rechnerisch-empirisch, ohne wahrscheinlichkeitstheoretische Überlegungen, ab, und das war wohl auch Gauß' ursprünglicher Ansatz. Kurz nach dem Erscheinen von Legendres Arbeit stellte Laplace die Verbindung zur Wahrscheinlichkeitstheorie her, aber wir wissen nicht, ob Gauß Laplaces diesbezügliche Arbeit kannte. Es gibt gewisse Anzeichen dafür, daß Gauß unabhängig von Laplace vorging; auch geht sein Ansatz tiefer. Erst durch diese wahrscheinlichkeitstheoretische Begründung wurde für Gauß die Methode der kleinsten Quadrate erkenntnistheoretisch wichtig.

Die Methode der kleinsten Quadrate war für Gauß von außerordentlicher praktischer Bedeutung. Mit der Zeit wurde sie für ihn zum entscheidenden Indiz für das Verhältnis zwischen Mathematik und Natur. Ihre Wirksamkeit war der klarste Beweis dafür, daß Naturerscheinungen durch mathematische Methoden erklärt werden können. Gauß hätte das sehr viel eindeutiger ausgedrückt – für ihn beherrschte die Mathematik die Natur, und der Grad, zu dem eine Naturwissenschaft mathematisch durchdrungen war, zeigte, wie weit sie verstanden war.

Es gab noch andere mathematische Methoden, welche eine besondere Rolle im Verständnis von natürlichen Phänomenen und Prozessen spielten. Darunter befanden sich die Potentialtheorie und insbesondere das Coulombsche Gesetz, Extremalprinzipien und die Variationsrechnung. Gauß kannte sogar eine Anwendung zahlentheoretischer Begriffe, die Erklärung von Kristallstrukturen durch ternäre Formen [3]. Diese Beispiele bestärkten seine Überzeugung von dem mathematischen Charakter der Natur, ein Ansatz, der auf das 18. Jahrhundert zurückgeht, der aber durch Gauß erheblich an Überzeugungskraft gewann.

Gauß hat sich nicht oft explizit zu diesem Themenkreis geäußert, aber das folgende Zitat aus seiner Arbeit über ein Extremalprinzip in der Mechanik legt seine Haltung sehr klar:

Es ist sehr merkwürdig, daß die freien Bewegungen, wenn sie mit den nothwendigen Bedingungen nicht bestehen können, von der Natur gerade auf dieselbe Art modificirt werde, wie der rechnende Mathematiker, nach der Methode der kleinsten Quadrate, Erfahrungen ausgleicht, die sich auf unter einander durch nothwendige Abhängigkeit verknüpfte Grössen beziehen. Diese Analogie liesse sich noch weiter verfolgen, was jedoch gegenwärtig nicht zu meiner Absicht gehört. (G.W. V, Seite 28).

Band XII der Werke enthält einen längeren Artikel mit dem Titel *Astronomische Antrittsvorlesung*. Er kann nicht mit Sicherheit datiert werden, aber es ist klar, daß er aus der Zeit um 1810 stammt. Gauß behandelt in ihm verschiedene Themen, die man in einer solchen Vorlesung behandeln kann, darunter auch die verschiedenen Gründe, die zum Studium der Astronomie führen. Astronomie ist nützlich, aber für Gauß ist das nur ein sekundärer Grund. Die reine Suche nach Wahrheit ist der Hauptgrund, der die Astronomie zum würdigen Objekt unserer Bemühungen macht. Die höchste Belohnung für einen Astronomen ist die Befriedigung, die Wunder und Harmonie der Schöpfung betrachten und verstehen zu lernen. In dieser Vorlesung macht Gauß auch eine überraschende politische Aussage. Er spricht sich gegen eine enge utilitaristische Denkweise aus und fährt folgendermaßen fort:

Aber nicht bloss unsere Armuth documentirt eine solche Art zu urtheilen, sondern zugleich eine kleinliche, engherzige und träge Denkungsart, eine Disposition, immer den Lohn jeder Kraftäusserung ängstlich zu calculiren, einen Kaltsinn und eine Gefühllosigkeit gegen das Grosse und den Menschen Ehrende. Man kann es sich leider nicht verheelen, dass man eine solche Denkungsart in unserm Zeitalter sehr verbreitet findet, und es ist wohl völlig gewiss, dass gerade diese Denkart mit dem Unglück, was in den letzten Zeiten so viele Staaten betroffen hat, in einem sehr genauen Zusammenhange steht; verstehen Sie mich recht, ich spreche nicht von dem so häufigen Mangel an Sinn für die Wissenschaften an sich, sondern von der Quelle, woraus derselbe fliesst, von der Tendenz, überall zuerst nach dem Vortheil zu fragen, und alles auf physisches Wohlsein zu beziehen, von der Gleichgültigkeit gegen grosse Ideen, von der Abneigung gegen Kraftanstrengung bloss aus reinem Enthusiasmus für eine Sache an sich: ich meine, dass solche Characterzüge, wenn sie sehr vorherrschend sind, einen starken Ausschlag bei den Katastrophen, die wir erlebt haben, gegeben haben können. (Werke XII, Seite 192).

Im Briefwechsel findet man zusätzliche Äußerungen Gauß' zu diesem Thema. Von Zeit zu Zeit macht er Bemerkungen zu philosophischen Fragen und drückt seine Abneigung gegen die Unklarheit vieler Philosophen aus. Es finden sich abfällige Bemerkungen über Plato, Wolff und, unter den Zeitgenossen, Schelling und Hegel [4]. Gauß führte Hegels absurde astronomische Behauptungen in seiner Dissertation als Beleg für die Dummheit vieler Philosophen an. Gauß schätzte Kant, stimmte jedoch nicht mit dessen Klassifikation der Mathematik als synthetisch a priori überein; er konnte ebenfalls nicht die Denknotwendigkeit des euklidischen Raums akzeptieren. Es ist bekannt, daß Gauß der Philosophie J. F. Fries' (1773–1843) positiv gegenüberstand; Fries war einer der wenigen zeitgenössischen Philosophen mit substantiellen naturwissenschaftlichen Kenntnissen. Philosophisch steht Fries zwischen Kant und dem Positivismus, den er in sein System zu integrieren suchte.[1] Generell war Gauß an philosophischen Diskussionen nicht interessiert; seine Haltung erinnert eher an den modernen Naturwissenschaftler als an den Mathematikerphilosophen des 18. Jahrhunderts.

---

[1] Fries war nie sehr populär und wurde bald nach seinem Tod vergessen. In den zwanziger Jahren wurde Fries' Werk wiederentdeckt, zu einem großen Teil durch die Bemühungen Leonard Nelsons (1882–1929), der durch Fries eine Brücke zwischen den Neukantianern und der Phänomenologie Husserls zu finden versuchte. Nelson war ein Enkel Dirichlets; sein Werk stieß in Göttingen bei den Mathematikern der Hilbertschen Schule auf großes Interesse.

13. Kapitel

Numerische Mathematik. Dioptrik

Das vorhergehende Zwischenkapitel handelte von Gauß' Auffassung der Rolle der Mathematik in den Naturwissenschaften. Wir wenden uns jetzt wieder einem „innermathematischen" Thema zu, seiner Freude an numerischen Rechnungen und seinen großen numerischen Fertigkeiten.

Es wäre falsch, Gauß' umfangreiches numerisches Werk als Zeitverschwendung abzutun, als hirnlosen Wust, der Gauß durch die Umstände aufgezwungen worden wäre. Man kann Gauß' numerisches Werk nicht von seinen „theoretischen" Arbeiten trennen, denn die Numerik führte ihn oft zu Hypothesen und später dann streng bewiesenen Entdeckungen. Gauß' Rechnungen waren sehr umfangreich, und er hat wohl mehr gerechnet als jeder andre große Mathematiker, mit dessen Werk wir hinreichend vertraut sind. Viele dieser Rechnungen hatten mit der Auswertung von Beobachtungen zu tun; man kann gewiß Gauß' Erfolg als experimentierender Naturwissenschaftler nicht von seinen rechnerischen Fertigkeiten trennen. Das zeigt sich besonders bei der so oft angewandten, oft zeitraubenden und nicht einfachen Methode der kleinsten Quadrate. Die theoretische Bedeutung von Gauß' numerischem Werk wird vielfach unterschätzt, zumal wenn man auf mathematische Strenge und inhaltliche Begründungen abhebt. Daß dies wichtige Faktoren in der Entwicklung einer mathematischen Theorie sind, ist eine andere Konsequenz Gauß' und der Werke der nachfolgenden Mathematikergenerationen, die von ihm wesentlich beeinflußt wurden. Gauß unterscheidet stets zwischen heuristischen, von ihm *induktiv* genannten, Überlegungen und strengen Beweisen. Erst in den letzten Jahrzehnten mit der Entwicklung der numerischen Analysis und insbesondere in den letzten Jahren mit der Entwicklung elektronischer Rechner hat der Wert quantitativer Überlegungen wieder allgemeine Anerkennung gefunden. Für Gauß waren heuristische und numerische Überlegungen ein wichtiger Teil der reinen Mathematik, aber er war sich darüber im klaren, wann ein heuristischer Schluß durch eine allgemeine und strenge Überlegung zu ersetzen war. Ein Beispiel dafür ist Gauß' Gebrauch von Konvergenzkriterien für unendliche Reihen. Konvergenz wird in seiner Arbeit über die hypergeometrische Reihe, aber nicht in seinen vielen anderen Summierungen von Reihen und Berechnungen von Schranken explizit diskutiert. In solchen Fällen war Konvergenz für Gauß offensichtlich, und theoretische Überlegungen waren überflüssig.

Man kann sich heute kaum vorstellen, wieviele Rechnungen Gauß für seine mathematischen und naturwissenschaftlichen Arbeiten ausführte. Als Hilfsmittel standen ihm lediglich Logarithmentafeln und einige wenige elementare Hilfstafeln zur Verfügung; Rechenschieber oder andere mechanische Hilfsmittel gab es nicht [1].[1]

So wichtig Gauß' numerische Fertigkeiten für sein experimentelles Werk auch waren, so ist die Rolle der Numerik doch noch wichtiger für Gauß' Beiträge zur reinen Mathematik. Am deutlichsten ist dies in der Zahlentheorie, die ihre Quellen direkt in den von Gauß angestellten Rechnungen hat. Spezifische Beispiele sind Gauß' erster Beweis des quadratischen Reziprozitätsgesetzes oder der Zusammenhang zwischen arithmetisch-geometrischem Mittel und elliptischen Integralen. Beispiele dieser Art sind typisch und keineswegs zufällig; Gauß' Werk lehnte sich stets sehr eng an die „numerische Realität" an und wurde genährt von seiner tiefen Vertrautheit mit den natürlichen Zahlen.

Gauß war sehr an Tafelwerken interessiert, mit denen er seine Rechnungen vereinfachen konnte. *Disq. Arithm.*, wie auch andere Werke Gauß', enthalten eine Reihe solcher Tafeln. Gauß hob ihren Wert in mehreren Buchbesprechungen hervor, an welcher Stelle er auch die Anlage und Gestaltung solcher Tafeln diskutierte [2].

In seinem Essay in Bd. X der Gauß-Werke analysiert P. Maennchen den Zusammenhang zwischen Gauß' theoretischen Arbeiten und seinen numerischen Interessen. Dabei spielt die Zahlentheorie eine zentrale Rolle. Unter Gauß' numerischen Vermutungen befindet sich auch der Primzahlsatz, ein Resultat, das er sehr früh empirisch fand [3]. Als Folge von Gauß' vielfältigen Rechnungen besaßen viele Zahlen für ihn individuellen Charakter und sozusagen Persönlichkeit. Gauß konnte oft seine Rechnungen durch die Anwendung bestimmter zahlentheoretischer Eigenschaften vereinfachen; er nannte diese Methoden seine *artificia*.

Trotz der *artificia* und seiner großen Erfahrung und Übung waren Gauß' Rechnungen keineswegs fehlerfrei. Man findet unbedeutende Fehler sogar sehr häufig in seinen Auswertungen von Beobachtungen; seltsamerweise führte Gauß oft unnötig viele Stellen hinter dem Komma mit. Gauß scheint seine numerischen Ergebnisse selten kontrolliert zu haben – auch hier ist er eher der beobachtende Mathematiker als der rechnende Beobachter. Wenn man Gauß' Notizbücher oder viele seiner fragmentarischen, posthum veröffentlichten Arbeit betrachtet, sieht man, wie gern er rechnete und mit großen Zahlen umging. Oft scheint ihm mehr an den Rechnungen als am Resultat gelegen zu haben.

In der Korrespondenz finden sich Diskussionen des Phänomens und der Leistungen von Rechenkünstlern [4]. Diese Dinge beeindruckten Gauß nicht

---

[1] Gauß interssierte sich für Rechenmaschinen, war aber nicht an der zeitgenössischen Entwicklung von Prototypen beteiligt. Er traf anscheinand Babbage in Berlin bei Humboldt, aber wir haben keine Äußerung zu Babbages Maschinen.

sehr, denn sie schienen zu sehr vom Gedächtnis abzuhängen; es gab keine bemerkenswerten *artificia*. Als Zacharias Dase, einer dieser Rechenkünstler, Gauß fragte, wie er sein Talent zum Nutzen der Mathematik verwenden könne, empfahl ihm Gauß, Faktorentafeln aufzustellen. Dase nahm diesen Vorschlag auf und veröffentlichte später solche Tafeln für die Zahlen zwischen 7 000 000 und 9 000 000.

Gauß' Rechnungen waren der Nährboden seines wissenschaftlichen Werks; es gibt vielfache, oft nicht explizit nachvollziehbare Beziehungen zwischen Gauß' Ergebnissen und ihren numerischen Quellen. Im Gegensatz dazu stehen Gauß' *dioptrische* Untersuchungen, für die ein klarer und eindeutiger Zusammenhang zwischen praktischem Problem und seiner theoretischen Behandlung durch Gauß besteht. Die dioptrischen Untersuchungen befassen sich mit der Gestalt, der Anordnung und den Fehlern optischer Linsen. Gauß' Interesse an diesen Problemen erwuchs ganz natürlich im Zusammenhang mit seinen astronomischen Arbeiten. Als beobachtender Astronom hatte er sich mit Problemen wie der unzureichenden Qualität des verwendeten Glases, technischen Beschränkungen für das Linsenschneiden und -schleifen und einem mangelnden Verständnis der Theorie des Fernrohrs auseinanderzusetzen. All dies änderte sich in der ersten Hälfte des 19. Jahrhunderts, und Gauß war maßgeblich an dem stattfindenden Fortschritt beteiligt. Eine Hürde übersprang allerdings auch Gauß nicht: er behandelte alle optischen Probleme mit Hilfe einer naiven Korpuskeltheorie des Lichtes und äußerte sich nicht zu der in dieser Periode von Fresnel ausgearbeiteten Wellentheorie [5].

Der Anstoß, sich mit diesem Problemkreis zu beschäftigen, kam von dem berühmten Hamburger Instrumentenbauer J. G. Repsold, der Gauß 1807 um Hilfe bei der Berechnung der Linsen für ein achromatisches Doppelobjektiv bat [6]. Solche Probleme waren neu für Gauß, aber es dauerte nicht lange, bevor er zu neuen, auch praktisch sehr relevanten Ergebnissen kam. Seine wichtigsten Beiträge handeln von der Minimisierung der chromatischen Aberration. Gauß diskutierte diese Probleme mit anderen Astronomen, darunter Bessel und Olbers, und Instrumentenbauern, wie dem berühmten Utzschneider, Fraunhofer und Steinheil. Um Gauß' Wirkung einzuschätzen, muß man seinen Briefwechsel und gewisse zeitgenössische Astronomiebücher studieren [7]. Gauß' Arbeiten auf diesem Gebiet hatten einen beträchtlichen Einfluß auf die Entwicklung der optischen Industrie in Deutschland,[2] aber sie sind heute ohne Interesse, weil die Wellennatur des Lichts nicht einbezogen wird. Gauß' wichtigste optische Arbeit sind die *Dioptrischen Untersuchungen*, welche 1840 erschienen. In ihr legt Gauß

---

[2] Im Lauf des 19. Jahrhunderts löste Deutschland England als Zentrum der optischen Industrie ab. Die Gründung der berühmten Werkstätten von Reichenbach, Fraunhofer und Steinheil, allesamt in München, erfolgte in den ersten Jahren des Jahrhunderts; die berühmteste, Carl Zeiss in Jena, ist wesentlich jünger. Ernst Abbe, der wissenschaftliche Direktor der Zeiss-Werke, war ein Schüler Riemanns.

eine detaillierte Untersuchung des Pfads eines Lichtstrahls durch ein System von Linsen nicht vernachlässigbarer Dicke vor. Das Hauptergebnis der Arbeit ist die Reduktion eines solchen Systems auf eine einzige, infinitesimal dünne Linse. Gauß führt auch hier das Problem auf ein mathematisches Problem zurück und leitet eine mathematische Theorie her anstatt einer Folge technischer Instruktionen oder einem Lehrsatz der Physik.

Die Korrespondenz enthält eine eigenartige Diskussion der Auswirkungen der Kurzsichtigkeit für den Benutzer eines Fernrohrs. Gauß war selber kurzsichtig und gelangte zu der (inkorrekten) Folgerung, daß Kurzsichtigkeit für den Beobachter zu einer zusätzlichen Vergrößerung führen würde [8].

Mit seinen dioptrischen Arbeiten führte Gauß das Werk Eulers und Lagranges fort. Er erzielt prinzipiell keine neuen Ergebnisse, klärt jedoch eine Reihe alter Fragen und arbeitet mit seinen Anweisungen Hand in Hand mit der technologischen Entwicklung. Mathematisch sind die *Dioptrischen Untersuchungen* so elementar, daß Gauß ernste Bedenken hatte, sie zu veröffentlichen.

Trotz seines mathematischen Ansatzes war Gauß durchaus auch an sehr praktischen Fragen interessiert. In der Korrespondenz finden sich immer wieder Diskussionen konkreter Fragen wie der besten Anordnung der Instrumente im Observatorium oder des Ziehens von Fäden durch das Okular eines Teleskops. 1815, auf seiner Reise nach München, besuchte Gauß mehrere Werkstätten und diskutierte die Ausstattung seiner neuen Sternwarte mit den dortigen Instrumentenbauern.

14. Kapitel

Die Jahre zwischen 1838 und 1855

Es gibt eine ganze Anzahl von Berichten über Gauß von Freunden und Besuchern aus der Zeit zwischen 1838 und 1855, aber sie helfen uns kaum, ein klares Bild für diese Periode zu gewinnen [1]. Schumacher war nun Gauß' häufigster Korrespondent, aber die Briefe bleiben an der Oberfläche und hinterlassen den Eindruck eines geschäftigen Mannes, der kaum die Zeit hat, seinen vielfältigen Interessen nachzugehen. Gauß war nach wie vor mit seinen astronomischen und magnetischen Messungen beschäftigt, aber daneben gab es auch Probleme aus der Mathematik, darunter einige interessante elementar-kombinatorische, die Schumacher stellte, experimentelle und theoretische Physik und Fremdsprachen [2].

Dennoch enthält die Korrespondenz mit Schumacher auch Überraschungen, die uns Gauß in einem ganz neuen, unerwarteten Licht zeigen. In einem Brief, der noch aus einer früheren Periode stammt, bittet er Schumacher, seinen jungen Gehilfen Klausen nicht zu entlassen, obwohl dieser ungeschickt war und ein teures Barometer hatte fallen lassen. Gauß bittet Schumacher um Toleranz und schreibt:

Indessen, wenn Sie, wie ich hoffe, ihn auch jetzt wieder annehmen, so bin ich doch in Sorge, was einmal künftig aus ihm werden soll. Die Geschichte mit dem Barometer, die vielleicht nicht die einzige ist, lässt mich fürchten, dass es ihm an Geschick für praktische Astronomie fehlt. Diese aber und der Lehrstand sind ja jetzt in Europa fast das Einzige, wie ein Mathematiker, der keine eigenen Mittel hat, seine Subsistenz sichern kann. Sie wissen, wie unsere Akademien jetzt beschaffen sind, und nur wenn er etwas ganz Eminentes leistete, wäre einige Hoffnung, dass er einmahl in einer Akademie eine Versorgung finde, und selbst dann ist 99 gegen 1 zu wetten, dass das nicht glückt. Ob er nun einmahl ein Professorenamt bekleiden kann, weiss ich nicht; Sie werden dies besser beurtheilen können. Fürchten Sie aber, dass er auch dazu sich nicht eignet, so weiss ich nicht, ob er nicht am besten thäte, irgend einen andern Beruf zu erwählen, z.B. als Militär oder sonst, und dann seine Musse nach Gefallen der Mathematik widmete. In der That, wenn man einmal eine Brotberuf dabei nöthig hat, so ist es ziemlich einerlei, welcher es ist, ob man Anfängern das abc der Wis-

*senschaften vorträgt, oder Schuhe macht. Die Frage bleibt eigentlich nur,
bei welcher Arbeit man die meiste und sorgenfreieste Zeit übrig behält ...*
(Brief vom 23. Dezember 1824).

Diese Seite Gauß' kommt während der 30er und 40er Jahre immer
stärker zur Geltung. Er war milde und voller Verständnis für andere, und
obwohl er diese Haltung nicht immer aufrecht erhalten konnte, scheint sie
seiner Einstellung in dieser Periode gut zu entsprechen.

Zu Beginn der 40er Jahre fing Gauß an, Russisch zu lernen, nach einem kurzen, nicht sehr befriedigenden Ausflug in das Sanskrit. Er war un-
verändert an englischer Literatur interessiert; voller Stolz schrieb er an Schumacher von seiner Entdeckung und Verbesserung des Satzes *The moon rises
broadly in the northwest* in einem der Romane des von ihm gern gelesenen
Walter Scott [3]. Daß Gauß sehr am Detail hing, überrascht nicht. Er hatte
ein unerschöpfliches Interesse an Fakten, waren sie auch noch so unwichtig. Es bestehen durchaus Parallellen zu seinem mathematischen Werk. Wir
haben hier durchweg den mathematischen Charakter von Gauß' naturwissenschaftlichen Arbeiten betont, aber man darf auch nicht den naturwissenschaftlichen, experimentellen Charakter seines mathematischen Werkes
vergessen. Die induktive Natur seines Denkens, sein Hunger nach Fakten
und seine Fähigkeit, Fakten zu absorbieren und zu verstehen, kamen ihm
für sein naturwissenschaftliches Werk, ob Astronomie, Geodäsie oder die
Arbeiten der hannoverschen Kommission zur Festsetzung der Maße und
Gewichte, ebenso zustatten wie für seine nicht endenden Rechnungen, seine
Faktorentafeln oder seine Berechnung der Lemniskatenperiode.

Obwohl Gauß seit über zehn Jahren keine Nacht außer Hause verbracht
hatte, verhandelte er 1842 mit der Universität Wien, die ihm ein Angebot gemacht hatte. Seine Verhandlungen mit Berlin, 20 Jahre zuvor, waren schon
nicht sehr zielbewußt gewesen, aber die Verhandlungen mit Wien erreichten
nie ein ernsthaftes Stadium und brachen schnell ab [4].

Die Jahre nach Webers Weggang waren nicht glücklich. Gauß blieb von
gravierenden Altersleiden verschont, aber seine letzten Jahre waren nicht
der heitere Ausklang eines erfüllten und produktiven Lebens. Der Verlust
Webers 1838, der ihm in vielem wie ein Sohn gewesen war, folgte der Auswanderung Wilhelms; kurz vor Weber hatten Minna Ewald und ihr Mann
Göttingen verlassen. 1839 starb Gauß' alte und blinde Mutter, 1840 seine
Tochter Minna, erst 32 Jahre alt. Ihr Verlust schmerzte sehr – sie und Joseph waren die überlebenden Kinder, die „Pfänder", der Ehe mit Johanna
Osthoff. Minna war des Vaters Lieblingskind gewesen und soll ihrer Mut-
ter sehr ähnlich gesehen haben. Von Gauß' Freunden starben Olbers 1840
und Bessel 1846. In diesen Jahren werden die Briefe mit Bessel wieder zahl-
reicher, jedoch ohne die frühere Vertrautheit. Gauß erwähnt von Zeit zu
Zeit gesundheitliche Beschwerden, zeitweilige Taubheit 1838, Nachlassen des
Gehörs und des Auges, Verlust der Zähne. Er war jedoch weiterhin in der

Lage, seine astronomischen Beobachtungen auszuführen, eine willkommene und fruchtbare Beschäftigung.

Auch in seinen letzten Jahren änderte sich Gauß nicht sehr. Nach außen hin ließen ihn die ihn treffenden Schicksalsschläge ungerührt; wir sehen stattdessen einen langsamen und stetigen Verfall, eine schmerzliche Erfahrung, der sich Gauß selber wohl bewußt war. Gauß akzeptierte dies ohne Klagen – Glück und Erfüllung waren ihm längst fremd geworden. Statt Freundschaft und wissenschaftlicher Zusammenarbeit wurden ihm nun Ehrungen und Medaillen zuteil. Jacobi, Dirichlet und Eisenstein, die wohl begabtesten und bedeutendsten Mathematiker Deutschlands zwischen Gauß und Riemann, besuchten ihn, aber tiefere Kontakte oder eine Zusammenarbeit kamen nicht zustande [5].[1] 1838 wurde Gauß die Copley-Medaille der *Royal Society* in London verliehen; später wurde er dann auch Mitglied des Ordens *pour le mérite* in Preußen.

Von seinen Kindern blieb nur die Tochter Therese in Göttingen. Sie war unverheiratet und führte ab 1838 ihrem Vater den Haushalt. Obwohl Gauß sie sehr mochte, schienen Vater und Tochter nicht viel gemeinsam zu haben außer gegenseitiger Hochschätzung, die auf Dankbarkeit von seiten des Vaters und Bewunderung seitens der Tochter basierte.[2]

Mehrere seiner Schüler aus dieser Periode berichten, daß Gauß als alter Mann mehr Freude als früher an seinen Vorlesungen hatte [6]. Einer der Gründe dafür mag gewesen sein, daß die Studenten damals eine sehr viel bessere Vorbildung hatten. Dedekind berichtet das folgende:

> ... *Wir waren neun Studenten, von denen ich A. Ritter (später Professor der Mechanik in Hannover und Aachen) und Moritz Cantor (später Professor in Heidelberg) nach und nach näher kennenlernte; wir alle kamen sehr regelmäßig, es hat wohl selten einer von uns gefehlt, obgleich der Weg nach der Sternwarte im Winter bisweilen nicht angenehm war. Das Auditorium war durch ein kleines Vorzimmer von Gauß' Arbeitszimmer getrennt und ziemlich klein. Wir saßen an einem Tisch, dessen Längsseiten für je drei, aber nicht für vier Personen bequemen Platz darboten. Der Tür gegenüber am oberen Ende saß Gauß in mäßiger Entfernung vom Tische, und wenn wir vollzählig waren, so mußten zwei von uns, die zuletzt kamen, ganz in seine Nähe rücken und ihr Heft auf den Schoß nehmen. Gauß trug ein leichtes schwarzes Käppchen, einen ziemlich langen braunen Gehrock, graue Beinkleider; er saß meist in bequemer Haltung, etwas gebeugt vor sich niedersehend, mit über den Leib gefalteten Händen. Er sprach ganz*

---

[1] Gauß war sehr an ihren Arbeiten interessiert und schrieb für Eisenstein ein lobendes Vorwort zu dessen *Gesammelten Abhandlungen.*

[2] Zu Therese gibt es ein ironisches Nachwort. Nach ihres Vaters Tod war sie zuerst untröstlich, heiratete aber schon 1856, ein Jahr später, einen Theaterdirektor und Schauspieler, mit dem sie seit Beginn der fünfziger Jahre romantische Briefe ausgetauscht hatte. Der Rest der Familie, insbesondre Joseph, mißbilligte die Heirat, wohl weil diese Mésalliance den Familiennamen und das Andenken des großen Toten entehrte.

frei, sehr deutlich, einfach und schlicht; wenn er aber einen neuen Gesichtspunkt hervorheben wollte, wobei er ein besonders charakteristisches Wort gebrauchte, so erhob er wohl plötzlich den Kopf, wandte sich zu einem der Nachbarn und blickte ihn während der nachdrücklichen Rede ernst mit seinen schönen, durchdringenden blauen Augen an. Das war unvergeßlich. Seine Sprache war fast ganz dialektfrei, nur bisweilen kamen Anklänge an unsere stadt-braunschweigische Mundart; beim Zählen z.B., wobei er auch den Gebrauch der Finger nicht verschmähte, sagte er nicht eins, zwei, drei, sondern einse, zweie, dreie usf., wie man es noch jetzt bei uns auf dem Markte hören kann. Ging er von einer prinzipiellen Erörterung zur Entwicklung mathematischer Formeln über, so erhob er sich, und in stattlicher, ganz aufrechter Haltung schrieb er an einer neben ihm stehenden Tafel mit der ihm eigenen schönen Handschrift, wobei es ihm immer durch Sparsamkeit und zweckmäßige Anordnung gelang, mit dem ziemlich kleinen Raume auszukommen. Für die Zahlenbeispiele, auf deren sorgfältige Durchführung er besonderen Wert legte, brachte er die erforderlichen Data auf kleinen Zetteln mit ... .(aus: Dedekind, Werke Bd. 2, Seite 294/295).

Wenn man die Liste der von Gauß gehaltenen Vorlesungen durchgeht, sieht man, daß er in der Regel über Astronomie und nur sehr selten über mathematische Themen las. Ein gern gewähltes Thema war die Methode der kleinsten Quadrate mit Anwendungen in den Naturwissenschaften. Zahlentheorie las Gauß nur ein einziges Mal, 1807/08, in seinem ersten Jahr in Göttingen [7].

Wie wir gesehen haben, war Gauß seit der Jahrhundertwende an Experimenten und Beobachtungen beteiligt. Das führte zu einer Anzahl fruchtbarer Kooperationen mit anderen Naturwissenschaftlern, insbesondere Astronomen. Diese Zusammenarbeit hatte auch ihre positiven persönlichen Aspekte, aber Gauß war sich der Kehrseite wohl bewußt – es blieb nicht genug Zeit für die reine Mathematik, seinem ersten und alles überschattenden Arbeitsgebiet.

1838, als Weber Göttingen verlassen mußte, vollendete Gauß sein 61. Lebensjahr. Weber war sein einziger Kollege in Göttingen, mit dem er fruchtbar zusammenarbeitete. Obwohl eine ähnlich enge Zusammenarbeit auf die Distanz nicht möglich war, konnte Gauß mit seinen Beobachtungen fortfahren und, zusammen mit Weber, die Sammlung geomagnetischer Daten zum Abschluß bringen. Der Briefwechsel mit Schumacher, Olbers, Gerling und Bessel, hauptsächlich über astronomische Probleme, lief ebenfalls weiter. Ein anderer positiver Aspekt der praktischen experimentellen Arbeit wird deutlich: Gauß war in der Lage, in einem Alter wissenschaftlich relevante Beiträge zu leisten, als seine mathematische Schaffenskraft schwächer wurde, und ohne daß ihn die vielen persönlichen Probleme, mit denen er seit 1809 zu kämpfen hatte, unfruchtbar gemacht hätten. Das Gegenteil war der Fall: die experimentell-praktischen Arbeiten trugen dazu bei, daß er sein emotionales Gleichgewicht zu bewahren vermochte und halfen ihm, frustrierende und fruchtlose Auseinandersetzungen zu vermeiden. Natürlich gibt es auch dazu eine Kehrseite: Gauß' Starrheit in den Auseinandersetzungen mit den Söhnen, das Elend der zweiten Ehe und das Ende konzentrierter mathematischer Forschung nach 1810 sind wohl dazuzurechnen, aber diese Opfer waren wohl unvermeidbar, falls er überhaupt mit seiner wissenschaftlichen Arbeit fortfahren konnte. Die mechanische, automatische, Komponente des experimentellen Werks enthält einen wertvollen Faktor und darf nicht als bloße Ablenkung von „wichtigeren" schöpferischen Tätigkeiten abgetan werden.

All dies bedeutet nicht, daß Gauß sein Interesse an der reinen Mathematik verloren hätte. Sogar während der letzten 15 Jahre seines Lebens, 20 oder 30 Jahre nachdem er seine letzten eigenen Beiträge zur mathematischen Forschung geleistet hatte, finden sich noch viele interessante und kluge mathematische Bemerkungen im Briefwechsel. Gauß war einer der ersten Mathematiker Westeuropas, der Lobatschewskys Beiträge zur nichteuklidischen Geometrie verstand und in ihrer Bedeutung erkannte. Lobatschewsky war schwer zu verstehen, und sogar seine auf Deutsch veröffentlichten Arbeiten blieben ohne direkte Resonanz [8]. In seinem Brief vom 28. November 1846 an Schumacher bemerkte Gauß:

> ... *Ich habe die Veranlassung gehabt, das Werkchen von Lobatschefski (Geometrische Untersuchungen zur Theorie der Parallellinie. Berlin 1840, bei G. Funcke. 4 Bogen stark) wieder durchzusehen. Es enthält die Grundzüge derjenigen Geometrie, die Statt finden müsste, und streng consequent Statt finden könnte, wenn die Euclidische nicht die wahre ist. Ein gewisser Schweikardt nannte eine solche Geometrie Astralgeometrie, Lobatschefsky imaginäre Geometrie. Sie wissen, dass ich schon seit 54 Jahren (seit 1792) dieselbe Überzeugung habe (mit einer gewissen späteren Erweiterung, deren ich hier nicht erwähnen will). Materiell für mich Neues habe ich also im Lobatschefsky'schen Werke nicht gefunden, aber die Entwickelung ist auf anderem Wege gemacht, als ich selbst eingeschlagen habe, und zwar von Lobatschefsky auf eine meisterhafte Art in ächt geometrischem Geist. Ich glaube Sie auf das Buch aufmerksam machen zu müssen, welches Ihnen gewiss ganz exquisiten Genuss gewähren wird.*

Diese Passage ist aus verschiedenen Gründen von Interesse; die Behauptung, daß Gauß die Existenz nichteuklidischer Geometrien klar gewesen sei, als er 15 Jahre alt war, ist vermutlich nicht wahr.

Um Lobatschewsky im Original lesen zu können, lernte Gauß Russisch. Er beschränkte sich nicht auf mathematische Texte und beklagte sich in einem Brief an Schumacher, daß die russischen Bestände der Bibliothek in Göttingen nicht gut seien. Puschkin scheint Gauß besonders gern gelesen zu haben [9].

1849 beging die Universität Göttingen die Feier des goldenen Doktorjubiläums Gauß'. Diese Feier fand in Göttingen statt, denn die Universität

Helmstedt war inzwischen aufgehoben worden. Im Lauf der Feier reichte das Jubelkind eine revidierte Fassung seiner Doktorarbeit ein, aber die Änderungen gehen nicht sehr tief. 50 Jahre zuvor hatte Gauß sich noch gescheut, die komplexe Ebene für seinen Beweis des Fundamentalsatzes der Algebra explizit zu benutzen; in der revidierten Fassung ist das nicht mehr der Fall. Die Arbeit zeigt, daß Gauß sehr wohl noch in der Lage war, eine kompetente mathematische Arbeit zu verfassen – Mathematik, wie er selber in einem Brief aus dieser Periode schrieb, war noch immer *jeux d'esprit* [10].

Gauß' originellster Beitrag aus dieser Periode war eine Analyse der finanziellen Situation der Witwenkasse der Universität Göttingen. Gauß wurde 1845 um einen solchen Bericht gebeten, denn ein langsames Anwachsen der Anzahl der Witwen machte es zweifelhaft, die Versicherung ihre Zahlungen in der bisherigen Höhe auf lange Sicht beibehalten könnte. Das bedeutete, daß sowohl die Statuten als auch die gesamte Beitrags- und Pensionsstruktur der Versicherung überprüft werden mußten. Die Beiträge selber waren sehr niedrig, aber die Versicherung hatte zusätzliches Einkommen aus einer Reihe von Stiftungen. Die Höhe der Pensionen fluktuierte und hing von der finanziellen Situation der Kasse ab. Gauß hatte nun die Aufgabe, die Auswirkungen des ständigen Anstiegs der Mitglieder und des Wunschs nach einer Erhöhung der Pensionen zu analysieren. Aufgrund von Sterblichkeitstafeln und einer großen Anzahl historischer Daten kam Gauß, nach sechs Jahren und vielen Rechnungen, 1851 zu dem überraschenden Ergebnis, daß die Kasse finanziell gesund war und daß sogar eine Erhöhung der gezahlten Pensionen möglich war. Weiterhin empfahl Gauß, die Mitgliederzahl der Versicherung zu beschränken; eine radikale Neuberechnung würde in 20 bis 30 Jahren nötig werden, falls die augenblickliche Wachstumsrate beibehalten würde [11].

Gauß' Rechnung ist detailliert und sorgfältig, aber wie üblich nicht ohne Fehler. Gauß benutzt die Grundzüge der mathematischen Versicherungstheorie, bezieht aber auch rein ökonomische Überlegungen wie etwa die Bewertung von Schuldverschreibungen und nötigen Investitionen im Immobilienbesitz der Versicherung in seine Berechnungen mit ein. Die Aufgabe war sehr viel umfangreicher als Gauß erwartet hatte, aber befriedigend, zumal Gauß, trotz aller Vorsicht, in der Lage war, eine zeitweilige Erhöhung der Pensionen zu empfehlen. Für die Kasse war Gauß' Analyse, übrigens die erste ihrer Art, sehr wertvoll; Schering, der erste Herausgeber der Werke Gauß', und H. A. Schwarz setzten Gauß' Tradition als Berater der Göttinger Witwenkasse fort.

Daß er bei seiner Analyse der Witwenkasse seine praktischen finanziellen Kenntnisse anwenden konnte, machte für Gauß diese Aufgabe sicher besonders befriedigend und interessant. In *Gauß zum Gedächtnis* schreibt Sartorius von Waltershausen, daß Gauß mit Leichtigkeit die Finanzen seines Landes hätte verwalten können; wie sein Nachlaß zeigt, war er in der Tat sorgfältig und erfolgreich in seinen finanziellen Angelegenheiten und hinterließ ein beträchtliches Vermögen, zumeist in Schuldverschreibungen [12] von Privatfirmen – welche damals in der Regel bessere Zinsen als heute abwarfen, aber auch riskanter waren – und in Regierungsanleihen, auch außerdeutscher Staaten. Gauß scheint seine Spekulationen nicht mit seinen Freunden diskutiert zu haben; in der Korrespondenz findet man lediglich die Bitte, ihm bei der Einlösung bestimmter Papiere zu helfen, denn nicht alles konnte direkt in Göttingen erledigt werden. Sonst wissen wir wenig von den Details der Transaktionen, nur daß sie im großen und ganzen erfolgreich waren. Es gibt eine bedeutende Ausnahme, welche zeigt, wie wichtig diese Transaktionen für Gauß waren. 1844 zeichnete er für eine Anleihe, mit der eine neue Eisenbahnlinie im nördlichen Hessen-Darmstadt finanziert werden sollte. Als die genauen Bedingungen veröffentlicht wurden, verlor Gauß' Investition mehr als 90% ihres Wertes, denn die Regierung hatte jederzeit das Recht, die neue Eisenbahnlinie zu verstaatlichen. Gauß äußerte sich sehr kritisch über die Banken und bemerkte sarkastisch, daß christliche und eben nicht jüdische Häuser maßgebend beteiligt gewesen seien [13]. Wir sehen hier plötzlich Gauß in der Rolle des selbstbewußten stolzen Bürgers, der auf sein Recht pocht und sich offen beklagt, ganz im Gegensatz zu seiner Haltung während der politischen Krise 1837/38 oder während der ihn persönlich betreffenden Umwälzungen der napoleonischen und nachnapoleonischen Ära.

In den letzten 15 Jahren seines Lebens war Gauß ein typischer Angehöriger der Mittelklasse, der es verstand, sich aus Konflikten und Krisen herauszuhalten. Es wäre jedoch nicht richtig, dies als eine rein persönliche Entwicklung zu interpretieren. Es gab gewiß für ihn persönlich genug Gründe für seine zunehmende Isolierung und Konzentration auf einige wenige Aktivitäten; seine bewundernden Zeitgenossen hatten jedenfalls Verständnis für eine solche Haltung. Die Jahre zwischen 1815 und 1848 waren keine Zeit für Helden, sicherlich nicht in Deutschland. Die vorherrschende offizielle Politik war durchaus konservativ, aber gleichzeitig bildete sich eine echte Mittelklasse, welche im klassischen politischen Liberalismus ihre politische Ausdrucksform fand [14]. Gauß gehörte dieser Strömung an, aber, geprägt durch seine frühen Erfahrungen, war er nie in der Lage, auch die politischen Ziele der Mittelklasse mitzutragen. Dies macht die Bedeutung seiner finanziellen Transaktionen und seiner Ziele für seine Söhne umso größer. Als der Liberalismus 1848 sich politisch geltend machte, wurde dies von Gauß abgelehnt. Auch hier handelt es sich wiederum um eine Generationenfrage, nicht nur im Hinblick auf Gauß' Alter, sondern auch deswegen, weil Gauß den Mittelklassenstatus durchaus als persönliche Errungenschaft betrachten konnte, im Gegensatz zu vielen der Träger der 48er Revolution, für die dieser Schritt schon mindestens eine Generation zurücklag. Es besteht hier eine Analogie zu der Situation, welche 50 Jahre zuvor bestand, als es darum ging, Gauß' Haltung zur französischen Revolution und der Romantik zu verstehen.

Gauß' religiöse Haltung ist eng mit seiner politischen und sozialen Einstellung verknüpft. Gauß war kein Atheist, sondern Deist mit sehr unorthodoxen Überzeugungen – unorthodox, selbst wenn man sie an den sehr liberalen protestantischen Dogmen seines Zeitalters mißt. Es sind kaum Einzelheiten bekannt, außer gelegentlichen Bemerkungen in der Korrespondenz und einem sehr eigenartigen Dokument, nämlich Aufzeichnungen, welche der Physiologe R. Wagner nach mehreren „metaphysischen" Unterredungen mit Gauß kurz vor dessen Tod machte.

Aus dem Briefwechsel wird klar, daß Gauß nicht an einen persönlichen Gott glaubte. Er hatte jedoch Vertrauen in eine grundlegende Harmonie und Integrität der Schöpfung. Mathematik war der Schlüssel, mit dem der Mensch sich einen Einblick in die Pläne Gottes eröffnen kann. Es besteht offensichtlich eine Verbindung zwischen Gauß' Überzeugungen und dem System Leibniz', aber Gauß entwickelte kein kohärentes philosophisches System. Typisch für Gauß sind seine Überzeugung von der Existenz außerirdischen intelligenten Lebens, welche bei ihm strikt aus naiven statistischen Überlegungen gespeist wurde. oder die Vermutung, daß wir nach dem Tod eine bessere geometrische Intuition haben und sehen, was die zutreffende Geometrie unserer Welt ist. In der Korrespondenz mit Gerling finden sich einige Bemerkungen zu dem zeitgenössischen Interesse an mystischen Experimenten wie Tischrücken; Gauß lehnte diese Erfahrungen kategorisch ab [15].

Wagner, ein konservativer und frommer Mann, der mit Macht gegen den Materialismus in den Naturwissenschaften kämpfte, hatte verschiedene Unterhaltungen mit Gauß, die er für einen Artikel nach Gauß' Tod verwenden wollte. Auf Grund der energischen Proteste seitens Gauß' Freunden und Familie – Therese Gauß sprach schlicht von Wagners *Sudelei* – erschien dieser Artikel nie, aber Wagners ursprüngliche Notizen wurden vor kurzem aufgefunden. Sie enthalten zum Teil wörtliche Passagen der Unterredungen, aber man kann nicht sehen, wie Wagner hoffen konnte, Gauß' Überzeugungen in seinem Sinn zu verwenden. Gauß scheint damals von der Unsterblichkeit der Seele und einer Art Leben nach dem Tod überzeugt gewesen zu sein, aber keinesfalls in einer Weise, die man christlich hätte nennen können. Es folgen hier einige charakteristische Sätze, ausgehend von Gauß' Kommentar zu einer von ihm selbst zusammengestellten Liste von Bibelzitaten:

... Es sind die Stellen, die sich auf Unsterblichkeit beziehen. Ich kann Ihnen jetzt nicht sagen, woher die Zusammenstellung. Aber ich finde sie doch alle nicht so schlagend und zusammenhängend. Überhaupt, lieber College, ich glaube, Sie sind viel bibelgläubiger als ich und Sie sind viel glücklicher als ich. Ich muß sagen, wenn ich so öfters in früheren Zeiten Leute in niederen Ständen, simple Handwerker, gesehen, die so recht von Herzen glauben konnten: ich habe sie immer beneidet. Sagen Sie mir doch, wie fängt man dieß an? ... Haben Sie vielleicht das Glück gehabt, einen gläubigen Vater zu haben, oder eine Mutter? (Nachrichten, Akad. Wiss. Göttingen, Phil.-hist. Klasse 1975. No.6)

15. Kapitel

Gauß' Tod

Aus den letzten fünf Jahren des Lebens Gauß' gibt es wenig zu berichten. Gauß fuhr mit seinen Beobachtungen und seiner Korrespondenz fort so gut es ging. Schumacher und Lindenau, zwei seiner ältesten Freunde, starben 1850. Ein Jahr zuvor, anläßlich seines goldenen Doktorjubiläums, hatte Lindenau Gauß noch besucht. Von den anderen alten Freunden waren nur noch Gerling übrig und der quecksilbrige Alexander von Humboldt – er verglich sich selber mit einer Fledermaus. Humboldt war erheblich älter als Gauß, überlebte ihn aber und starb 1859 im Alter von 95 Jahren [1]. Gauß beklagte sich über verschiedene, physische und geistige Alterserscheinungen, aber er hatte keine erheblichen neuen Beschwerden, nur Verfall des Gedächtnisses und zunehmende Schwierigkeiten, sich zu konzentrieren und zu arbeiten. Er verbrachte einen großen Teil seiner Zeit damit, Zeitungen und leichte zeitgenössische Literatur zu lesen. Aber selbst in diesem Stadium seines Lebens war Gauß noch intellektuell rege und in der Lage, am Fortschreiten der Wissenschaften teilzunehmen. 1854, weniger als ein Jahr vor seinem Tod, hörte Gauß Riemanns Antrittsvorlesung *Über die Hypothesen, welche der Geometrie zu Grunde liegen*. Um die *venia legendi* in Göttingen zu erlangen, hatte Riemann drei Themen eingereicht; Gauß, entschied sich gegen Riemanns Erwartungen und das übliche Vorgehen, für das dritte Thema. Weber berichtet, wie angeregt und voller Lob über Riemann Gauß auf dem Heimweg von dessen Vorlesung gewesen sei [2].[1]

Gauß sah wohl den Zusammenhang zwischen Riemanns Vorlesung und seinen Gedanken auf diesem Gebiet, welche nunmehr über 50 Jahre zurücklagen, aber es sind keine substantiellen Bemerkungen Gauß' anläßlich dieser Gelegenheit überliefert. Das überrascht nicht; der scharfzüngige und kritische Jacobi bemerkte 1849, daß Gauß doch sehr wenig daran interessiert und auch wohl kaum in der Lage sei, detaillierten mathematischen Diskussionen zu folgen [3]. Jacobi war einer der wenigen deutschen Mathematiker, die zu Gauß' Doktorjubiläum nach Göttingen gekommen waren. Gauß' letzte wissenschaftliche, in der Korrespondenz überlieferte Bemerkungen handeln

---

[1] Obwohl er zeitweise in Göttingen studierte, kann man Riemann nicht als Schüler Gauß' bezeichnen. Der entscheidende Einfluß auf Riemann kam von seinen Berliner Lehrern, insbesondere Jacobi, Eisenstein und Dirichlet.

vom modizierten Foucaultschen Pendel [4] – es ist offensichtlich, daß praktische, konkrete Fragen jetzt für Gauß leichter zu behandeln waren als Riemanns abstrakte und komplizierte Ideen.

Eine gründliche ärztliche Untersuchung im Januar 1854 diagnostizierte Herzerweiterung; es war nicht zu erwarten, daß Gauß noch lange leben würde. Sein Gesundheitszustand besserte sich dann wieder; während dieser Phase hielt auch Riemann seine Antrittsvorlesung. Gauß war auch bei der feierlichen Eröffnung der Eisenbahnlinie zwischen Hannover und Göttingen zugegen. Anfang August verschlechterte sich sein Gesundheitszustand wieder, und er konnte das Haus nicht mehr verlassen. Seine Füße schwollen sehr an, so daß er sich auch im Haus nur sehr wenig bewegen konnte. Am 7. Dezember schien das Ende nah, aber Gauß überlebte und starb dann am Morgen des 23. Februar 1855, nachdem seine Lebenskraft seit Mitte Januar ständig nachgelassen hatte. Es wird berichtet, daß seine Uhr wenige Minuten nach seinem Tod stehengeblieben sei.

Gauß liegt in Göttingen begraben. Sein Schwiegersohn Ewald hielt die Leichenrede und pries Gauß als ein einzigartiges und unvergleichliches Genie. Diese Rede ist in Sartorius von Waltershausens *Gauß zum Gedächtnis* abgedruckt. Einer der Sargträger war der junge Richard Dedekind, damals ein 24jähriger Student der Mathematik. Für Dedekind, wie für andere Mitglieder seiner und der vorangehenden Generation, war die Erinnerung an Gauß eine lebenslange Quelle der Inspiration. In einer Reihe von Anhängen zu den Vorlesungen seines Lehrers Dirichlet erklärte und erweiterte Dedekind die letzten vier Sektionen der *Disqu. Arithm.*; die letzte Auflage der *Vorlesungen über Zahlentheorie* erschien 1894 [5].

Nur wenige der Gauß' Leichenfeier beiwohnenden Wissenschaftler waren Mathematiker; die meisten der ihm nahestehenden jüngeren Kollegen und Schüler waren mehr an den Anwendungen als an der reinen Mathematik interessiert. Das entspricht natürlich Gauß' eigenen Neigungen in den letzten Jahrzehnten seines Lebens, spiegelt aber auch die praktische Orientierung seiner Zeit wider. Unter den anwesenden jüngeren Kollegen befanden sich der Astronom Klinkerfues, der Geologe Sartorius und der unvergleichliche Weber.

Gauß' Gehirn wies, wie sich bei der Sezierung herausstellte, außerordentlich zahlreiche und ungewöhnlich tiefe Windungen auf. Es befindet sich jetzt in der anatomischen Sammlung der Universität Göttingen.

Nachwort
(10. Zwischenkapitel)

Ultima latet.

Mathematiker sind nur selten Gegenstand von Biographien. Es gibt viel mehr Lebensbeschreibungen sogenannter historischer Persönlichkeiten, vornehmlich Politiker, Militärs oder sogar Künstler. Biographien dieser Art enthalten gewöhnlich Hintergrundmaterial, aber nicht sehr viele Details, denn der Autor setzt beim Leser ein intuitives Verständnis allgemein menschlicher, aber auch historischer oder politischer Situationen voraus. Die wichtigste Brücke zwischen Autor, Leser und Objekt der Biographie ist die implizite Annahme, daß Kommunikation auf dieser Ebene möglich ist, ohne daß man auf jede Einzelheit einzugehen brauchte.

Gauß steht uns nahe genug, um unsere Neugier zu erwecken; gleichzeitig ist er so fern, daß wir ihn in historischen Kategorien behandeln müssen. Es ist offensichtlich, daß das Werk eines Wissenschaftlers, selbst wenn es sich um eine Persönlichkeit vom Range Gauß' handelt, innerhalb des Rahmens der zeitgenössischen wissenschaftlichen Entwicklung interpretiert werden muß. Ich hoffe, es ist klar geworden, daß ein solcher Ansatz nicht nur möglich, sondern auch im heutigen Sinn direkt wissenschaftlich lohnend ist. Der aufmerksame Leser mag wohl einwerfen, daß ihm diese Biographie nicht genug Einzelheiten aus Gauß' Leben und Werk und aus dem Leben und Werk von Gauß' Zeitgenossen und Vorgängern vermittelt hat. Es ist gut möglich, daß ich es mir in dieser Hinsicht zu einfach gemacht habe, aber ich glaube, daß es in der Tat leichter ist, das Leben Gauß' zu beschreiben als das vieler anderer Mathematiker oder Naturwissenschaftler. Gauß' Genie hat eine zeitlose Qualität, die es uns leicht macht, unseren Weg durch das Dickicht der zahllosen und obskuren historischen Details zu finden.

Unser Bild der Vergangenheit wird immer eine stark revisionistische Komponente aufweisen. Ohne einen ständigen und oft unbewußten Vergleich mit unseren eigenen Erfahrungen würde sich unser Interesse an der Vergangenheit sehr schnell erschöpfen. Es ist schwierig, ahistorische Mißverständnisse ganz zu vermeiden – im Gegenteil, sie sind oft eine willkommene und sogar notwendige Hilfe. Wir suchen nach direkten Brücken zwischen unseren eigenen Anliegen und den Problemen der Vergangenheit. Theoretisch mag es wohl so sein, daß es unmöglich ist, historische Ehrlichkeit mit historischem Interesse zu vereinbaren, aber jede Generation hat das Recht, nach einer Lösung dieses Rätsels zu suchen.

Im Gegensatz zum Historiker und seiner Aufgabe wie wir sie verstehen, steht der Antiquar, der die Details der Vergangenheit zu rekonstruieren versucht. Der Antiquar lebt in der Bibliothek Borges' und ist tief versunken in die Betrachtung von Landkarten, die die Wirklichkeit genau und bis ins letzte Detail wiedergeben. Man kann versuchen, eine Biographie Gauß' zu schreiben, die diesen Anforderungen gerecht wird, denn eine Unzahl Details aus Gauß' Leben und Werk sind uns bekannt. Geschichte, nach unserem Verständnis, ist selektiv – ein Wort, welches dem Antiquar fremd oder sogar verhaßt ist. Obwohl Eklektizismus als das andere Extrem verlockend ist, ist dies ebenfalls zu vermeiden.

Das heutige große Interesse an der Geschichte der Mathematik hat starke antiquarische Züge und ist deswegen schwer zu verstehen. Geschichte ist oft weder besonders interessant noch lehrreich: die Genese der meisten mathematischen Theorien ist mühsam und schwierig. Oft sind klassische Themen selbst in ihrer heutigen ausgefeilten Darstellung leichter zu verstehen, als wenn man versucht, die Gedanken ihrer Schöpfer nachzuvollziehen. Gauß' Ideen, welche das eigentliche Thema dieses Buchs bilden, sind von Interesse, nicht weil sie alt sind, sondern weil Gauß ein solch außerordentliches Genie als Mathematiker und Naturwissenschaftler war. Viele seiner Ideen sind auch heute noch lebendig und intellektuell anregend. Diese Biographie, wiewohl ihrem Wesen nach historisch, hat darin ihre Berechtigung und Begründung.

Aus dem, was oben gesagt wurde, ist wohl klar geworden, daß die Geschichte der Mathematik dieselben Methoden, Ansätze und Argumente wie die allgemeine Geschichtsschreibung benutzt. Wie man nicht politischer Historiker sein kann, ohne die politische Geschichte der behandelten Periode zu verstehen, so muß man auch ein mathematisches Verständnis der Periode haben, die man als Mathematikhistoriker untersucht. Die vorliegende Biographie wird diesem Anspruch sicherlich nicht voll gerecht, denn ein Biograph Gauß' muß eben sehr viel wissen. Ein besonderes Problem besteht noch darin, daß eine ernsthafte intellektuelle Geschichte der Mathematik des 19. und 20. Jahrhunderts fehlt. Es gibt viele wertvolle Einzeluntersuchungen, aber noch keine umfassende und zusammenfassende Darstellung. Eine solche Darstellung, wenn es sie gäbe und wenn sie für uns nützlich sein sollte, müßte verhältnismäßig neu und modern sein – jede Generation (mathematischer Ideen, nicht Mathematiker) hätte die Aufgabe, sie neu zu schreiben. Felix Kleins *Vorlesungen über die Entwickelung der Mathematik im 19. Jahrhundert* sind ein Schritt in dieser Richtung, aber sie sind ein Bruchstück geblieben und spiegeln den Standpunkt der Jahrhundertwende und speziell Kleins persönliche Perspektive wider. In einem gewissen Sinn ist damit Kleins Buch zu einem historischen Dokument geworden –

der Standpunkt eines großen und gebildeten Mathematikers der Vergangenheit, aber eben keine Zusammenfassung der oben geforderten Art. Die Vorlesungen Kleins sind lehrreich und unterhaltsam, aber gleichzeitig eine Quelle vieler Mißverständnisse, denn inzwischen müssen wir uns durch eine weitere Schicht historischen Schutts durcharbeiten – eine interessante und wichtige Aufgabe, die aber eben in eine andere Richtung führt. Sie erinnert an Archäologie und die sieben Schichten, unter denen Schliemanns Troja begraben lag.

Die vorliegende Biographie ist nicht mehr als ein Fragment, ein aktueller Schnappschuß und vielleicht ein kleiner Schritt hin zu einem vollständigen und verbindlichen *Leben Gauß'* – einem Werk, das wohl aller Wahrscheinlichkeit nach nie geschrieben werden wird. Diese Biographie enthält auch Material für die ungeschriebene intellektuelle Geschichte der letzten 200 Jahre, aber nur in einem naiven, unreflektierten Sinn. Das endgültige *Leben Gauß'* würde sehr umfangreich werden. Gauß war ein einmaliger Mann zeitloser Bedeutung; sein endgültiges *Leben* kann wohl erst am Ende der Geschichte der Mathematik geschrieben werden.

Die Gesammelten Werke

Die Bearbeitung und Veröffentlichung der wissenschaftlichen Werke Gauß'
bedurfte etwa 60 Jahre. Im Laufe der Veröffentlichung wurde neues Material aufgefunden; obwohl die Hauptherausgeber wechselten und neue Gesichtspunkte einbezogen werden mußten, wurde der ursprüngliche Plan,
nämlich die Behandlung bestimmter Themen in bestimmten Bänden, beibehalten. Die Bände VI bis XII sind jedoch nicht mehr rein thematisch
geordnet und enthalten vorwiegend kleinere im Nachlaß aufgefundene Arbeiten und ergänzendes Material. Daß der Nachlaß berücksichtigt werden
mußte, war schon von Anfang an klar, und bereits Bd. II enthält von Gauß
nicht veröffentlichtes Material. Im Verlauf der Veröffentlichung der Werke
wurde entschieden, immer mehr Material aus Nachlaß und Korrespondenz
aufzunehmen. Das ist damit zu erklären, daß zusätzliches relevantes Material gesichtet wurde und daß man zu einem zunehmenden Verständnis
der fragmentarischen Notizen Gauß' gelangte. Hinzu kommt der in einer
solchen Situation immer stärker werdende Wunsch nach Vollständigkeit. Die
folgende Liste enthält die Untertitel der einzelnen Bände und soll den Überblick über die einzelnen Bände erleichtern. Unser Anhang C besteht aus
einem vollständigen Index der Gaußwerke.

Vol. I   Disquisitiones Arithmeticae
Vol. II   Höhere Arithmetik
Vol. III   Analysis
Vol. IV   Wahrscheinlichkeitsrechnung und Geometrie
Vol. V   Mathematische Physik
Vol. VI   Astronomische Abhandlungen und Aufsätze
Vol. VII   Theoretische Astronomie
Vol. VIII   Arithmetik. Analysis. Wahrscheinlichkeitsrechnung. Astronomie
Vol. IX   Geodäsie
Vol. X,1   Arithmetik. Algebra. Analysis. Geometrie. Tagebuch
Vol. X,2   Abhandlungen über Gauß' wissenschaftliche Tätigkeit auf den Gebieten der reinen Mathematik und Mechanik (mit Beiträgen von Bachmann, Schlesinger, Ostrowski, Stäckel, Bolza, Maennchen, Geppert)

Vol. XI,1 Nachträge zur Physik, Chronologie und Astronomie
Vol. XI,2 Abhandlungen über Gauß' wissenschaftliche Tätigkeit auf den Ge-
           bieten der Geodäsie, Physik und Astronomie (mit Beiträgen von
           Galle, Schaefer und Brendel)
Vol. XII   Varia. Atlas des Erdmagnetismus

Die Originalausgabe der Gesammelten Werke ist seit einigen Jahren nicht mehr erhältlich, aber ein unveränderter Nachdruck ist lieferbar. Das gilt auch für die Mehrzahl der Bände des Briefwechsels. Die Ausgaben des Briefwechsels sind uneinheitlich; von den wichtigeren Bänden enthält nur derjenige der Korrespondenz mit Bessel einen zuverlässigen und nützlichen Index. Vor kurzem sind zwei Ergänzungsbände zu der Korrespondenz mit Schumacher und Gerling erschienen. Diese enthalten wichtiges, bisher unveröffentlichtes Material vorwiegend privater Natur, die Konflikte mit den Söhnen Eugen und Wilhelm betreffend, aber sie enthalten keine entscheidenden neuen Fakten. 1977 erschien eine von Kurt-R. Biermann besorgte vorzügliche Ausgabe der Korrespondenz zwischen Gauß und den Brüdern Humboldt. Unglücklicherweise sind viele der Humboldtbriefe verlorengegangen, aber das restliche Material ist von hohem wissenschaftlichen und persönlichem Interesse.

Die Broschüre *Gauß zum Gedächtnis*, welche unmittelbar nach Gauß' Tod erschien, ist keine zuverlässige Quelle, wird aber hier als wichtiger „Augenzeugenbericht" erwähnt. Ihr Autor, der Geologe Sartorius [von Waltershausen] kannte Gauß gut, scheint aber kein gutes Verständnis des Werks und der Persönlichkeit Gauß' gehabt zu haben. *Gauß zum Gedächtnis* erinnert den Leser an eine staubige und halbverblichene Photographie – aber eben an eine Photographie und nicht an ein Gemälde. Die Broschüre enthält auch Ewalds Leichenrede und wurde 1965 nachgedruckt.

Es gibt neben den genannten noch zahlreiche andere Veröffentlichungen, welche Originalmaterial enthalten, aber die meisten dieser Quellen sind nur von begrenztem Interesse. Man vergleiche dazu die Bibliographie und die Bemerkungen im Anhang B. Die Zeitschrift *Mitteilungen der Gauß-Gesellschaft* ist die wichtigste zeitgenössische Publikation mit Materalien zu Gauß; man findet darin neben neuentdeckten Briefen und anderen Dokumenten auch interessante Abbildungen und Beiträge zur Sekundärliteratur.

Neue, bahnbrechende Entdeckungen zu Gauß' wissenschaftlichem Werk oder persönlichem Leben sind nicht zu erwarten. Das letzte Dokument dieser Art war das 1898 aufgefundene Tagebuch. Die veröffentlichten Quellen, insbesondere die Werke und die Korrespondenz, enthalten, was immer zu einem Verständnis Gauß' nötig ist.

Fast alles Originalmaterial zu Gauß befindet sich in dem Archiv der *Niedersächsischen Staats- und Landesbibliothek* zu Göttingen, wo es leicht zugänglich ist. Die Niederschriften seiner astronomischen Beobachtungen sind beeindruckend, ebenfalls seine umfangreichen Rechnungen und die vielen unausgearbeitetn Skizzen und Bemerkungen. Dieses Material trägt jedoch keine neuen Gesichtspunkte zu einem Verständnis Gauß' bei. In Archiven in Braunschweig, der früheren Akademie in St. Petersburg und in Berlin befindet sich weiteres Material, welches jedoch vorwiegend von antiquarischem und persönlichem Interesse ist.

Gauß veröffentlichte praktisch alle seine wichtigen Arbeiten auf Lateinisch. Das war schon damals nicht ganz auf der Höhe der Zeit; heute sind diese Texte nur noch wenigen Mathematikern unmittelbar zugänglich. Die deutschen Zusammenfassungen, welche Gauß für viele seiner kürzeren Arbeiten verfaßte, sind sehr informativ. In Anhang C bezeichnet † das Vorliegen einer solchen Zusammenfassung. Viele der wichtigeren Arbeiten Gauß' wurden im Lauf des 19. Jahrhunderts ins Deutsche übersetzt; *Ostwald's Klassiker* enthalten eine ganze Reihe solcher Übersetzungen. Die französische Übersetzung der *Disq. Arithm.* erschien bereits 1807 und war bald besser verbreitet als die lateinische Originalfassung.

Heute sind sowohl die englische als auch die deutsche Fassung der *Disq. Arithm.* erhältlich. Die deutsche Fassung erschien 1889 unter dem Titel *Untersuchungen über höhere Mathematik* in der Übersetzung von H. Maser. Neben den *Disq. Arithm.* enthält dieser Band Übersetzungen von Gauß' anderen von ihm selber veröffentlichten zahlentheoretischen Arbeiten.

Theoria motus erschien in deutschen, englischen und französischen Ausgaben. Die englische Ausgabe, in der Übersetzung(1857) des amerikanischen Konteradmirals C. H. Davis, war bis vor kurzem lieferbar. Ebenfalls in diese drei Sprachen wurden *Disq. gen.*, Gauß' grundlegende differentialgeometrische Arbeit, und *Int. vis magn. terr.* übersetzt. Die letztere Arbeit erschien auch auf Russisch.

Unter den *Ostwald's Klassikern* befindet sich ein Bändchen, das Gauß' verschiedene Beweise des quadratischen Reziprozitätsgesetzes enthält, und ein anderes mit seiner Arbeit über die kleinsten Quadrate. 1981 erschien in dieser Reihe eine kommentierte Faksimileausgabe von Gauß' mathematischem Tagebuch.

Anhang B

Eine Übersicht über die Sekundärliteratur

Die wissenschaftliche Literatur des 19. und 20. Jahrhunderts enthält zahllose Verweise und Bezüge auf Gauß' Werk. Ihnen nur einigermaßen gerecht zu werden, wäre ein sehr umfangreiches Unternehmen; eine Bibliographie allein würde mehrere Bände umfassen. Aus der historisch orientierten Sekundärliteratur sind jedoch zwei Sammlungen von Arbeiten zu erwähnen, welche sowohl besonders nützlich als auch leicht zugänglich sind [1]. Die eine Sammlung besteht aus den Aufsätzen in den Bänden X, 2 und XI, 2 der Gesammelten Werke [siehe auch Anhang A], die andere ist in dem anläßlich des 100. Todestags Gauß' erschienenen Band *Gauß zum Gedächtnis* enthalten [Leipzig 1957, ed. W. Reichardt]. In diesem Anhang geben wir kurze Zusammenfassungen der in diesen Bänden erschienenen Arbeiten. Wir beginnen mit den Aufsätzen in den Bänden X, 2 und XI, 2 der Gaußwerke.

1. Bachmann, Ueber Gauß' zahlentheoretische Arbeiten. Bachmann war ein kompetenter und kenntnisreicher Zahlentheoretiker. Sein Aufsatz ist zuverlässig und voller hilfreicher Erklärungen. Fast zwei Drittel der Arbeit bestehen aus einer sorgfältigen Analyse der *Disquisitiones Arithmeticae*, der Rest handelt von den verschiedenen Beweisen des quadratischen Reziprozitätsgesetzes und den höheren Reziprozitätsgesetzen. Auch Gauß' Beiträge zur analytischen Zahlentheorie werden gestreift.

Bachmann ist sorgfältig, zuverlässig und vorsichtig. Der Aufsatz enthält viele Bemerkungen über von Gauß eingeleitete Entwicklungen, aber der Zusammenhang zwischen Gauß' Werk und dem seiner Vorgänger wird nicht sehr ausführlich behandelt [2]. Bachmann wendet sich an den historisch interessierten Mathematiker und gibt kaum biographische oder anderweitige Informationen. Der Hauptnachteil für den heutigen Leser besteht darin, daß Bachmanns Arbeit vor dem ersten Weltkrieg geschrieben wurde und darum nicht auf die Entwicklungen der letzten 75 Jahre eingehen kann. Dieser Vorbehalt gilt natürlich für alle in den Bänden X, 2 und XI, 2 der Gaußwerke veröffentlichten Arbeiten, wiegt aber in der Zahlentheorie besonders schwer.

2. Schlesinger, Ueber Gauß' Arbeiten zur Funktionentheorie. Dieser Aufsatz erschien zuerst 1912 und ist sehr viel breiter und umfassender angelegt als Bachmanns Arbeit. So zusammenhängend wie möglich stellt Schlesinger Gauß' Werk in der reellen und komplexen Analysis dar und zeigt, wie diese Arbeiten mit dem übrigen Werk Gauß' verknüpft sind. Hauptthemen sind arithmetisch-geometrisches Mittel (agM), elliptische Funktionen, die hypergeometrische Funktion und konforme Abbildungen. Anders als in der Zahlentheorie sind viele der Beiträge Gauß' zu diesen Fragen fragmentarisch geblieben und bilden Teil des Nachlasses. Obwohl Schlesingers Aufsatz zum Teil recht spekulativ ist, kann man seine Arbeit als Führer zu diesem Teil des Gaußschen Werkes benutzen. Der Haupteinwand gegen Schlesinger ist, daß er Gauß' Werk darstellt, als wäre Gauß ein zeitgenössischer Mathematiker mit einer Sicht der Analysis, wie sie sich um die Jahrhundertwende herausgebildet hatte. Markuschewitschs unten besprochener Beitrag zu Reichardts Band korrigiert dieses Problem partiell, hängt aber wesentlich von Schlesinger ab. Schlesinger kühnste Hypothesen handeln von den ϑ-Funktionen und den Modulformen, zwei Themen, die um die Jahrhundertwende im Mittelpunkt des mathematischen Interesses standen. Es ist ziemlich sicher, daß Schlesinger Gauß' Beiträge zu diesen Gebieten überinterpretiert hat.

Schlesingers Aufsatz hat einen umfangreichen und nützlichen Index. Thematisch gibt es wesentliche Überschneidungen mit Bachmanns (Zahlentheorie) und Stäckels (Geometrie) Aufsätzen.

3. Ostrowski, Ueber den ersten und vierten Gauß'schen Beweis des Fundamentalsatzes der Algebra. Im Gegensatz zu den anderen Aufsätzen der Sammlung ist der Gegenstand dieser Arbeit die Komplettierung der beiden analytischen Beweise Gauß' des Fundamentalsatzes der Algebra. Ostrowski zeigt, daß Gauß' Beweise hätte ohne größeren Aufwand vervollständigt werden können. Gauß' Dissertation war in der Tat früheren Beweisversuchen klar überlegen.

4. Stäckel, Gauß als Geometer. Stäckels Ansatz ähnelt dem Schlesingers, ist aber weniger spekulativ. Stäckel geht nicht chronologisch, sondern thematisch vor und beginnt mit den Grundlagen der Geometrie. Die Arbeit schließt mit einem anderen Gebiet, auf dem Gauß Wesentliches geleistet hat, der Differentialgeometrie. Die mittleren Kapitel handeln von Gauß' geometrischen Interpretationen „nichtgeometrischer" Probleme und seinen Beiträgen zur Elementargeometrie und der sphärischen Trigonometrie. Stäkkel ist sehr zuverlässig, scheint jedoch die Wichtigkeit des geometrischen Denkens in Gauß' Werk zu unterschätzen. Er war darin möglicherweise von Sartorius beeinflußt [3]. Stäckel bespricht nicht die Zusammenhänge zwischen den verschiedenen geometrischen Fragen, mit denen sich Gauß beschäftigte, nicht einmal den Zusammenhang zwischen Differentialgeometrie und den Grundlagen der Geometrie. Dagegen werden Gauß' Ideen zur *Analysis situs* (Topologie), die nicht sehr weit gehen, ausführlich besprochen, wohl wegen des hohen zeitgenössischen Interesses an diesem Thema. Gauß hat die Entwicklung der Topologie durch das Werk seiner Schüler Listing und Möbius, vielleicht auch Riemann, nachhaltig beeinflußt.

5. Bolza, Gauß und die Variationsrechnung. Bolzas sehr gründliche Darstellung vermittelt eine vorzügliche Idee von Gauß' Beiträgen zu einem

Gebiet, das zur Zeit von Gauß im Mittelpunkt des mathematischen Interesses stand. Bolza stellt Gauß' Werk im Rahmen früherer, zeitgenössischer und späterer Entwicklungen dar und erklärt im einzelnen Gauß' Ansatz und Vorgehensweise. Hauptquellen sind die drei von Gauß veröffentlichten Arbeiten *Principia generalia*, *Disquisitiones generales* (Differentialgeometrie) und *Allgemeine Lehrsätze* (Magnetismus). Anhand der *Prin. gen.* beschreibt Bolza dann die Entwicklung des Gebiets bis ca. 1850. Bolzas Zusammenfassung der *Disq. gen.* ist etwas enttäuschend, aber das kommt wohl daher, daß Gauß' Auffassung der Differentialgeometrie heute von höherem aktuellem Interesse als noch vor 75 Jahren ist. Anläßlich der *Allg. Lehrsätze* bespricht Bolza Gauß' Verwendung des sog. Dirichletschen Prinzips und bemerkt, daß auch seine Schlußfolgerungen Weierstraß' Einwänden nicht standhalten könnten. Obwohl die Variationsrechnung in Gauß' Denken und Werk keine der Zahlentheorie vergleichbare zentrale Rolle einnimmt, erhält man durch Bolzas Arbeit einen vorzüglichen Einblick nicht nur in Gauß' Arbeiten auf diesem Gebiet, sondern in seine Denkweise schlechthin.

6. *Maennchen, Gauß als Zahlenrechner.* In dieser sehr systematischen Abhandlung zeigt der Autor den Zusammenhang zwischen numerischen Rechnungen und theoretischem Fortschritt in Gauß' Werk. Die Arbeit enthält sehr viele interessante Details, darunter Bemerkungen über den individuellen Charakter, den viele Zahlen für Gauß hatten.

7. *Geppert, Ueber Gauß' Arbeiten zur Mechanik und Potentialtheorie.* Dies ist die letzte der Arbeiten in Bd. X, 1. Der Autor bespricht Gauß' Beiträge zur Drehung der Erde, dem Prinzip des kleinsten Zwanges, die Arbeit über die Anziehung von Ellipsoiden und die Beiträge zur Potentialtheorie und Mechanik. Geppert ist nicht historisch orientiert; seine knappen Zusammenfassungen können als Einführungen zu Gauß' Werk auf diesen Gebieten benutzt werden. Die Überschneidung mit Bolzas Abhandlung ist beträchtlich.

8. *Galle, Ueber die geodätischen Arbeiten von Gauß.* Dies ist eine wertvolle Zusammenfassung von Gauß' geodätischem Werk. Gauß erscheint hier nicht als Mathematiker, sondern als hervorragender und einflußreicher Geodät. Zusätzlich zu einem detaillierten Bericht über Gauß' Landvermessung enthält die Arbeit eine Zusammenfassung der kleinsten Quadrate und einen Anhang über die verschiedenen Heliotropen, die Gauß benutzte.

8. *Schaefer, Ueber Gauß' physikalische Arbeiten (Magnetismus, Elektrodynamik, Optik).* Diese Arbeit enthält eine Übersicht über Gauß' Arbeiten in der experimentellen und theoretischen Physik. Man findet in ihr viele biographische, aber kaum historische Bemerkungen. Im theoretischen Teil überschneidet sich die Arbeit mit mehreren anderen, vor allem der Bolzas. Hauptthemen sind Magnetismus, „Galvanismus", Elektrizitätslehre einschließlich des detailliert beschriebenen Gauß-Weber-Telegraphen (mit zwei Abbildungen) und Optik, vornehmlich die Theorie der Fernrohre und Linsensysteme. Hervorzuheben ist die sorgfältige Erklärung und Beschreibung von Gauß' Bemerkungen zur Elektrodynamik.

9. Brendel, Ueber die astronomischen Arbeiten von Gauß. Dieser sehr nützliche Aufsatz enthält umfangreiches wissenschaftliches und biographisches Material. Brendel beschreibt Gauß' Beobachtungen und die Instrumente, mit denen er arbeitete. Der zweite Teil der Abhandlung hat Gauß' Werk in der theoretischen Astronomie zum Gegenstand. Brendel behandelt u.a. die Theorie des Mondes, Gauß' Entwicklung von der Berechnung der Ceresbahn (1801) bis zur *Theoria motus* (1809) und Gauß' Störungsrechnungen, insbesondere zu den Pallasstörungen.

Der Jubiläumsband von 1957 ist eine Sammlung sehr verschiedenartiger Abhandlungen. Wir besprechen hier nur diejenigen Arbeiten, die einen direkten historischen und mathematischen Bezug auf Gauß' Werk haben. Außerdem enthält das Buch einige sehr ansprechende und zum Teil nur wenig bekannte Abbildungen, darunter auch eine kolorierte Karte zur Gaußschen Landvermessung (aus Band IX der Werke). Wir beginnen mit

11. Rieger, Die Zahlentheorie bei Gauß. Dies ist eine ideale Ergänzung zu Bachmann. Rieger zeigt die Verbindungen auf, die zwischen Gauß' Werk und modernen Entwicklungen bestehen. Viele der Ergebnisse Gauß' werden in moderner Terminologie zusammengefaßt. Eine vorzügliche Bibliographie enthält über 100 Einträge, darunter Arbeiten von Hilbert, Minkowski, Tagaki, Deuring, Hasse und Weil.

12. Kochendörffer, Gauß' algebraische Arbeiten. Ein besonders nützlicher Abschnitt dieser recht knappen Arbeit handelt von algebraischen Begriffen und Strukturen, die im Kern auf Gauß zurückgehen. Algebra ist natürlich das Gebiet, wo Gauß' Abneigung gegen unnötige Abstraktion besonders fühlbar wird.

13. Blaschkes und *Klingenbergs* Arbeiten über Gauß' geometrisches Werk sind beide nicht primär historisch orientiert. Sie beschreiben moderne auf Gauß zurückgehende Entwicklungen [4].

14. Markuschewitsch, Die Arbeiten von C. F. Gauß über Funktionentheorie. Dies ist eine nützliche und willkommene Ergänzung von Schlesingers Abhandlung, die aber kein zusätzliches oder neues Material enthält. Die Arbeit ist vorwiegend historisch orientiert, aber Markuschewitsch ist vorsichtiger als Schlesinger in seinen Extrapolierungen der Fragmente aus Gauß' Nachlaß. Die Abhandlung enthält eine besonders instruktive Erklärung von Gauß' analytischen Beweisen des Fundamentalsatzes der Algebra.

15. Gnedenko, Ueber die Arbeiten von C. F. Gauß zur Wahrscheinlichkeitsrechnung. Dies ist eine nützliche Zusammenstellung der Beiträge Gauß' zur Wahrscheinlichkeitstheorie und Statistik. Die *G. W.* enthalten nichts, was dieser Arbeit entspräche. Gnedenkos Arbeit ist mit einer umfangreichen Bibliographie versehen.

16. Volks Abhandlung behandelt Gauß' Beiträge zur Astronomie und Geodäsie. Die Darstellung der Problematik der Pallasstörungen ist besonders gut gelungen.

*17. Falkenhagen, Die wesentlichsten Beiträge von C. F. Gauß aus der
Physik.* Dieser Artikel gibt eine Übersicht über Gauß' Arbeiten über den
Erdmagnetismus und enthält eine schöne Abbildung des Inneren des magnetischen Observatoriums in Göttingen. Falkenhagen skizziert die weitere
Entwicklung nach Gauß' Tod und vermittelt einen Eindruck von der praktischen und theoretischen Bedeutung des Gaußschen Werkes. Die Arbeit
enthält zusätzlich knappe Zusammenfassungen der übrigen Beiträge Gauß'
zur Physik.

Die beste zusammenfassende Darstellung des Werks und der Bedeutung
Gauß' ist wohl immer noch diejenige, die Felix Klein in seiner *Entwicklung
der Mathematik im 19. Jahrhundert* gab. Wie bereits mehrfach erwähnt,
darf man jedoch Kleins Darstellung nicht fraglos übernehmen.

Unter den Biographien Gauß' ist die Dunningtons die wichtigste und
nützlichste. Mathematisch ist sie nicht stark, enthält aber viel Material und
ist als Nachschlagwerk sehr nützlich. Die folgenden Details seien in diesem
Zusammenhang erwähnt.

1. Mehrere gute Abbildungen Gauß', seiner Familie und vieler seiner
   Kollegen und Schüler
2. Ein Stammbaum Gauß' und seiner Nachkommen
3. Eine Liste der Bücher, die Gauß als Student in Göttingen auslieh (mit
   der Ausnahme eines Semesters, für das die Unterlagen nicht auffindbar
   waren)
4. Eine Liste der Vorlesungen, die Gauß zwischen 1808 und 1854 hielt
5. Eine vollständige, chronologisch geordnete Bibliographie der Werke
   Gauß'
6. Gauß' Testament, ein eigenartiges, aber nicht sehr wichtiges Dokument
7. Eine sehr umfangreiche Bibliographie der Sekundärliteratur.

Anhang C

Index der Werke Gauß'

Dieser Anhang enthält einen Titel- und Schlagwortindex der gesammelten
Werke Gauß'. Einige der kleinere Fragmente aus dem Nachlaß werden unter
einem charakterisierenden Begriff und nicht unter dem von den Herausgebern der Werke formulierten Titel aufgeführt. Unser Index soll dem Leser
die Orientierung in den Gauß-Werken erleichtern. Sowohl die Gauß-Werke
als auch die Korrespondenz enthalten keine umfassenden Indices.

Abkürzungen: * bezeichnet Material aus dem Nachlaß
             † bezeichnet das Vorhandensein einer deutschsprachigen
               Zusammenfassung

Abwicklungsfähige Flächen* VIII
Älteste Untersuchungen über lemniskatische Funktionen* X
Akustik* IX
Allgemeine Lösung der Aufgabe die Theile einer gegebenen Fläche so ab-
zubilden, daß die Abbildung dem Abgebildeten in den kleinsten Theilen
ähnlich wird IV [1825]
Allgemeine Lehrsätze in Beziehung auf die im verkehrten Verhältnisse des
Quadrats der Entfernung wirkenden Anziehungs- und Abstoßungskräfte
V [1840]
Allgemeine Tafeln für Aberration und Nutation VI [1808]
Allgemeine Theorie des Erdmagnetismus V [1839]
Allgemeines zur Lehre von den Gleichungen* X
Allgemeinste Auflösung des Problems der Abwickelung der
Flächen* VIII
Analysis Residuorum* II
Anleitung zur Bestimmung der Schwingungsdauer einer Magnetnadel V
[1837]
Anwendung der Wahrscheinlichkeitsrechnung auf die Bestimmung der Bi-
lanz für Witwenkassen* IV
Anwendung der Wahrscheinlichkeitsrechnung auf eine Aufgabe der prakti-
schen Geometrie IX [1823]
Arithmetisch-geometrisches Mittel (agM)* III, X

Astronomische Antrittsvorlesung* XII

Astronomische Beobachtungsdaten und Tabellen* VI, XI

Asymptotische Gesetze* X

Atlas des Erdmagnetismus XII [1840]

Aufgabe der praktischen Geometrie* IX

Ausgleichung dreier Schritte* IX

Auszug aus dreijährigen täglichen Beobachtungen der magnetischen Deklination zu Göttingen V [1836]

Bedingung dafür, daß drei Punkte auf der Oberfläche einer Kugel ... * IX

Bedingung zwischen Deklination und Intensitäten* XI

Begründung meiner Theorie der geodätischen Linie* IX

Beiträge zur Theorie der algebraischen Gleichungen † III [1850]

Beobachtungen der magnetischen Inclination in Göttingen V [1841]

Beobachtungen der magnetischen Variation in Göttingen und Leipzig V
[1843]

Berechnung der Dämmerung ... * XI

Berechnung der linearen Länge ... * IX

Berechnung des jüdischen Osterfestes VI [1802]

Berechnung des mittleren Ablesungsfehlers am Theodeliten ... * IX

Berechnung des Osterfestes VI [1800]

Berechnug gedämpfter Bewegung der Magnetnadel* XI

Bericht über die Art, wie die Hannoverschen Normalpfunde dargestellt sind
XI [1841]

Bericht über die Darstellung der Hannoverschen Normalfusse XI [1841]

Bericht über die am Jahr 1824 ausgeführten trigonometrischen Messungen
(an den H. Senat der Freien Stadt Bremen)* XII

Bericht über meine Reise nach München und Benedictbeuren wegen der
astronomischen Instrumente XI [1816]

Berichtigung der Stellung der Schneiden einer Wage V [1837]

Berichtigung zu dem Aufsatz Berechnung des Osterfestes XI [1816]

Besprechungen – Analysis III, VIII

Besprechungen – Astronomie VI, IX

Besprechungen – Geodäsie IV, VI

Besprechungen – Geometrie IV, VIII

Besprechungen – Physik V

Besprechungen – Tafelwerke III

Besprechungen – Zahlentheorie II

Bestimmung des Breitenunterschiedes zwischen den Sternwarten von Göttingen und Altona durch Beobachtungen am Ramsdenschen Zenithsector IX
[1828]

Bestimmung der Genauigkeit der Beobachtungen IV [1816]

Bestimmung der größten Ellipse welche die vier Seiten eines gegebenen
Vierecks berührt IV [1810]

Bestimmung der Lage des Punktes ... * IX

Bestimmung der Lage eines Punktes P° ... * IX

Bestimmung eines Nebenpunktes ... * IX

Beweis eines algebraischen Lehrsatzes III [1828]

Beweis eines von Euler aufgestellten Satzes über exacte
Differentialausdrücke* VIII

Biquadratische Reste* II, VIII, X

Ceresstörungen VII

Chronologie* XI

Circuli quadratura nova* II

Das Dreieck* VIII

Das elliptische Sphäroid auf eine Kugel übertragen* IX

Das Erdellipsoid* IX

Das in den Beobachtungsterminen anzuwendende Verfahren V [1836]

Das Viereck im Kreise IV [1810]

Das vollständige Fünfeck und seine Dreiecke IV [1810]

De calendario ecclesiastico XI [1816]

De functionibus transcendentibus quae ex differentiatione ... * III

De integratione formulae differentialis ... VIII

Demonstratio nova altera theorematis omnem functionem algebraicam rationalem integram unius variabilis in factores reales primi vel secundi gradus resolvi posse III [1816]

Demonstratio nova theorematis omnem functionem algebraicam rationalem integram unius variabilis in factores reales primi vel secundi gradus resolvi posse III [1799]

Démonstration des quelques théorèmes concernants les periods des classes des formes binaires du second degré* II

De nexu inter multitudinem classium in quas formae binariae secundi gradus distribuuntur earumque determinantem* III

De origine proprietatibusque numerorum mediorum arithmetico- geometricorum* III

Der barycentrische Calcul und der Resultantencalcul* VIII

Der goldene Lehrsatz* X

Der Kreis* VIII

Der magnetische Südpol der Erde V [1841]

Der Refractionscoefficient aus den Höhenmessungen bei der Hannoverschen Gradmessung IX [1826]

Der Unterschied zwischem den geodätischen und dem beobachteten Azimuth* IX

Der Zodiacus der Juno VI [1805]

Determinatio attractionis quam in punctum quodvis positionis datae exerceret planeta si eius massa per totam orbitam ratione temporis, quo sigulae partes describuntur, uniformiter esset dispertita † III [1818]

Determinatio seriei nostrae per aequationem differentialem secundi ordinis* III

166

Deutscher Entwurf der Einleitung zur *Th. mot.** XII
Die Berichtigung des Heliotrops IX [1827]
Die Kegelschnitte* VIII
Die merkwürdigen Punkte eines Dreieckes IV [1810]
Die Oberfläche des Ellipsoids* VIII
Die Seitenkrümmung* VIII
Dioptrische Untersuchungen V [1843]
Dioptrik* XI
Disquisitio de elementis ellipticis Palladis ex oppositionibus annorum 1803, 1804, 1805, 1807, 1809 VI [1811]
Disquisitiones arithmeticae I [1801]
Disquisitiones circa aequationes puras ulterior evolutio* II
Disquisitiones generales circa seriem infinitam ... I † III [1813]
Disquisitiones generales circa superficies curvas † IV [1828]
Ein Kreis welcher drei gegebene Kreise berührt IV [1810]
Ein neues Hülfsmittel für die magnetischen Beobachtungen V [1837]
Ein Vieleck im Kreise IV [1810]
Eine in Deutschlan erfundene Rechenmaschine X [1834]
Eine leichte Methode, den Ostersonntag zu finden XI [1811]
Einige Bemerkungen zur Vereinfachung der Rechnung für die geocentrischen Örter der Planeten VI [1811]
Einige Sätze, die ersten Gründe der Geometrie betreffend* VIII
Einfachste Ableitung des Grundlehrsatzes betreffend die kürzesten Linien auf Revolutionsflächen* VIII
Einleitung für die Zeitschrift: Resultate u.s.w. V [1836]
Elektrodynamisches* V
Elementare Ableitung eines zuerst von Legendre aufgestellten Satzes der sphärischen Trigonometrie VIII [1841]
Elliptische Bahnbestimmung* XI
Elliptische Modulfunktionen* VIII
Endresultat für den Ort eines Punktes in der Ebene ... * IX
Entwicklung von $1/(h - \cos\varphi)^{3/2}$ ... VIII
Entwurf zur Gradmessung IV
Erdellipsoid und geodätische Linie* IX
Erdmagnetismus und Magnetometer V [1836]
Erfindung eines Heliotrops IX [1822]
Erläuterungen zu den Terminszeichnungen und den Beobachtungszahlen (zwei Arbeiten) V [1836/37]
Exercitationes mathematicae* X
Exakte Differentialausdrücke VIII
Extrait d'un memoire ... * XII
Flächentreue Abbildung einer Ebene auf eine andere Ebene* VIII
Fortsetzung der Untersuchungen über das arithmetisch- geometrische Mittel* III

Fragen zur Metaphysik der Mathematik* X

Fundamentalgleichungen für die Bewegung schwerer Körper auf der rotierenden Erde V [1803]

Generalisierung des Legendreschen Theorems* VIII

Geodätische Linie* IX

Geodätische Übertragung auf der Kugel* IX

Geometria situs* VIII

Geometrische Aufgabe aus der Schiffahrtskunde IV [1810]

Geometrische Seite der ternären Formen* II, VIII

Gleichung der Verticalebene des Rotationsellipsoids* IX

Gleichung des Rotationsellipsoids ... * IX

Gleichung zwischen den Seiten und Diagonalen eines Vierecks* IX

Geometrischer Ort der Spitze des sphärischen Dreiecks ... * VII

Grundformeln der sphärischen Trigonometrie IV [1810]

Grundlagen der Geometrie* VIII, XII

Hauptpreisfrage der Göttinger Societät der Wissenschaften XI [1822]

Heliotrop IX

Hülfstafeln zur Auflösung der Gleichung $A = fxx + gyy$* II

Hypergeometrische Reihe* X

Indices der Primzahlen im höheren Zahlreiche* II

Induktionsversuche* XI

Induzierte gemischte Bewegung* XI

Intensitas vis magneticae terrestris ad mensuram absolutam revocata† V [1841]

Interpolation der Cotangenten und Cotangenten kleiner Bögen* VIII

Interpolationsmethode für halbe Intervalle ... XII [1822/1845]

Inversion der elliptischen Integrale erster Gattung* VIII

Kleine Rangliste der 71 „Besselschen Sterne" ... * XI

Kleinste Quadrate* VIII

Kleinste Zwischenzeit zwischen den Durchgängen ... * XI

Kometen* VIII

Konforme Abbildung* VIII, IX

Kubische Reste* II, VIII, X

Kürzeste Linie auf dem Sphäroid* IX

Lagarnage's Lehrsatz, auf möglichst lichtvolle Art abgeleitet* VII

Lemniskate* III, X

Magnetische Beobachtungen V

Magnetischer Südpol V

Magnetisches Observatorium in Göttingen (drei Arbeiten) V [1834/35/36]

Magnetismus und Galvanismus* XI

Mannigfaltigkeiten von n Dimensionen* X

Mechanischer Satz über die Wurzeln einer ganzen Function $f(x)$ und ihrer Ableitung $f'(x)$* VIII

Methode die Breite aus dem Mittel mehrerer von der Culmination entfernter Zenithdistanzen ... XI

Methodus nova integrali valores per approximationem inveniendi† III [1816]

Methodus pecularis elevationem poli determinandi† VI [1808]

Mittelpunktsgleichung nach Ulugh Beigh* XII

Mondbewegung* VII

Musterrechnung um aus $A = p \cos P, B = p \sin P$ p und P zu finden*
  VIII

Mutationen des Raumes* VIII

Neue Aussicht zu Erweiterung des Gebiets der Himmelskunde VI [1813]

Neue allgemeine Untersuchung über die krummen Flächen* VIII

Neuer Beweis des Lagrangischen Lehrsatzes* VIII

Noch etwas über die Bestimmung des Osterfestes VI [1807]

Nordlicht am 7. Januar 1831 V [1831]

Notizenjournal* X

Observationes cometae secundi a. 1831 ... † VI [1813]

Orientierung des Messtisches ... * IX

Pallasstörungen* VII

Parabolische Bahnen der Himmelskörper* VII

Pentagramma mirificum* III, VIII

Plan und Anfang zum Werke über die trigonometrischen Messungen in Hannover* IX

Pothenot's Problem* VIII

Praecepta generalissima pro inveniendis centri circuli osculantis ad quodvis
  curvae datae punctum datum* VIII

Praecession* XI

Praktische Geometrie IV, VIII, IX

Preisaufgaben XII

Principia generalia theoriae fluidorum in statu aequilibrii† V [1830]

Projection des Würfels* VIII

Pro memoria, die Anschaffung der Instrumente für die neue
Sternwarte in Göttingen betreffend XI [1815]

Pro memoria, die Bestellung der astronomischen Instrumente für die neue
  Sternwarte in Göttingen betreffend XI [1816]

Promemoria betreffend die Hannoversche Gradmessung IV [1821]

Prüfung eines von dem Uhrmacher ... verfertigten Chronometers XII [1845]

Quadratorum myrias prima* II

Rechnung für die Wirkung des Magnets in grosser Ferne* XI

Reduction des astronomischen Azimuthes auf das geodätische* IX

Reduction des sphärischen Dreieckswinkels ... * IX

Reduction schiefer Winkel auf den Horizont* IX

Refractionstafeln VI [1822]

Repetitionsbeobachtungen* IX

Resultate aus den Beobachtungen des magnetischen Vereins V

Rotationskommutatoren mit drei Gleisen* XI

Ruhige Hinüberführung in einen anderen Gleichgewichtszustand* XI

Schönes Theorem der Wahrscheinlichkeitsrechnung* VIII

Sectio octava: Quarundam disquisitionum ad circuli sectionum pertinentium ulterior consideratio* II

Sphärische Funktionen* II

Sphärische Geometrie* IV

Sphärologie* VIII

Stand meiner Untersuchung über die Umformung der Flächen … VIII

Stärke eines Induktionsstosses* XI

Sterblichkeitstafeln* VIII

Stereographische Darstellung des Sphäroids in der Ebene* IX

Stereographische Projection der Kugel auf die Ebene* IX

Summarische Übersicht der zur Bestimmung der Bahnen der beiden neuen Hauptplaneten angewandten Methoden VI [1809]

Summatio quarundam serierium singularium† II [1811]

Supplementum theoriae combinationis observationis etc.† IV [1828]

Tabula. Media arithmetico-geometrica … * III

Tafel der Anzahl der Classen binärer quadratischer Formen* II

Tafel der Frequenz der Primzahlen* II

Tafel des quadratischen Characters der Primzahlen* II

Tafel der Cyclotechnie* II

Tafel für die Sonnen-Coordinaten VI [1812]

Tafel um für eine bestimmte Polhöhe … XI [1822/1845]

Tafel zur Verwandlung gemeiner in Decimalbrüche* II

Tafel für die Mittagsverbesserung VI [1811]

Tafeln für die Störungen der Pallas durch Jupiter* VII

Tafeln zur Berechnung der Aberration … XI [1820]

Tafeln zur Bestimmung von Leibrenten* IV

Tagebuch* X

Ternäre Formen* II, VIII

Theorem über die Anziehung* XI

Theorema aureum* X

Theorema elegantissimum* VIII

Theorematis arithmetici demonstratio nova† II [1808]

Theorematis de resolubilitate functionum algebraicarum integrarum in factores reales demonstratio tertia† III [1816]

Theorematis fundamentalis in doctrina de residuis quadraticis demonstrationes et amplitiones novae† II [1818]

Theoria attractionis corporum sphaeroidicorum ellipticorum homogeneorum V [1813]

Theoria combinationis observationum erroribus minimis obnoxiae I & II† IV [1823]

Theoria interpolationis methodo nova tractata* III

Theoria motus corporum coelestium in sectionibus conicis Solem ambientium VII [1809] (Dt. Zusammenfassung in Bd. VI)

Theoria residuorum biquadraticorum I & II† II [1828/1832]
Theorie der Bewegung des Mondes* VII
Transzendentale Geometrie* X
Über das Wesen und die Definition der Functionen* VIII
Über den d'Angos'schen Cometen* XII
Über den Heliotrop IX [1821]
Über die achromatischen Doppelobjective ... V [1817]
Über die Anwendung des Magnetometers zur Bestimmung der absoluten Declination V [1841]
Über die bei der Landestriangulirung erforderlichen Instrumente* IX
Über die Frequenz von optischen Doppelsternen* XI
Über die Grenzen der geocentrischen Örter der Planeten VI [1804]
Über die Kreistheilungsgleichung* X
Über die Reduction von Circummeridianhöhen* XI
Über die Winkel des Dreiecks* VIII
Über ein Mittel, die Beobachtung von Ablenkungen zu erleichtern V [1839]
Über ein allgemeines Grundgesetz der Mechanik V [1829]
Über ein neues Hilfsmittel für die magnetischen Beobachtungen XII [1837]
Über ein neues, zunächst zur unmittelbaren Beobachtung der Veränderungen in der Intensität des horizontalen Theils des Erdmagnetismus bestimmten Instruments V [1837]
Über eine Aufgabe der sphärischen Astronomie VI [1808]
Übertragung der geographischen Lage ... * IX
Übertragung der Kugel auf die Ebene durch Mercators Projection* IX
Unendliche Reihen* X
Untersuchungen über die transcendenten Functionen ... VIII
Untersuchungen über Gegenstände der höheren Geodäsie I & II† IV [1844/ 1847]
Variationsrechnung* XII
Vorrede zu den mathematischen Abhandlungen von G. Eisenstein X [1848]
Vollkommen genaue Formeln für ein Dreieck auf dem elliptischen Sphäroid* IX
Vorrede zum Lehrbuch der Astronomie von Joseph Piazzi, übersetzt von J.H.Westphal X [1822]
Vorschriften, um aus der geocentrischen Länge und Breite eines Himmelskörpers ... VI [1802]
Vorschriften, um aus dem Logarithmus des Sinus einen kleinen Bogen zu finden* VIII
Vorschriften zur Bestimmung der magnetischen Wirkung, welche ein Magnetstab in der Ferne ausübt V [1840]
Vortrag über ein Lokal für magnetische Beobachtungen XI [1833]
Witwenkasse* VI
Zeichnung zur graphisch-abzählenden Apex-Ermittelung ... * XI
Zierliche Konstruction für die magnetische Ablenkung* XI

Zur Ausgleichung dreier Schritte* IX
Zur Astralgeometrie* VIII
Zur Berechnung der Logarithmen* II
Zur Bestimmung der Constanten des Bifilarmagnetometers V [1840]
Zur Kreistheilung X [1796]
Zur Lehre von den Reihen* X
Zur Metaphysik der Mathematik* XII
Zur Praecession der Nachtgleichen* XI
Zur Theorie der biquadratischen Reste* II
Zur Theorie der complexen Zahlen* II
Zur Theorie der Formen* X
Zur Theorie der geraden Linie und der Ebene* VIII
Zur Theorie der Transcendenten* III
Zur Theorie der Parallellinien* VIII
Zur Theorie der Potenzreste* X
Zur Theorie des Krümmungsmasses* VIII
Zur Theorie der transcendenten Functionen gehörig* X
Zur Theorie der unendlichen Reihe $F(\alpha, \beta, \gamma, x)$* X
Zur Theorie des arithmetisch-geometrischen Mittels* X
Zur Transformation der Flächen* VIII
Zur zweiten Darstellungsart des Sphäroids, auf einen Parallelkreis bezogen*
    IX
Zurückführung der Wechselwirkungen zwischen Galvanischen Strömen und
    Magnetismus auf absolute Masse* XI
Zurückwerfungsmethode* XI
Zusatz zu der Abhandlung *Summ. Übersicht* ... * XII
Zusätze zur Geometrie der Stellung von Carnot IV [1810]
Zusätze zur *Th. mot.** VIII
Zwei Aufgaben aus der Wahrscheinlichkeitstheorie* VIII

Anmerkungen

1. Kapitel

1.1   Es gibt zahlreiche, nicht verifizierbare Kindheitsanekdoten über Gauß. Eine verhältnismäßig zuverlässige Quelle dürfte Sartorius sein, da seine Informationen großenteils von Gauß selber stammen.

1.2   Appendix E in Dunningtons Buch enthält einen sich über acht Generationen erstreckenden und mit Gauß' Vater beginnenden Stammbaum.

1.3   Gauß' Familie väterlicherseits läßt sich bis in das Jahr 1600 nachweisen. Der Familienname Gauß und die Varianten Goos und Gooss finden sich recht häufig im nördlichen Umland der Stadt Braunschweig. Über die mütterlichen Vorfahren Gauß' ist wenig bekannt, obwohl Gauß selber mehr an dieser Seite der Familie interessiert war. Siehe dazu die Bücher von Bord, Dunnington und Haenselmann.

1.4   Unsere Hauptinformationen über Gauß' Vater sind in dem auf S. 64 zitierten Brief Gauß' an seine damalige Braut, Fräulein Minna Waldeck, enthalten.

1.5   Gauß' Großvater hatte den komplizierten Prozeß mit dem Erwerb eines sehr kleinen Hauses innerhalb der Braunschweiger Stadtgrenzen eingeleitet. Dieses Haus wurde bald wieder verkauft; mit dem Erlös und mit Hilfe einer Bürgschaft des Braunschweiger Bürgermeisters wurde dann ein größeres Haus erworben, welches seinerseits im Jahr 1800 für 1700 Taler von Gauß' Vater verkauft wurde. Der Erlös aus dieser Transaktion wurde zum schuldenfreien Ankauf eines neuen Hauses verwendet (nach Dunnington).

1.6   Es gibt offensichtlich nur eine einzige Photographie des im Zweiten Weltkrieg zerstörten Geburtshauses Gauß'. Siehe dazu z.B. [Dunnington] oder [Reich].

1.7   Es mag sehr wohl sein, daß Gauß sich an viele Einzelheiten seiner Kindheit erinnerte, aber man kann diese Geschichten natürlich nicht belegen.

1.8   Das preußische Erziehungswesen war dem anderer deutscher Klein- und Mittelstaaten überlegen, aber auch in Preußen verlief die Entwicklung langsam.

1.9 Der Inhalt dieses und des vorhergehenden Absatzes sind Teil der Überlieferung, können aber nicht belegt werden.

1.10 Schulpforta in Sachsen und die Stiftsschule in Tübingen gehören zu den bekanntesten Anstalten dieser Art. Von Schulpforta gingen wesentliche Anstöße für die Aufklärung und von Tübingen für die Romantik aus.

1.11 Siehe [1.4]

1.12 Einigermaßen ausführliche Literaturgeschichten oder auch Arno Schmidts *Nachrichten von Büchern und Menschen I* enthalten weitere Details.

1.13 In der Rubrik *Neue Entdeckungen* in der Ausgabe vom 1. Juni 1896.

I. Zwischenkapitel

I.1 Vgl. etwa Moritz, *Anton Reiser* (siehe unten).

I.2 Die Universitäten in den katholischen Staaten Deutschlands standen bis zum Ende des 18. Jahrhunderts unter direkter kirchlicher Aufsicht. In den orthodoxen protestantischen Staaten war die Situation ähnlich. Im Lauf des 18. Jahrhunderts bildete sich dann immer mehr ein unter staatlicher Aufsicht stehendes Erziehungswesen heraus.

I.3 Berlin 1785ff.

I.4 Diese komplizierte und schwierige Frage wird hier nicht im einzelnen behandelt.

2. Kapitel

2.1 Es ist mir nicht gelungen, einen Nachweis für diese oft zitierte Angabe zu finden.

2.2 Es existiert eine umfangreiche und informative Literatur zur Entwicklung der Göttinger Universität. Die wohl beste allgemeine Quelle ist die *Geschichte der Georg-August-Universität* von Götz von Selle. Siehe auch [Smend] und [Du Moulin-Eckardt].

2.3 Eine solche Karikatur befand sich unter dem von Bolyai nach Gauß' Tod an Waltershausen übersandten Material. Sie ist in [Reich] wiedergegeben.

2.4 Siehe etwa Gauß' Brief an Olbers vom 24. Juli 1804 (No.43).

2.5 Wiedergegeben in der Gauß-Bolyai-Korrespondenz.

2.6 Siehe etwa Gauß-Bolyai-Korrespondenz, S. 153.

2.6 Kästner scheint der Überzeugung gewesen zu sein, daß das Parallelenaxiom nicht von den anderen euklidischen Axiomen unabhängig ist.

II. Zwischenkapitel

II.1 Obgleich Gauß durchaus daran interessiert war, seine eigene wissenschaftliche Entwicklung festzuhalten, kann man sich auf seine diesbezüglichen Bemerkungen nicht verlassen; substantiell treffen sie jedoch in der Regel zu.

II.2 Hauptsächlich in Göttingen. Die Sammlungen in Braunschweig und Leningrad (Petersburg) enthalten ebenfalls interessantes Material.

II.3 Siehe die Korrespondenz mit Bessel. Diese Briefe stammen aus dem Jahre 1811.

II.4 Dieses oft zitierte Wort findet sich in Ewalds Gedenkrede. Siehe [Sartorius].

3. Kapitel

3.1 Die Rechnung mit den Indices läuft auf die Darstellung der zyklischen Gruppe der primitiven Restklassen durch einen speziellen Generator hinaus.

3.2 Gauß' Ergebnis enthält den Satz von Wilson als Spezialfall. Dies ist nicht der erste Beweis.

3.3 Dieser von Legendre stammende Formalismus wurde nie von Gauß in seinen von ihm selber ausgearbeiteten Arbeiten benutzt. Gauß verwendet ihn jedoch in einigen posthum veröffentlichten Fragmenten. Die berühmte Bemerkung in §76 der *Disq. Arithm.*, daß Wahrheiten aus Begriffen und nicht aus Bezeichnungen zu schöpfen seien, bezieht sich auf seinen Beweis des Satzes von Wilson und auf eine Bemerkung Warings.

3.4 Gauß' andere Beweise sind ähnlich elementar, aber weniger direkt.

3.5 Kronecker nannte diesen Beweis einen *Prüfstein* für Gauß' Genius.

3.6 Die Lücke im Beweis Legendres besteht aus der erst später von Dirichlet bewiesenen Annahme, daß jede arithmetische Progression $ax + b, (a, b) = 1$ eine unendliche Anzahl von Primzahlen enthält.

3.7 Legendres binäre quadratische Formen sind durch $ax^2 + bxy + cy^2$ definiert. Rechnerisch ist es vorteilhaft, sich für den Term in der Mitte auf gerade Koeffizienten zu beschränken.

3.8 Gauß nennt diese Funktion *Determinante*.

3.9 Man findet eine ausführliche Diskussion dieser Frage in [Edwards].

3.10 Es wäre wohl unmöglich für Gauß gewesen, ternäre Formen zu vermeiden. Erst mehr als 100 Jahre nach Veröffentlichung der *Disqu. Arithm.* wurde ein elementarer Beweis des §287, welcher das eigentliche Ziel des Exkurses in die Theorie der ternären Formen ist, gefunden.

3.11 Dedekind fügte den verschiedenen Auflagen von Dirichlets *Vorlesungen über Zahlentheorie* eine Reihe von Anhängen hinzu, in denen er die Idealtheorie in die Zahlentheorie einführt. Die fünf ursprünglichen

Kapitel des Buchs haben Teilbarkeit, Kongruenz, quadratische Reste, quadratische Formen und die Klassenzahl zum Gegenstand. Die vier Supplemente handeln von der Kreisteilung, der Pellschen Gleichung, der Zusammensetzung der Formen und der Theorie der algebraischen Zahlen

3.12   Hensel schrieb das folgende in seiner Einleitung zu Kroneckers *Vorlesungen über Zahlentheorie:* „ ... Gauß hat die Arithmetik zum Range einer Wissenschaft erhoben, aber erst Dirichlet gab ihr, wie schon Kronecker mit Recht hervorhob, wirklich eigentliche Methoden, indem er zeigte, daß und wie man ganze Klassen arithmetischer Probleme entweder lösen, oder wenigstens die arithmetische Schwierigkeit auf eine analytische reduzieren kann. Die Methoden Dirichlet's beruhen wesentlich auf der Einführung des Grenzbegriffes in die Arithmetik ... "

3.13   Siehe z.B. die Briefe an Bessel vom 28. Juni 1820 (No.45) und vom 12. März 1826 (No.58) oder den Brief an Dirichlet vom 2. November 1838.

3.14   Der zweite Band der Werke Kroneckers enthält eine historische Übersicht über das quadratische Reziprozitätsgesetz. Recht anerkennende Worte über Legendres Beweisversuch finden sich in Gauß' Anhang zu den *Disq. Arithm.* und in der Arbeit *Th. arithm. dem. nova* (1808).

4. Kapitel

4.1   Brief No.I an Bolyai vom 29. September 1797 und Brief No.III vom 30. September 1798.

4.2   Siehe etwa [Dunnington].

4.3   Der norwegische Mathematiker Wessel und der Schweizer d'Argand gelten als die beiden von einander unabhängigen Entdecker der geometrischen Veranschaulichung der komplexen Zahlenebene.

4.4   Auf Grund des Briefwechsels kann man annehmen, daß sich Gauß und N. von Fuß, der als Sekretär der Akademie für die russische Seite die Verhandlungen führte, sehr gut miteinander verstanden.

4.5   Gauß erhielt Mittel für die Beschaffung mehrerer vorzüglicher Instrumente, aber die Pläne für die Errichtung einer modernen Sternwarte konkretisierten sich nicht. Siehe auch Brief No.XIII vom 20. Juni 1803 an Bessel.

5. Kapitel

5.1   Sozial scheint Johannas Familie der ihres Mannes überlegen gewesen zu sein. Olbers hatte sie als junges Mädchen anläßlich einer Reise nach Bremen kennengelernt.

5.2   Siehe den Briefwechsel mit Bessel, insbesondere Bessels Brief No.34 vom 19. Oktober 1810 und die unmittelbar darauf folgenden Briefe.

5.3   Bd.III enthält *Det. attr.*, Bd.VI die Berechnung der Pallaselemente für die Jahre 1803–1805 und 1807–1809, Bd.VII umfangreiche weitere die Pallasstörungen betreffende Fragmente.

Eine der interessantesten Entdeckungen Gauß' war die Tatsache, daß der Quotient der mittleren Bewegungen von Jupiter und Pallas rational ist und 7/18 beträgt. Das bedeutet, daß Jupiter eine der Wirkung der Erde auf die Bahn des Monds analoge Wirkung auf die Pallasbahn hat. Gauß erwähnte diese Entdeckung in seinem Brief vom 5. Mai 1812 an Bessel; Bd.VII enthält noch weiteres erst posthum bekanntgewordenes Material dazu. Man nennt diesen Effekt *Libration.*

5.4   Gauß unterstützte im Sommer 1803 von Zach bei dessen Experimenten.

5.5   Brief No.306 an Schumacher vom 6. Juli 1840.

5.6   Siehe etwa [Edwards].

5.7   Das Verhältnis zwischen Gauß und Harding war nicht ohne Spannungen, wohl hauptsächlich, weil Harding, als Gauß in Göttingen Direktor der Sternwarte wurde, sich diesem als zumindest ebenbürtig betrachtete.

IV. Zwischenkapitel

IV.1   Dieses Problem kommt mehrmals im Briefwechsel mit Gerling auf. Joseph quittierte den Militärdienst relativ früh und schloß sich einer der damals neugegründeten Eisenbahnkompagnien an. In seiner neuen Stelle war er dann recht erfolgreich.

6. Kapitel

6.1   Siehe dazu auch Rudolf Borchardts Essay *Deutsche Denkreden* in *Prosa* III, Stuttgart 1960.

7. Kapitel

7.1   Lilienthal bei Bremen war eine wichtige, in Privatbesitz befindliche Sternwarte. Schröder, der Eigentümer, war ein astronomisch interessierter Jurist.

7.2   Felix Klein war sehr an dieser Frage interessiert, hatte aber wenig Verständnis für die im 18. Jahrhundert übliche Haltung.

7.3   Siehe etwa Gauß' Briefe vom 24. April 1816 (No.24), vom 11. Dezember 1842 (No.348) oder vom 20. September 1843 (No. 370).

7.4   Dies war wohl der Grund für Kroneckers Einwände. Kronecker betrachtete Gauß' Werk von einem völlig anderen Standpunkt.

7.5   [Sartorius], S.82. Siehe auch den Brief No.123 an Schumacher vom 12. Februar 1826.

VI. Zwischenkapitel

VI.1 Die diesbezüglichen Besprechungen finden sich in Bd.IV der Gaußwerke.

VI.2 Siehe Bd.XII der *G. W.*

VI.3 *Untersuchungen über die Eigenschaften der positiven ternären qua-dratischen Formen.* Gauß' Besprechung befindet sich in Bd.II der *G. W.*

8. Kapitel

8.1 Als umfassendes und zusammenfassendes Werk hat die *Th. mot.* eine den *Disqu. Arithm.* analoge Funktion, aber sie hat in der Astronomie nicht die einzigartige Bedeutung, welche die *Disqu. Arithm.* in der Zahlentheorie haben.

8.2 Es überrascht, daß Gauß dieses ihn jahrelang beschäftigende Problem hier nicht eingehend diskutiert.

8.3 Siehe dazu Brendels Aufsatz in Bd.XI,2 der *G. W.*

8.4 In *Entwicklung der Mathematik im 19. Jahrhundert.*

8.4 Es gibt eine ganze Anzahl Belege dafür, daß Gauß sich schon um 1790 mit dem agM beschäftigte (siehe dazu Schlesingers Aufsatz in Bd.X,2 der *G. W.*

8.5 Die Lemniskate hat die folgende Gestalt: Analytisch wird sie durch

$$(x^2 + y^2)^2 = a^2(x^2 - y^2)$$

beschrieben. Markuschewitschs Aufsatz in [Reichardt] enthält einen interessanten Vergleich zwischen den Eigensschaften der trigonometrischen Funktionen und der Lemniskate.

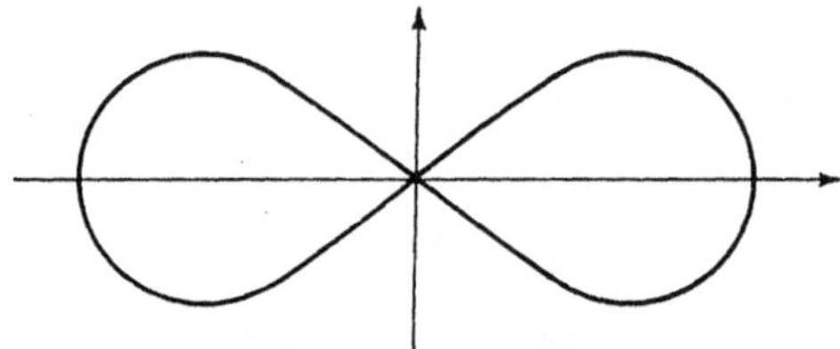

8.6 Gauß entdeckte unter anderem die Funktionen

$$\vartheta_{00}(\psi|x), \vartheta_{01}(\psi|x),$$

$$\vartheta_{10}(\psi|x), \vartheta_{11}(\psi|x)$$

sowie viele Funktionalgleichungen zwischen diesen Funktionen (siehe dazu die posthum veröffentlichte Arbeit *Hundert neue Theoreme ...* in Bd.III der *G. W.*

8.7 Siehe dazu Brief No.61 an Bessel vom 30. März 1828.

9. Kapitel

9.1 Im Gegensatz zu Descartes' Theorie, nach der die Erde um den Äquator eine Abplattung haben sollte.

9.2 Gauß machte erhebliche Anstrengungen, um Epinals trigometrische Punkte zu identifizieren. Er erhielt schließlich mit Laplace' Hilfe ein Verzeichnis, aber es stellte sich dann heraus, daß viele der Markierungen Epinals unauffindbar geworden waren.

9.3 Siehe den Brief No.20 vom 12. August 1818 an Schumacher.

9.4 In einem in der Gauß-Bolyai-Korrespondenz abgedruckten Brief an Sartorius.

9.5 Anzeichen dafür finden sich in der Korrespondenz mit Gerling und, zu einem gewissen Grad, auch in der Korrespondenz mit Schumacher.

9.6 Siehe das Zitat auf S. 103

9.7 In dem Abschnitt *Transcendentale Aesthetik* in Kants *Kritik der reinen Vernunft.*

9.8 Brief No.359 an Gerling vom 23. Juni 1846.

9.9 Brief No.147 an Olbers vom 28. April 1817.

9.10 ibidem

9.11 Bolyais Brief No.XXIII vom 20. Juni 1831.

9.12 Man kann verschiedener Meinung darüber sein, wieviel an neuer Substanz die Kopenhagener Preisschrift tatsächlich enthält; Gauß scheint jedoch in ihr komplexwertige Relationen als Bedingungen dafür herangezogen zu haben, daß eine Abbildung konform ist.

10. Kapitel

10.1 Siehe dazu die im Frühjahr 1824 mit Schumacher, Olbers und Bessel gewechselten Briefe.

10.2 Der Physiker Tralles.

10.3 Friedrich Wilhelm III. war geizig und kleinlich. Er war eher an praktischen Fragen interessiert wie etwa dem Schnitt der Uniformen seiner Soldaten.

10.4 Für Felix Klein war dieser Aspekt der Aufgaben eines modernen Wissenschaftlers besonders wichtig.

10.5 Sowohl Minna Gauß(-Waldeck) als auch ihre Mutter wären gerne nach Berlin gezogen.

10.6 Schon damals glich die akademische Stellensituation einem Karussel. Zeitweise waren Mannheim, Düsseldorf, Tübingen, Berlin und der Seeberg betroffen.

10.7 Über die Familie Waldeck ist im einzelnen wenig bekannt; einer der Brüder Minnas war Offizier und fiel in den Freiheitskriegen.

10.8 Siehe etwa den Brief No.435 an Schumacher vom 9. Juli 1845.

10.9 Es sind nicht alle diesbezüglichen Briefe an Gerling erhalten. Der 1964 veröffentlichte Ergänzungsband zur Gauß–Gerling–Korrespondenz enthält eine Reihe wichtiger Briefe zu diesem Thema.

10.10 Der Brief No.245 an Gerling vom 19. März 1836.

10.11 Die erhaltenen Briefe sind in Macks Buch abgedruckt.

10.12 Seit dem Beginn der zwanziger Jahre sind die Briefe Gauß' an Bessel deutlich vorsichtiger als Gauß' restliche Korrespondenz. Dabei mag auch eine Rolle gespielt haben, daß Bessel Gauß sehr dazu drängte, nach Berlin überzuwechseln.

10.13 Unter den Besuchern befand sich der bekannte belgische Wissenschaftler Quetelet, dessen Bericht über seinen Besuch bei Gauß erhalten ist.

10.14 Hauptsächlich in der Korrespondenz mit Schumacher.

10.15 Gauß' Bemerkungen zur nichteuklidischen Geometrie wurden bereits erwähnt. Über Abel sagte Gauß, daß ihm dieser erspart hätte, etwa ein Drittel seiner eigenen Ergebnisse aufzuschreiben. Dedekind bemerkt in seiner Biographie Riemanns, daß Gauß ähnliches über Riemanns Werk gesagt habe.

11. Kapitel

11.1 In einem eingehenden Gutachten, das er für die Universitätsverwaltung anfertigte, verglich Gauß die verschiedenen Kandidaten, darunter auch Gerling, und empfahl schließlich Weber als einen vorzüglich begabten und hervorragenden jungen Wissenschaftler.

11.2 Nach [Bolza] stammt der Name aus der Scholastik.

11.3 Dies mag ein Faktor in der zeitweiligen Entfremdung zwischen Gauß und Humboldt in den dreißiger Jahren gewesen sein.

11.4 Auf Lamont gehen viele grundlegende Beiträge zur Theorie und zum Verständnis des Magnetismus zurück. Siehe dazu auch den Eintrag *Lamont* in der 11. Auflage der *Encyclopaedia Britannica* .

11.5 Obwohl Gauß' Beiträge zu diesem Gebiet auf einer sichereren Grundlage als die seiner Vorgänger stehen, ist auch seine Gedankenführung nicht ohne Lücken. Insbesondere schloß Gauß auf die Existenz eines Minimums aus der Existenz einer unteren Schranke. Das wird in Dirichlets Prinzip ausgedrückt, und Gauß sah nicht die Notwendigkeit eines Beweises.

11.6 K. Schwarzschild, *Zur Elektrodynamik I-III*, Nachr. Ges. Wiss. Gött., Math.-Phys. Klasse. 1903.

VIII. Zwischenkapitel

VIII.1 Nach [Dunnington].

VIII.2 Brief No.347 an Olbers vom 8. März 1839.

VIII.3 Siehe die Briefe an Schumacher No.225 vom 15. März 1836, No.226 vom 21. März 1836 sowie No.439 vom 22. September 1845.

VIII.4 Siehe Gauß' Eingaben (*Pro Memoria*) bezüglich der hannoverschen Vermessung, welche in Bd.IV der *G.W.* abgedruckt sind.

VIII.5 Siehe auch W.Harich, *Jean Pauls Revolutionsdichtung*, Berlin 1974.

12. Kapitel

12.1 Brief No.171 vom 28. Januar 1831 an Schumacher.

12.2 Die Frage wurde 1866 gegenstandslos, als das Königreich Hannover Preußen einverleibt wurde. Weber, dessen Heimat Sachsen ebenfalls unter dem preußischen Expansionsdrang zu leiden hatte, entwickelte sich zu einem glühenden hannoverschen Patrioten.

12.3 Im Lauf des 19. Jahrhunderts entwickelten sich die Universitäten zu einer Wiege des Liberalismus in Deutschland. Ernst August war kaum reaktionärer als viele andere deutsche Fürsten, aber seine Konfrontation mit der Universität war einzigartig.

12.4 Gauß unterstützte somit seine Freunde stärker als man gemeinhin annimmt. Er scheute sich jedoch davor, öffentlich Stellung zu nehmen; eine solche Stellungnahme hätte möglicherweise die gewünschte Wirkung gehabt. Wohl um den Bruch zu heilen, wurde Gauß 1838 zum Rektor der Universität gewählt, lehnte aber ab.

12.5 Brief No.221 vom 28. Juni 1833 an Gerling.

12.6 Im Briefwechsel mit Humboldt und Schumacher wird mehrfach darauf angespielt.

IX. Zwischenkapitel

IX.1 Siehe das 8. Kapitel.

IX.2 So wurde dies von Gauß selber beurteilt.

IX.3 Siehe Anmerkung [VI.3].

IX.4 Siehe etwa Brief No.321 an Olbers vom 20. Januar 1835 oder den Brief vom 11. Mai 1841 an den Philosophen Fries. Die Korrespondenz mit Schumacher enthält eine Reihe Bemerkungen zu diesem Thema; hinsichtlich Hegels, siehe die Briefe No.333 vom 23. Januar 1842, No.334 vom 25. Januar 1842 und No.335 vom 2. Februar 1842. Hinsichtlich Wolffs, siehe den Brief No.412 vom 1. November 1844.

13. Kapitel

13.1 Gauß selber schätzte, daß er mehr als eine Million Zahlen für seine geodätischen Arbeiten allein zu manipulieren hatte. Dazu kommen dann noch die für die Reduktion seiner astronomischen Beobachtungen nötigen Rechnungen.

13.2 Siehe zum Beispiel die in Bd.II der *G.W.* abgedruckte Besprechung von J. Chr. Burckhardts Teilertabellen.

13.3 Wir können heute nicht mehr mit Sicherheit sagen, ob Gauß seine
Abschätzungen heuristisch fand oder nicht, aber es ist sehr unwahr-
scheinlich, daß ihnen rein theoretische Überlegungen zu Grunde liegen.

13.4 Siehe Gauß' Brief an Encke vom 11. März 1851.

13.5 Es sind einige Bemerkungen Gauß' zur Wellentheorie des Lichts erhalten, aber er scheint sich nie direkt mit dieser Frage beschäftigt zu
haben. In seinem Brief No.411 an Schumacher diskutiert Gauß' eine
Arbeit Herschels zu diesem Thema, die dieser Schumachers Zeitschrift
zur Veröffentlichung eingereicht hatte.

13.6 Schaefers Aufsatz in Bd.XI,2 der *G.W.* (S.152ff.) enthält weitere Informationen zu den Kontakten zwischen Gauß und Repsold.

13.7 Wie etwa [Klinkerfues].

13.8 Eine ausführliche Diskussion dieser Frage findet sich in [Schaefer].
S.182ff.

14. Kapitel

14.1 Es sind Berichte von dem Historiker Cantor, Dedekind, Jacobi u.a.
erhalten.

14.2 Darunter das Achtköniginnenproblem. (Siehe dazu den Briefwechsel
mit Schumacher oder Bd.XII der *G.W.*, S.18ff.) Gauß benutzte die
komplexe Zahlenebene in seiner Lösung des Problems.

14.3 Brief No.374 an Schumacher vom 12. Oktober 1843.

14.4 Brief No.342 an Schumacher vom 16. September 1842.

14.5 Nach Rudio besuchte Eisenstein 1844 Göttingen. Dies war seine erste
Reise nach Absolvierung des Gymnasiums in Berlin (siehe *Eisenstein,
Collected Papers, Vol.II*).

14.6 [Dunnington] enthält ein Verzeichnis der von Gauß gehaltenen Vorlesungen.

14.7 Gauß war ein führender Proponent Lobatschewskys in Deutschland.

14.8 Gauß besaß mehrere Bände der Werke Puschkins; er schätzte *Boris
Godunov* besonders hoch. Siehe dazu die Briefe Nos.283 und 308 an
Schumacher (vom 17. August 1839 und dem 8. August 1840).

14.9 Siehe den Brief No.218 an Schumacher vom 27. September 1835.

14.10 Gauß' Bericht ist in Bd.VI der *G.W.* abgedruckt.

14.11 Frl. Waldeck war wohlhabend, und Gauß hielt strikte Gütertrennung
ein. Man kann an Hand der Testamente der Ehegatten die Entwicklung der Familienfinanzen verfolgen. Minnas Testament enthält eine
Klausel mit den Bedingungen, zu denen Eugen in den Genuß seines
Erbteils kommen sollte.

14.12 Siehe den Brief No.412 an Schumacher vom 1. November 1844.

14.13 d.h. alles schien sich gut zu entwickeln.

14.14 Brief No.386 vom 21. April 1853 und die folgenden Briefe in der
Korrespondenz mit Gerling.

15. Kapitel

15.1 In seinem Brief vom 7. Dezember 1853 gratuliert Gauß Alexander von Humboldt, Newtons Alter ereicht zu haben, nämlich 30766 Tage – ein entweder nichtssagendes oder enormes Kompliment.

15.2 Siehe dazu Dedekinds kurze Biographie Riemanns in dessen gesammelten Werken.

15.3 Jacobis Brief an seinen Bruder vom 1. September 1849.

15.4 Dies ist der Gegenstand mehrerer Briefe in der Korrespondenz des Jahres 1853 mit Gerling.

15.5 Als Schüler Dirichlet ist Dedekind mathematisch ein Enkel oder eigentlich sogar nur ein Großneffe Gauß'.

Anhang B

B.1 Verschiedene der Aufsätze in den Bänden X,2 und XI,2 der *G.W.* erschienen zuerst separat als Veröffentlichungen der Göttinger Akademie. Diese ersten Fassungen unterscheiden sich zum Teil erheblich von den in den *Werken* abgedruckten Versionen.

B.2 Eine detaillierte Geschichte der Zahlentheorie im 19. Jahrhundert existiert nicht.

B.3 In *Gauß zum Gedächtnis*.

B.4 Diese beiden Arbeiten unterscheiden sich erheblich von den übrigen Aufsätzen. Sie sind weniger historisch orientiert, enthalten aber viel interessantes Material.

Literaturverzeichnis

A Primärliteratur

Dunnington enthält eine chronologische Auflistung der Werke Gauß'. In den
Bemerkungen zu den einzelnen Arbeiten und in den Aufsätzen in Bd. X,2
und XI,2 findet man detaillierte Diskussionen der Entstehungsdaten einzelner Arbeiten Gauß'; insbesondere die im Nachlaß entdeckten Arbeiten
sind nicht immer eindeutig datierbar.

Carl Friedrich Gauss, *Werke I–XII*, herausgegeben und veröffentlicht durch
die Königliche Gesellschaft der Wissenschaften zu Göttingen, 1863–1933.
Diese Ausgabe wurde 1973 bei Georg Olms, Hildesheim/New York, nachgedruckt.

Der folgende Eintrag bezieht sich auf eine Arbeit Gauß', die nicht in die
Werke aufgenommen wurde.

Ozhigava, E. P., *C. F. Gauss, Übersicht über die Gründe der Constructibi-
lität des Siebenzehneckes.* Istoriko-mat. Issledovaniya 21, 1976.

Briefwechsel

Briefwechsel zwischen Gauss und Bessel, G. F. Auwers ed., Leipzig 1880.
Nachdruck Hildesheim/New York 1975.

Briefwechsel zwischen C. F. Gauss und Wolfgang Bolyai, F. Schmidt und
P. Staeckel eds., Leipzig 1899. Nachdruck New York/London 1972.

Briefwechsel zwischen Carl Friedrich Gauss und Christian Ludwig Gerling,
C. Schaefer ed., Berlin 1927. Nachdruck Hildesheim/New York 1975.

*Christian Ludwig Gerling und Carl Friedrich Gauss. Sechzig bisher un-
veröffentlichte Briefe*, T. Gerardy ed., Göttingen 1964.

Cinque letteres de Sophie Germain à C. F. Gauss, B. Boncampagni ed.,
Berlin 1880.

Briefe zwischen A. v. Humboldt und Gauss, K. Bruhns ed., Leipzig 1877.

Briefwechsel zwischen Alexander von Humboldt und Carl Friedrich Gauss,
K.-R. Biermann ed., Berlin 1977.

Briefe von C. F. Gauss an B. Nicolai, W. Valentiner ed., Karlsruhe 1877.

Briefwechsel zwischen Olbers und Gauss, C. Schilling ed., Berlin 1900/1905. Nachdruck Hildesheim/New York 1976.

Briefwechsel zwischen C. F. Gauss und H. C. Schumacher, C. A. F. Peters ed., Altona 1860–1865. Nachdruck Hildesheim/New York 1975.

Nachträge zum Briefwechsel zwischen Carl Friedrich Gauss und Heinrich Christian Schumacher, T. Gerardy ed., Göttingen 1969.

Die vorstehende Liste ist sehr unvollständig und führt nur die wichtigsten Sammlungen auf. Dunnington enthält weitere Informationen; siehe in diesem Zusammenhang auch Biermanns Ausgabe des Briefwechsels mit Humboldt. Bd. XII der *Werke* enthält eine Reihe mathematisch bedeutsamer Briefe; der Briefwechsel mit Eisenstein ist im zweiten Band der Werke Eisensteins abgedruckt. Weitere wichtige Quellen sind die *Mitteilungen der Gauß-Gesellschaft e.V. Göttingen* sowie *Abhandlungen 71*(1955) der Bayr. Ak. der Wiss., Math.–Naturwiss. Abt.

B Sekundärliteratur

C. F. Gauss – A Bibliography, compliled by Uta C. Merzbach. Wilmington (Del) 1984

Bieberbach, L. *Carl Friedrich Gauß, ein deutsches Gelehrtenleben*. Berlin 1938.

Biedermamm, K. *Deutschland im 18. Jahrhundert*. 1854. Nachdruck Aalen 1969.

Biermann, K.-R. *Die Mathematik und ihre Dozenten an der Berliner Universität 1810–1920*. Berlin 1973.

Biermann, K.-R. *DDR-Schrifttum über C. F. Gauß*. Mitteilungen der Math. Ges. DDR 4, 1974.

Biermann, K.-R. *Martin Bartels – eine Schlüsselfigur in der Geschichte der nichteuklidischen Geometrie?* Mitteilungen der Leopoldina Halle 1975.

Black, M. *The Nature of Mathematics*. New York 1952.

Bourbaki, N. *Eléments d'histoire de mathématique*. Paris 1960.

Bruford, K. *Germany in the 18th Century*. Cambridge 1935.

Crowe, M. J. *A History of Vector Analysis*. South Bend 1967.

Dedekind, R. *Vorlesungen über Zahlentheorie von P. G. L. Dirichlet*. Braunschweig 1863[1], 1871[2], 1879/80[3], 1894[4].

Dedekind, R. *Gauss in seiner Vorlesung über die Methode der kleinsten Quadrate*. Berlin 1901.

Dieudonné, J. *L'œuvre mathématique de C. F. Gauss*. Conférence du Palais de la Découverte D.79. Paris 1962.

Dombrowski, P. *Differentialgeometrie...* (Vortrag). Braunschweig 1979.

Du Moulin-Eckart, R. *Geschichte der deutschen Universitäten*. Stuttgart 1929.

Dunnington, G. W. *C. F. Gauss - Titan of Science.* New York 1955.

Edwards, H. M. *Fermat's Last Theorem* New York 1977.

Fries, J. *Die Geschichte der Philosophie.* Halle 1837–1840.

Gerth, H. *Die sozialgeschichtliche Lage der bürgerlichen Intellegenz um die Wende des 18. Jahrhunderts.* Frankfurt 1935.

Goldstine, H. H. *A History of Numerical Analysis.* New York 1977.

Hadamard, J. *The Psychology of Invention in the Mathematical Field.* Princeton 1945.

Hänselmann, L. *Carl Friedrich Gauss, zwölf Kapitel aus seinem Leben.* Leipzig 1878.

Hall, T. *Gauss.* Cambridge 1970.

Jones, E. *Das Problem Paul Morphy.* Psychoanalytische Bewegung III, 1931.

Klein, F. *Entwicklung der Mathematik im 19. Jahrhundert I.* Berlin 1925.

Klinkerfues, W. *Theoretische Astronomie.* Braunschweig 1871.

Koenigsberger, L. *Zur Erinnerung an Jacob Friedrich Fries.* Sitzungsberichte der Heidelberger Akademie der Wiss., Math.–naturw. Klasse. Heidelberg 1911.

Kronecker, L. *Voerlesungen über Zahlentheorie I.* Leipzig 1901. Nachdruck Berlin 1978.

Kronecker, L. *Gesammelte Werke* II. Berlin 1897.

Leiste, C. *Die Arithmetik und Algebra.* Wolfenbüttel 1790.

Mack, H. *C. C. F. Gauss und die Seinen.* Braunschweig 1927.

Mitgau, J. H. *Familienschicksal und soziale Rangordnung.* Leipzig 1928.

Möbius, P. J. *Über die Anlage zur Mathematik.* Leipzig 1900.

Möser, J. J. *Sämtliche Werke.* Oldenburg 1944–

Moritz, C. F. *Anton Reiser.* Berlin 1785ff.

Paulsen, F. *Das deutsche Bildungswesen* .Leipzig 1906.

Paulsen, F. *Geschichte des gelehrten Unterrichts auf den deutschen Schulen vom Ausgang des Mittelalters bis zur Gegenwart.* Leipzig 1885.

Reich, K. *Carl Friedrich Gauss 1777/1977.* Bonn-Bad Godesberg 1977.

Reichardt, H. (ed.) *C. F. Gauss Gedenkband anlässlich des 100. Todestages am 25. Februar 1955.* Leipzig 1957.

Reichardt, H. *Gauss und die nicht-euklidische Geometrie.* Leipzig 1976.

Riecke, E. *Wilhelm Weber.* Göttingen 1892.

Rosen, V. H. *On mathematical "illumination" and the mathematical thought process.* The Psychoanalytic Study of the Child 8, 1953.

Scharlau, W. und H. Opolka *Von Fermat bis Minkowski - Eine Vorlesung über Zahlentheorie und ihre Entwicklung.* Heidelberg 1980.

Schmidt, A. *Nachrichten von Büchern und Menschen I.* Frankfurt 1971.

Sheynin, O. B. *Gauss and the Theory of Errors.* Arch. Hist. Ex. Sc. 20, 1979.

Smend, R. *Die Göttinger Gesellschaft der Wissenschaften* in „Festschrift zur Feier des zweihundertjährigen Bestehens der Akademie der Wissenschaften zu Göttingen I". Berlin 1951.

Wagner, R. *Gespräche mit Carl Friedrich Gauss in den letzten Monaten seines Lebens.* Nachr. Akad. Wiss. Göttingen, Phil. hist. Kl. 1975, No.6.

Weil, A. *Two lectures on number theory, past and present.* Enseign. Math.
XX, 1974.
Weber, H. *Lehrbuch der Algebra.* Leipzig 1894– 1908.
Whitehead, A. N. *Science and the modern world.* London 1925.
Wolff, C. *Anfangsgründe aller mathematischen Wissenschaften.* Frankfurt
1750–1757.
Worbs, E. *Carl Friedrich Gauss: Ein Lebensbild.* Leipzig 1955.

Die von U. Merzbach zusammengestellte und 1984 erschienene Gauß-Bibliographie enthält außerordentlich zuverlässige und vollständige Indices, darunter auch Indices der in der Korrespondenz auftretenden Namen.

Stichwort- und Namenverzeichnis

Das folgende Verzeichnis enthält keine Verweise auf Carl Friedrich Gauß, auf die Anhänge sowie das Literaturverzeichnis.

Abbe, E. 140
Abel, N.H. 87,116
Albrecht, W.E. 132
Ampère, J.J. 125
arithm.-geometr. Mittel 9,85ff.
Archimedes 8

Babbage, C. 139
Bachmann, P. 32
Bartels, M. 6
Basedow, J.B. 8
Bessel, F.W. 19,49,50,94,107,112,
116,140,143,145
Bohnenberger, J.G.F.v. 114
Bolyai, Johann v. 99
Bolyai, Wolfgang v. 15,16,36,37,
43,49,53,62,96,97
Bolzano, B. 76
Borges, L. 153
Bougainville, L.A.de 41
Brentano, C.v. 60
Büttner, J.G. 6,7

Cantor, M. 145
Cauchy, A. 19
*Cauchy-Riemannschen Differential-
gleichungen* 100
Ceres 43,50,57

Dahlberg, C.v. 66
d'Alembert, J. 41,118,119

Dase, Z. 140
Dedekind, R. 29,89,144f.,151
Delambre, J.-B.-J. 77
Diophant 20,35
Dirichlet, G.P.L. 23,27,34,37,137,
144,150,151
Dirichletsches Prinzip 125
Dreieckszahlen 33
Dunnington, G.W. 3

Eisenstein, G. 27,31,34,116,133,
144,150
Encke, J.F. 67
Ernst August, König von Hannover
131ff.
Eschenburg, A.W. 8,60
Euler, L. 9,20,22,35,41,99,100,
103,105,141
Ewald, H. 49,132f.,151
Ewald, Minna, *siehe* Gauß, Minna
(Wilhelmine)

Faraday, M. 125
Ferdinand, Herzog von Braun-
schweig-Wolfenbüttel, 7,14,16,20,
37,54,55
Fermat, P.de 20,35
Flamsteed, J. 46
Foncenex, D.de 41
Fourier, J. 119
Fraunhofer, J.v. 67,140

Fresnel, A.J. 140
Friedrich Wilhelm III., preußischer
  König, 108
Fricke, R. 89
Fries, J.J. 137
Fundamentalsatz der Algebra 40ff.

Gauß, Dorothea (geb. Benze) 5, 6,
  65
Gauß, Eugen 65, 111ff.
Gauß, Gebhard Dietrich 5
Gauß, Johanna (geb. Osthoff) 6,
  36, 48, 49, 57, 62, 63, 110, 114, 129, 143
Gauß, Joseph 55, 57, 110ff.
Gauß, Louis 57, 62
Gauß, Minna (Wilhelmine) 49, 57,
  132, 143

Gauß, Minna (Friderike Wilhelmine,
  geb. Waldeck) 62, 63, 65, 108, 110ff.
Gauß, Therese 144, 149
Gauß, Wilhelm 33, 65, 111ff., 143
Gauß-Bonnet, Satz von 103
Gaußsche Gleichung 102
Gaußsche Krümmung 101
Gaußsche Summen 29ff.
Georg II., engl. König 14
Gerling, C.L. 10, 50, 60, 67, 76, 98,
  111, 114, 133, 145, 149
Germain, S. 53, 66
Gibbon, E. 56
Goethe, J.W. 60, 61
Goldschmidt, C.B. 17, 122
Green, G. 121
Greens Satz 106
Grimm, Gebr. 132

Hardenberg, K.A. v. 55
Harding, C.L. 53, 57, 58
Heeren, A. 45
Hegel, F. 60, 137
Hermite, Ch. 37
Herschel, W. 46
Heyne, C. 14

Höhere Reziprozitätsgesetze 31
Humboldt, A. v. 65, 107f., 121,
  127, 139, 150
Humboldt, W. v. 65, 107f., 127
Husserl, E. 137
Hutten, U. v. 153
Hypergeometrische Funktion 90f.

Ide, K. 8
Jacobi, C.G. 34, 37, 87, 116, 133,
  144, 150
Jerôme, König von Westphalen 54,
  114
Juno 53, 57

Kant, I. 60, 137
Kästner, W. 14, 15, 16, 96
Klausen 142
Klein, F. 2, 3, 17, 32, 67, 68, 88, 153
Kleinste Quadrate 47, 83, 134ff., 145
Klinkerfuer, E.F.W. 151
Konforme Abbildung 95f.
Kreisteilung 28, 69ff.
Kronecker, L. 35, 67
Kummer, E.E. 68, 129

Lagrange, J.-L. 9, 20, 23, 35, 41, 65,
  77, 105, 141
Lambert, J.H. 16, 96
Lamont, J. v. 124
Landau, E. 37
Laplace, J.-S. 51, 81, 119, 121, 135f.
LeBlanc 53
Legendre, A. 20, 22, 77, 83, 121, 134,
  135, 136
Leibniz, G.W. 21
Leiste 18
Lemniskatenperiode 86f.
Lichtenberg, G.C. 14
Lindenau, B. v. 60, 108, 112, 150
Listing, J.B. 127
Lobatschewsky, N. 97, 99, 146
L-Reihen 38

Maennchen, P. 139
Magnetismus 121ff.
Maupertuis, P.L.M. 118
Maxwell, J.C. 126
Mayer, Tobias d.A. 46, 52, 134
Mayer, Tobias d.J. 118
Metternich, Fürst 78
Meyerhoff, J.H. 8, 77
Minkowski, H. 27
Möbius, A. 67
Moritz, C. 10
Müffling, K. v. 108
Müller, G.W. 78
Münster, Graf 56

Napoleon 1, 7, 54, 59, 131, 133
Nelson, L. 137
Neumann, C. 126
Newton, I. 8, 61

Oersted, H.C. 125
Ohm, M. 105
Olbers, W. 7, 31, 44, 48, 49, 50, 52,
  58, 59, 62, 63, 65, 94, 107, 114, 116,
  126, 127, 140, 145
Oshigava, E.P. 75

Pallas 50f., 57
Pasquich, J. 107
Paul, Jean 129f.
Pellsche Gleichung 24
Perthes, J. 80
Pfaff, J.F. 40, 41, 52, 96
Piazzi, G. 43, 57
Plato 137
Poisson, S.-D. 105, 121, 123
Potentialtheorie 120ff.
Primzahlverteilung 9
Puschkin, A. 146

Quadratisches Reziprozitätsgesetz
  21, 26, 35, 73

Reichenbach, G. v. 67
Repsold, Gebr. 76, 140
Riemann, B. 125, 140, 144, 151f.

Riemannsche Fläche 87
Ritter, A. 144

Schedae 18
Schelling, F.W. 137
Schering, E. 17, 147
Schlesinger, L. 32, 88, 89, 91
Schumacher, H.C. 20, 50, 67, 68, 76,
  92, 93, 94, 98, 99, 107, 109, 124,
  127, 132f., 142, 145, 150
Schwab, J.C. 78
Schwarz, H.A. 147
Schwarzschild, K. 126
Scott, Sir Walter 129, 143
Seeber, L.A. 79
Seyffer, C.F. 14, 15, 43, 96
Siebenzehneck 9, 18, 35, 69ff., 75
Smith, H.J.S. 27
Steinheil, K.A. v. 140
Sturm und Drang 12
Süssmilch, J.P. 60, 61
Summatorische Funktion 88

Tagebuch 18, 32f.
Taurinus, F.A. 98
Theorema aureum 33
Theorema egregrium 102
Thetafunktionen 37
Theorema fundamentale 22

Uhland, L. 56
Uranus 46

Wagner, R. 149
Weber, H. 28
Weber, W. 17, 116, 118ff., 127, 132f.,
  134, 143, 145, 150f.
Wenzel, J.C. 8
Wielandt, C.M. 8
Wilkins, C. 123
Witwenkasse 147
Wolff, C. 60, 137

Zach, F. v. 43, 45, 60, 93
Zeiss, C. 140
Zimmermann, A.W. v. 7, 9
Zolotareff, G. 37

L. Euler

Einleitung in die Analysis des Unendlichen

Teil 1

Ins Deutsche übertragen von H. Maser

Reprint der deutschen Erstauflage Berlin 1885 – ergänzt um eine „Einführung zur Reprintausgabe von Eulers Introductio" von W. Walter, Universität Karlsruhe

1983. (21) XI, 319 Seiten. Gebunden DM 59,50.
ISBN 3-540-12218-4

Die **Introductio in Analysin Infinitorum,** in aller Welt kurz Introductio genannt, erschien 1748 bei M.-M. Bousquet in Lausanne. Der erste Band, dessen deutsche Übersetzung hier in einer Reprintausgabe vorliegt, behandelt die reine Analysis (wie es Euler im Vorwort formuliert). Durch ihn wurde die Entwicklung der Analysis entscheidend und auch heute noch erkennbar beeinflußt. Die **Introductio** ist ein Prolog zu den beiden großen Themen Differential- und Integralrechnung. Das Thema des Buches ist das Rechnen mit unendlichen Reihen und Produkten, insbesondere die entsprechende Darstellung transzendenter Funktionen. Dafür hat das 19. Jahrhundert – aufgrund des großen Einflusses der Introductio – den Begriff **algebraische Analysis** geprägt. So werden nicht nur die seit Newton und Gregory bekannten Reihenentwicklungen, sondern auch solche spektakulären Ergebnisse wie das „Sinusprodukt" elementar, ohne die Hilfsmittel der Differentialrechnung abgeleitet. Ein weiterer Höhepunkt sind Eulers Resultate über „Partitionen" und „erzeugende" Funktionen. Es handelt sich hierbei um die erste systematische Bearbeitung von Problemen der „additiven Zahlentheorie" und zugleich um die erste Anwendung analytischer Hilfsmittel auf zahlentheoretische Probleme. Aus diesen ersten Ansätzen entstand in der Folgezeit eine umfangreiche, noch heute aktuelle Theorie. Ganz im Sinne seiner didaktischen Bemühungen, gibt Euler zum Schluß dieses Kapitels eine Anwendung auf das bekannte Problem der Wägung mit ganzzahligen Gewichten.
Alle an der Mathematik interessierten Studenten, Lehrer, Dozenten und Naturwissenschaftler, werden mit Freude auf diesen Klassiker – nicht nur im Euler-Jahr – zurückgreifen.

Springer-Verlag
Berlin Heidelberg New York
London Paris Tokyo